国家林业和草原局普通高等专业“十三五”规划教材
高等院校生态旅游专业“十三五”创新型教材

生态旅游学

洪　滔　编著

中国林業出版社

内容简介

生态旅游学属于旅游类、生态类专业的专业课程，主要以可持续发展为理念，以保护生态环境为前提，依托良好的自然生态环境和独特的人文生态系统，研究如何用生态友好方式开展的生态体验、生态教育、生态认知活动的学科。全书共十二章，内容包括：绪论、生态旅游产生与发展、生态旅游理论、生态旅游资源、生态旅游业、生态旅游者、生态伦理观、生态文明与生态旅游、生态旅游规划、生态旅游资源开发、生态旅游管理、生态旅游营销等。本教材在建立理论框架基础上，力求吸收最前沿的生态旅游理念和技术手段，系统阐述生态旅游涉及的理论和实践。

本教材可作为旅游类专业、生态类专业和林学类相关专业本科生的参考用书以及生态旅游从业人员培训用书。

图书在版编目(CIP)数据

生态旅游学／洪滔编著. －北京：中国林业出版社，2020.12(2024.1 重印)
ISBN 978-7-5219-0937-1

Ⅰ.①生… Ⅱ.①洪 Ⅲ.①生态旅游－高等学校－教材 Ⅳ.①F590.75

中国版本图书馆 CIP 数据核字(2020)第 252843 号

中国林业出版社教育分社

策划编辑：肖基浒　　责任编辑：洪　蓉　肖基浒
电　　话：(010)83143555　　传　　真：(010)83143516

出版发行　中国林业出版社(100009　北京市西城区德内大街刘海胡同 7 号)
E-mail:jiaocaipublic@163.com　电话:(010)83143500
网址:http://www.forestry.gov.cn/lycb.html.
经　　销　新华书店
印　　刷　三河市祥达印刷包装有限公司
版　　次　2020 年 12 月第 1 版
印　　次　2024 年 1 月第 3 次印刷
开　　本　787mm×1092mm　1/16
印　　张　12.75
字　　数　312 千字
定　　价　36.00 元

未经许可，不得以任何方式复制或抄袭本书之部分或全部内容。
版权所有　侵权必究

前　言

1978年改革开放以来，我国经济发展取得长足进步，被称为“中国奇迹”。但伴随的环境退化却是我国现阶段必须直面的问题。据统计分析认为，当人均国内生产总值(GDP)达到1000美元时，就会产生更多的旅游需求。中国旅游者有更多的机会走出国门看世界的同时，对国内自然环境也提出了更高的要求，引发了对我国生态旅游环境更多的反思。

生态旅游承载人们对良好自然旅游环境更多的期待。生态旅游学中，除了基础理论，最重要的就是生态伦理观。我们必须正视事物发展的普遍规律，即全民生态伦理观念的建立，需要长时间的宣传教育，需要漫长的接受、确立到普及的过程。我国“十三五”规划中明确将生态文明列为国家发展的重要方向，这也为加快树立全民生态伦理观提供了重要社会基础。

本教材吸收了生态旅游业前沿的研究成果，综合前期生态旅游类教材的经典理论，借鉴了国内外生态学、旅游学界学者的重要成果，构建较为完善的理论框架和时效性的内容体系，具有一定参考价值。

本教材编写过程中得到福建农林大学领导和同仁的大力支持，在此一并感谢！由于编者水平有限，疏漏之处在所难免，恳请同行与读者批评指正。

洪　滔

2020.6.27

目　录

前　言

第一章　绪　论 …… (1)
第一节　生态旅游的背景与现状 …… (1)
第二节　生态旅游的发展趋势 …… (4)
第三节　生态旅游的内涵及意义 …… (9)
第二章　生态旅游的产生与发展 …… (15)
第一节　生态旅游的产生 …… (15)
第二节　生态旅游的发展历程 …… (19)
第三节　全球生态旅游发展概况 …… (21)
第三章　生态旅游理论 …… (29)
第一节　生态旅游的概念 …… (29)
第二节　生态旅游的研究内容 …… (30)
第三节　生态旅游学的研究方法 …… (32)
第四节　生态旅游与可持续发展理论 …… (34)
案例　日本乡村生态旅游发展经验 …… (40)
第四章　生态旅游资源 …… (44)
第一节　生态旅游资源的概念与内涵 …… (44)
第二节　生态旅游资源类别 …… (47)
第三节　生态旅游审美 …… (72)
第四节　我国生态旅游资源条件 …… (77)
第五章　生态旅游业 …… (79)
第一节　生态旅游业的概念及内涵 …… (79)
第二节　生态旅游业的发展与影响因素 …… (81)
第六章　生态旅游者 …… (86)
第一节　生态旅游者的内涵 …… (86)
第二节　生态旅游者的形成 …… (88)
案例　中国生态旅游消费者大数据报告 …… (93)
第七章　生态伦理观 …… (102)
第一节　生态伦理观的内涵 …… (102)

第二节 生态伦理观的意义……………………………………………………………（103）
第三节 生态伦理观的基本内容…………………………………………………………（104）
第四节 生态伦理观在新时代的挑战……………………………………………………（106）
第八章 生态文明与生态旅游……………………………………………………………（112）
第一节 社会发展的新形态——生态文明………………………………………………（112）
第二节 生态文明与生态旅游的辩证统一………………………………………………（115）
案例 重庆实施五大林业行动 加快建设生态文明城市……………………………（118）
第九章 生态旅游规划……………………………………………………………………（123）
第一节 生态旅游规划的概念及原则……………………………………………………（123）
第二节 生态旅游规划体系………………………………………………………………（126）
第三节 生态旅游规划的内容……………………………………………………………（128）
第四节 旅游承载力的测算………………………………………………………………（130）
第五节 生态旅游线路规划………………………………………………………………（132）
第十章 生态旅游资源开发………………………………………………………………（135）
第一节 生态旅游资源开发的理论基础…………………………………………………（135）
第二节 生态旅游资源开发的原则和模式………………………………………………（136）
第三节 生态旅游资源保护………………………………………………………………（138）
第十一章 生态旅游管理…………………………………………………………………（164）
第一节 生态旅游管理的概念和特征……………………………………………………（164）
第二节 生态旅游管理的原则……………………………………………………………（165）
第三节 生态旅游管理的内容……………………………………………………………（166）
第四节 生态旅游管理的途径……………………………………………………………（174）
第十二章 生态旅游营销…………………………………………………………………（177）
第一节 生态旅游营销的内涵……………………………………………………………（177）
第二节 生态旅游营销环境………………………………………………………………（180）
第三节 生态旅游营销渠道………………………………………………………………（182）
参考文献……………………………………………………………………………………（186）
附 录
附录Ⅰ 2018中国消费者洞察报告 ………………………………………………………（187）
附录Ⅱ 与生态旅游相关的国际公约、国内相关法律及法规…………………………（194）

第一章
绪　　论

第一节　生态旅游的背景与现状

一、生态旅游的源起及发展背景

在中文里，“旅”是指在空间上迁移的过程。“游”即外出娱乐、观光。英语 tour（旅游）来源于拉丁语的“tornare”和希腊语的“tornos”，这个含义在现代英语中演变为“顺序”，加上后缀 ist 则意指“从事特定活动的人”。词根 tour 与后缀 ist 连在一起，指按照圆形轨迹的移动，所以旅游指一种往复的行程，即指离开后再回到起点的活动；完成这个行程的人也就被称为 tourist（旅游者）。

我国魏晋南北朝时期就开始出现描写名胜古迹的文学类作品，到了唐朝更为盛行，可见古代人们的旅游活动已经十分频繁。由古代许多文学作品中对舟船描写的比例可见，古代人们旅游大多走水路，就算绕远道也尽可能走水路。尤其隋唐时期大运河开通以后，船运服务越来越普遍。只有在天气等因素影响船只出行时，才会换乘陆路交通。古人的这种旅游方式，虽颇费周章，却无意识中降低了出游对环境造成的负面影响，在干扰程度最低情况下，为途经地方的社会经济带来有益的来源，符合现代生态旅游的基本精神。

但真正意义上现代生态旅游兴起是人类发展至工业时代的后期。在物质财富和精神财富极大丰富的同时，一系列全球性生态危机使人类的环境意识开始觉醒，绿色运动及绿色消费席卷全世界，可持续发展思想应运而生。在此背景下，旅游被赋予了两个方面的内涵：一是回归大自然，即到自然环境中去观赏、旅行、探索，目的在于享受清新、轻松、舒畅的自然与人和谐的气氛，探索和认识自然、增进健康、陶冶情操、接受环境教育以及享受自然和文化遗产等；二是要促进自然生态系统的良性运转，不论旅游者，还是旅游经营者，甚至包括得到收益的当地居民，都应当为保护环境做出贡献。也就是说，只有在旅游活动和自然环境均有保障时，旅游才能显示其真正的可持续发展意义。

生态系统由生物和非生物的环境两大部分组成。系统内的生物群落即生命系统，包括生产者、消费者、分解者。非生物环境即非生命的系统，包括阳光、空气、水、土壤和无机物等。它们共同构建了一个丰富多彩、相对稳定的生态系统，成为生态旅游的主要吸引物。良好丰富的自然生态环境是生态旅游的本底，无论是经营开发者、管理决策者，还是旅游者，对保护自然生态都有不可推卸的责任。这种生态环境保护对自然生态系统循环稳定的维护，同时也包括对人类与自然和谐相处的维护，即对当地文化的尊重。这种对旅游对象尊重与保护的责任是生态旅游可持续发展的重要内涵。

各个国家和地区为推动生态旅游环境保护，都采取了一系列行之有效的措施，主要做法有：①立法保护。例如：1993 年英国通过《国家公园保护法》，旨在加强对自然景观、生态环境的保护。②制定发展战略。例如：美国在 1994 年制定了生态旅游发展战略，以适应游客对生态旅游日益增长的需求。③进行生态旅游环保宣传。例如：日本旅游业协会多次召开保护生态的研讨会，并发表了“游客保护地球宣言”等。④重视当地居民利益。生态旅游发展较早的国家——肯尼亚，在生态旅游发展的过程就提出了“野生动物发展与利益分享计划”。⑤加强管理。进行生态旅游开发的许多国家都对进入生态旅游区的游客数量进行严格控制，并不断监测人类行为对自然生态的影响，以达到加强生态旅游区管理的目的。此外，很多国家都实行经营权与管理权分离的制度，并实施许可证制度以加强管理。

二、当前我国生态旅游发展背景

目前，我国生态旅游发展的过程中，也存在自身发展的宏观战略背景与社会发展背景，分别具备如下特征：

1. 生态旅游产业符合国家生态文明建设的要求

党的十八大报告提出，大力推进生态文明建设，努力建设美丽中国，实现中华民族的永续发展。将生态文明建设提到前所未有的战略高度，将其与经济建设、政治建设、文化建设、社会建设一起，纳入社会主义现代化建设“五位一体”的总体布局。2015 年 3 月 24 日，中共中央政治局审议通过了《关于加快推进生态文明建设的意见》；2015 年 9 月，中共中央、国务院印发了《生态文明体制改革总体方案》，这一系列重大决策部署是科学制定生态旅游规划的战略依据。大力发展生态旅游，有利于推动“美丽中国”“生态乡村”“国家公园体制”等一系列生态文明建设与改革行动。生态旅游成为经济新常态下的必然要求，以生态旅游为平台推动生态经济建设，加强生态宣传教育，对于促进生态文明建设，提高全民生态文明素质，具有重要意义。

2. 生态旅游与绿色发展理念相契合

《中共中央关于制定国民经济和社会发展第十二个五年规划的建议》指出，用“创新、协调、绿色、开放、共享”五大发展理念为“十三五”谋篇布局，其中绿色发展理念强调节约资源和保护环境、坚持可持续发展和文明发展道路。保证生态环境不受旅游者行为损害，保障生态环境的原始性是生态旅游的核心内涵，与绿色发展理念相契合，随着生态旅游规模不断扩大，在基础设施逐步完善、服务主体快速成长、拉动地方经济增长、调整产业结构、增加社会就业、加强资源节约集约高效利用、加强生态文明制度建设等方面具有非常重要的作用。

3. 生态旅游是推进重点生态功能区建设的优势产业

根据《国务院关于印发全国主体功能区规划的通知》精神，《全国主体功能区规划》和《国家重点生态功能区保护规划》划定了一批重点生态功能保护区，并提出了发展方向和保护原则。里面既有关系着全国生态安全的限制开发区域，还有代表性的国家自然生态系统禁止开发的区域。由于开发限制性强，以环境保护为前提的生态旅游成为这些区域发展的优势，甚至是首选产业，发展生态旅游将有助于改善生态环境质量，有助于优化国土空间开发格局，对维系国家生态安全意义重大，同时生态旅游对当地经济的正面效应也将有助于社区居民理解与支持重点生态功能区建设，为国家空间战略的实施打下基础。

4. 生态旅游成为旅游产业的重要组成部分

近些年来，我国旅游业取得了全面发展。国际、国内旅游人数大幅增长，旅游消费稳步上升，产业规模持续扩大，产业结构逐步优化。在国家战略支持下，旅游业已经成为国家产业的重要组成部分，对社会经济的促进作用日益显著。在旅游产业急速扩展的背景下，生态旅游取得了长足进步、专业生态旅游者规模逐年扩大，目的地体系基本建立，产业链愈加完善，对旅游产业经济贡献额日渐增长，成为旅游产业的重要组成部分。

5. 生态旅游景区建设成为生态经济建设的亮点

我国拥有类型多样、数量丰富的生态旅游资源。近年来，自然保护区、风景名胜区、森林公园、地质公园、湿地公园等生态旅游目的地数量不断增加，生态旅游产品多样化发展，生态环境保护工作力度持续加大，生态旅游发展环境日渐优化，环保观念日益深入人心，为我国发展生态旅游带来了良好条件和发展机遇。

6. 生态旅游成为绿色消费潮流中的新热点

和谐社会需要生态旅游，生态旅游作为绿色旅游消费方式，其发展有利于促进人与自然的和谐发展、有利于促进资源的非消耗性利用、有利于促进欠发达地区脱贫致富、有利于促进旅游业转变发展方式、有利于引领绿色消费和培养绿色生活方式。在生态敏感地区，生态旅游是重要的替代产业，是开拓生态补偿机制的新渠道。绿色发展、循环发展、低碳发展将是生态旅游建设的基本路径。

生态旅游作为一种绿色消费方式，自世界自然保护联盟 1983 年首次提出后，迅速普及全球。20 世纪 90 年代，随着我国实施可持续发展战略，生态旅游概念正式引入中国。经过 20 多年的发展，生态旅游已成为一种增进环保、崇尚绿色、倡导人与自然和谐共生的旅游方式，并初步形成了以自然保护区、风景名胜区、森林公园、地质公园、湿地公园、沙漠公园和水利风景区等为主要载体的生态旅游目的地体系，基本涵盖了山地、森林、草原、湿地、海洋、荒漠以及人文生态等七大类型。

三、我国生态旅游发展现状

生态旅游产品日趋多样，深层次、体验式、有特色的产品更加受到青睐。生态旅游方式倡导社区参与、共建共享，显著提高了当地居民的经济收益，也越来越得到社区居民的支持。通过发展生态旅游，人们的生态保护意识明显提高，“绿水青山就是金山银山”的发展理念已逐步成为共识。与此同时，我国生态旅游发展也存在不容忽视的问题。一些地区对生态旅游的认识不到位，只顾眼前利益、局部利益，不重视资源保护和规划设计，采取竭泽而渔式的开发，造成严重的生态破坏和环境污染。部分地区过分追求门票经济，不考虑资源和环境承载，人为增加保护压力，降低旅游质量。相当数量的景区没有充分发挥生态旅游的科普、教育功能，在产品开发、导游解说上过于肤浅和形象化。部分景区所在的社区参与度低，没有决策建议权，利益共享机制缺失。此外，生态资源的保护监督体系也亟待健全。

四、生态旅游发展面临的问题

进入 21 世纪以来，特别是 2010 年以后，我国旅游业快速发展，旅游已成为城乡居民日常生活的重要组成部分，成为国民经济新的重要增长点。2015 年国内旅游人数达到 40

亿人次，旅游业总收入4.13万亿元。2020年国内居民人均旅游次数将从原先不到3次提高到5次左右，旅游产品供求矛盾将持续突出。同时，随着工业化进程加快、城镇化水平提高，人们回归大自然的愿望日益强烈，国内旅游需求特别是享受自然生态空间的需求爆发式增长。旅游消费方式从观光游向观光、休闲、度假并重转变，呈现出多样化格局，深层次、体验式、特色鲜明的生态旅游产品更加受到市场青睐，观鸟旅游、探险旅游、科考旅游、生态养生、野生动物观赏等逐渐成为新热点。但总体上看，我国生态环境仍比较脆弱，生态系统质量偏低，生态系统功能偏弱，生态安全形势依然严峻，生态保护与经济社会发展的矛盾仍旧突出。党的十八大明确提出推进生态文明建设，构建生态安全格局，十八届三中全会进一步要求建立空间规划体系，划定生产、生活、生态空间开发管制界限。"十三五"规划要求加大生态环境保护力度，为人民提供更多优质生态产品。生态保护作为生态文明建设的重要内容，关系人民福祉，关乎民族未来。为加快推进生态文明建设，更好地满足日益增长的旅游休闲消费需求，必须加快发展环境友好型、非资源消耗型的生态旅游，有效整合资源，促进融合发展，优化配套体系，加强资源环境国情教育，引导形成正确的生态价值观，树立崇尚生态文明新风尚，推动形成绿色消费新观念，发展负责任、可持续的旅游业，实现人与自然和谐共生。

第二节　生态旅游的发展趋势

一、世界生态旅游发展趋势

1. 生态旅游者持续增加

进入21世纪以来，许多新鲜元素为社会经济的发展增添了新活力。无论是人们的经济能力，还是闲暇时间，都在一定程度上获得了提高，在此基础上，旅游成为人们关注的热点活动。同时，由于经济发展所带来的环境恶化问题，导致人们对美化生活环境的期望值提高，沉重的工作压力、紧张的城市生活促使人们希望"回归大自然"，在此背景下生态旅游应运而生。同时，各国政府对环境问题也日益重视，不断加大对环境保护的宣传和教育力度，为生态旅游客源市场营造了良好的社会环境，生态旅游的精品性和可参与性成为旅游业消费升级的方向，预计未来将有越来越多的旅游者加入到生态旅游的队伍中，生态旅游者将持续增加。据有关方面统计，世界旅游业每年以4%的速率增长，而生态旅游业以平均每年20%的速率增长。

2. 生态旅游市场重心东移

全球范围内生态旅游重心逐渐东移，北美和西欧在国际旅游业中传统的主导地位开始动摇，而亚太地区一枝独秀，其持续、高速的增长令人瞩目，国际旅游业正在逐步形成欧、美、亚太地区三足鼎立的分布格局。亚太地区生态旅游飞速发展的原因有：①世界经济重心东移，亚太地区经济稳步增长；②亚太各国生态环境持续改善，旅游管制逐渐宽松，交通可进入性亦不断提高；③欧洲生态旅游市场接近饱和，难以大幅度提高，而且欧洲客源对本区各生态旅游目的地旺季时拥挤的排斥情绪与日俱增，因而强烈向往新旅游胜地，而亚太地区则是其长距离出游的理想去处；④美元对欧洲主要货币的汇率变动影响了美国游客在欧洲的购买力，抑制了北美客源对欧洲各目的地的旅游需求，而亚太地区许多国家的货币汇率都同美元直接挂钩，美元的价值在这些国家相对又较为坚挺，因此，美国游客出访亚太地区人次逐年上升。

3. 生态旅游在世界旅游业体系中的地位不断凸显

随着人类文明的不断发展和进步，人类的生活水平和对生活质量的要求也不断提高。追求回归自然，并以优良的生态环境为依托的复合观景、度假休闲及专项旅游，使世界的生态旅游产业市场需求不断转型升级，以森林旅游为主要形式的生态旅游业已在世界各国迅猛发展，生态旅游已经成为旅游业重要的组成部分，在世界旅游业及中国旅游业中扮演着重要的角色。据世界旅游组织（World Tourism Organization）估计，亚太地区以及南非国家和地区的生态旅游收入已占该地国际旅游总收入的15%~20%，对于某些以生态旅游为主的旅游区，这一比例更高。而且生态旅游正在以高于旅游业总体发展的速度快速增长，在旅游业中所占比例将越来越大。生态旅游已成为当今世界旅游业发展的热点，每年给全球带来的产值至少2000亿美元。

4. 生态旅游产品倾向于个性化和多样化

生态旅游客源市场不同于一般旅游客源市场，而国际生态旅游者又具有以下基本特征。

（1）人文统计特征主要表现在以下几个方面：

①年龄。不同年龄的生态旅游者对旅游活动有不同的偏好，有经验的生态旅游者比一般生态旅游者（正在或正准备参加生态旅游的人）年龄要大。

②性别。男女生态旅游者所占比例趋向于相等，而对于某一特定的旅游活动，男女生态旅游者则会表现出不同程度的兴趣。

③文化程度。生态旅游者受教育程度比一般旅游者要高，对生态旅游感兴趣的人正由高文化层次旅游者群体向较低文化层次旅游者群体转移，即生态旅游正逐渐由专业旅游市场向大众旅游市场普及。

④家庭构成。大多数都是夫妻双人家庭，有经验的生态旅游者家庭带小孩的比例低于一般生态旅游者家庭。

（2）从旅游动机来看，生态旅游者多以大自然为取向，愿意到原生自然区域参观体验。

（3）从团队构成来看，生态旅游者趋向于单独旅游。

（4）从旅游花费来看，生态旅游者比一般旅游者愿意支付更多的费用。

（5）从旅行时间来看，大量的一般生态旅游者偏向于两周以上的旅行时间。

由于生态旅游者的特征明显，这就对生态旅游产品的个性化和多样化提出了更高要求。故生态旅游应从规划设计入手，充分考虑利用现有服务设施和社会条件，深入挖掘生态资源内涵，精心设计生态旅游产品，使生态旅游进入“投资少、产出快、收益高”的发展阶段，从而带动旅游业可持续发展。

5. 长程生态旅游渐趋兴旺

按照国际惯例，长程旅游是指超过2400 km出游距离的旅游。预计世界长程旅游在全球旅游中的比例将会逐年上升。长程旅游，尤其是横渡大洋的洲际旅游的兴起，是第二次世界大战后世界经济发展和科技进步的产物，而航空运输业的大发展则是直接推动因素。一方面，自美国放松航空管制之后，世界民航业私有化、全球化和自由化三大趋势日渐明朗，竞争日益激烈亦推动飞机制造业迅猛发展，世界各主要飞机制造商竞相制造出更安全、舒适的新型客机；另一方面，由于航空公司单位旅途成本随旅程增长而递减，以及竞争中各航空公司竞相对长程旅客实行优惠票价或优惠卡制度，使长程生态旅游魅力与日俱增。由此可见，长程旅游无论在时间、费用还是舒适度上都显示出极为广阔的市场前景。由于航空运输的日新月异以及地理距离的旅游制约作用明显减弱，加之人们的闲暇时间增多，长程旅游者正不断增加。

6. 散客游比重不断增加

散客游是人们突破传统团体旅游约束、追求个性化的行为表现，具有决策自主性、内容随机性和活动分散性等特点。早在20世纪60年代，散客游便是最主要的旅游形式，70年代被团体旅游取而代之，80年代以来组团趋势不断下降，散客旅游再度兴起并成为旅游市场的主流。散客旅游的产生和迅猛发展是生态旅游在高质量需求下，通过散客生态旅游挖掘自身潜力、完善自我并向自我提出挑战，这种追求最高层次需要实现的意识不断增强。而旅行经验的积累、出游恐惧感的淡化和自行设计线路能力的提高，则为实现这一需求提供了可能。此外，旅游业连锁集团的出现、旅游信息中心的建成、网络预订系统的投入使用，也都是散客旅游发展的外部保障因素。

7. 旅游经营管理"生态化"趋势明显

随着越来越多的政府部门、研究人员、企业、当地居民、非政府组织等介入生态旅游的实践与探索，生态旅游的概念不断清晰、完善。在对诸多成功或者失败的案例进行分析的基础上，人们对生态旅游的认识也越来越深入。展望未来，生态旅游经营管理必将成为旅游发展新趋势，具体体现在：①旅游企业行为越来越生态化，生态旅游标识的认证将受到旅游企业普遍关注，他们将普遍采用对环境影响最小的设施和技术；②各国越来越注重生态旅游人才的培养，旅游院校先后开设生态旅游方面的专业或课程，生态旅游目的地生态向导将越来越多，他们兼导游和环境保护宣传者于一身；③绿色营销的理念被广泛应用到生态旅游业及其相关产业中，利润不再是企业的唯一追求，环境和生态保护将列为企业经营税收调整的目标之一，绿色环保意识将融入产品开发设计、生产、销售等各个环节；④国家旅游管理机构针对国内外旅游市场的整体促销战略，越来越重视包括中小型生态旅游公司、社区和非政府机构为基础的生态旅游经营活动宣传；⑤政府开始对旅游经营者采取激励措施，利用国际上认可的原则制订认证方案、生态标识以及旨在保证生态旅游可持续发展的自愿性活动，使其经营活动在环境、社会和文化方面更加负责任；⑥可持续旅游发展的国际准则、指南和道德规范将相继出台，贯彻可持续发展理念的国际和国家级的立法框架、政策及总体规划；⑦生态旅游研究成为热点，包括旅游环境敏感度、旅游容量的测定、开展区域生态旅游的潜力分析、限制因素的探讨、对生态旅游地进行环境监测、对游客进行生态意识教育、生态旅游功能区的合理规划、生态旅游区产业的适宜布局、各区管理措施和各项配套的生态治理工程的确定、旅游产品的生态化设计和生态旅游经济学研究等。

8. 新技术的应用成为常态

各种数字化技术、绿色技术已经逐渐应用于各生态旅游景区，如太阳能、风能等再生能源大量应用于生态旅游区的节能减排，5G技术应用于景区监测，固体垃圾回收利用、生态厕所、废水回收利用等应用于解决景区废弃物问题，数字化技术应用于景区环境教育，信息化技术应用于景区游客流量监控等。各种新技术的大量使用将有助于科学解决景区环境困扰，提高管理效率。在未来，更多科技含量更高、针对性更强的技术将持续应用于生态旅游景区并成为一种常态。

9. 新的生态旅游产品层出不穷

由于生态旅游者的经历不断丰富，对生态旅游产品提出了更高要求。为应对市场需求，生态旅游产品也在不断推陈出新，其种类不断增加，并以个性化、体验化和参与性为总体发展趋势，而这也符合国际生态旅游发展趋势。目前，我国的观鸟、自驾、探险、科考等多类型生态旅游产品得到了长足发展，未来在产品的深度上还将进一步挖掘，并重点开发各种专项、高端生态旅游产品，以满足市场需求。

二、中国生态旅游发展趋势

我国传统大众生态旅游的发展是近 30 年的事。许多旅游区和旅游景点凭借景观特异、环境质量好的优势迅速发展起来，接待的游客逐年增加。虽然获得了较好的旅游经济效益，但这是以环境和资源消耗为代价换来的，旅游地资源环境遭受破坏的现象较多，这与工业化过程所走的“先污染后治理”的道路异曲同工，长此以往是一条不可持续的道路。究其原因，这与旅游开发经营者承袭了产业发展的管理思想和方法，进行掠夺式开发、利用是分不开的。虽然不少旅游法规、条例都对保护旅游资源有明确规定，但真正实施起来却差强人意。事实上，大众旅游最初的发展也有过类似的发展过程，但人们较早地意识到了传统大众旅游业的发展给生态环境带来的影响和破坏问题，并重新审视旅游业的发展导向。

随着我国旅游市场规模的不断扩大，一些生态环境脆弱地带或区域的旅游资源将被进一步开发利用，包括诸如海岸带、湖泊、过渡地带的山岳景观、草原、自然保护区等自然景观以及古城、古村落、历史遗迹、少数民族文化区等脆弱的文化生态区。这些地带或区域环境敏感性和脆弱度往往更高，极易受到来自旅游开发活动的损害。因此，为了促进旅游开发与环境保护的协调统一，改变传统的大众旅游发展模式，走产业生态化道路，是旅游业可持续发展的必然选择。在此基础上，我国生态旅游发展趋势呈现出以下特征。

1. 深化发展生态旅游产业

首先，从国际生态旅游发展趋势来看，生态旅游不论是在旅游者人数还是旅游收入方面，都在世界旅游体系中占据着越来越重要的地位。中国将在 2020 年后成为世界第一大旅游目的地国，客观上存在着一个庞大的国际生态旅游潜在市场。其次，从国内旅游发展势头来看，中国国内旅游市场增长迅速，相当一部分人以自然和生态旅游资源为旅游对象，随着国家日益推动生态旅游区建设，以及全民环保意识的提高，将会有越来越多的人加入生态旅游队伍。因此，要使中国国际旅游业在现有基础上取得更大的发展，就必须顺应国际、国内旅游业的潮流，充分重视、不断扩大富有潜力的生态旅游市场。

2. 持续加强生态旅游的保护与管理

目前，在国内，开放的生态旅游区主要有森林公园、风景名胜区、自然保护区等。生态旅游形式包括游览、观赏、科考、探险、狩猎、垂钓、乡村旅游活动等，呈现出多样化的格局。在中国生态旅游发展态势良好的同时需要汲取国际生态旅游发展的先进经验。具体而言，要从以下几个方面做好工作：

(1)有效处理生态旅游开发与生态旅游资源保护的关系

一个地区能否开展生态旅游及如何确定适当的规模，要取决于当地的经济、人口、生物多样性和生态系统的敏感度。一些地方不顾当地的生态环境条件，片面追求经济效益，开发中“重开发、轻保护”，造成许多不可再生的宝贵旅游资源的消耗与浪费。生态旅游最大的特点就是严格控制规模，可以借鉴国外的做法，“高门槛”进入，严格控制游客数量。生态旅游实践中，一切都要以生态旅游资源的保护为工作中心。开发生态旅游资源时更应该把生态旅游资源的保护放在首位，并坚决贯彻实行。

(2)充分发挥政府在生态旅游发展中的作用

政府可以通过各种手段和渠道来加强对生态旅游地的引导和管理力度，比如政府与生态旅游企业密切合作，为生态旅游发展提供各种帮助和支持；制定生态旅游相关标准，规范生态旅游开发程序；开展生态旅游资源的科学考察、调研及评价服务；为生态旅游地开发提供相关策划服务；为生态旅游区的招商提供配套服务；提供各类生态旅游科技开发相关的配套服务；协助社区对生态旅游地的管理人员和导游进行多层次的培训服务等。

(3)引导当地社区居民积极参与生态旅游

社区居民在旅游部门的引导下积极参与生态旅游，而不是被动地参与。在生态旅游发展的初期阶段争取外来资金援助、获取培训机会、更新观念、掌握新技术新知识。

(4)加强对生态旅游从业人员的培训和对生态旅游者的引导、培训

包括两个方面：一是对导游和管理人员的培训。生态导游需要有多种社会技能：良好的组织能力、对英语(或者其他语言)的掌握以及对当地情况的了解和熟悉，生态导游更多意义上是游客的向导和老师。为了保护生态及保证游客的安全，导游一次只能带领少量游客进入生态旅游地。二是对生态旅游者的引导。大多数生态旅游者都受过良好教育，文化和生活品位较高，具有独立人格，是喜欢寻求新的刺激的群体。生态旅游者普遍能尊重地方习俗，渴望帮助地方保护生态系统，也希望通过参与生态旅游扩大知识面。这是大众旅游所不能提供的旅游经历，也正是生态旅游的魅力所在。

3. 完善中国特色生态旅游产品体系

我国生态旅游经过多年的发展，已初步形成了以世界遗产、自然保护区、风景名胜区、森林公园、湿地公园等为主要载体的生态旅游产品体系，基本涵盖了山地、森林、草原等类型。但总体来看，中国的生态旅游产品体系仍然比较薄弱，生态旅游产品雷同现象严重，缺乏精品。应依据生态旅游市场偏好，推出适销对路的生态旅游产品。首先，要按照生态旅游者的不同偏好，对生态旅游市场进行细分；其次，根据中国生态旅游资源的特色，确定生态旅游目标市场；最后，规划高质量的生态旅游产品，有目标、有重点地进行宣传、促销，向市场推出有中国特色的生态旅游产品。同时，根据生态旅游者对旅游活动多样性偏好的特点，在生态旅游开发中，应该以生态旅游为中心，综合开发多种旅游资源，使整个生态旅游过程既有重点，又能丰富多彩。

4. 建立国家公园体制

2013 年 11 月召开的中共十八届三中全会通过了《中共中央关于全面深化改革若干重大问题的决定》，其中提出：“坚定不移实施主体功能区制度，建立国土空间开发保护制度，严格按照主体功能区定位推动发展，建立国家公园体制。”

2014 年 2 月召开的中央全面深化改革领导小组第二次会议，确定 2014 年经济和生态

方面要推进的改革举措大体上有60项，其中，生态文明制度建设有12项具体工作，国家公园体制建设正是其中之一。建立国家公园体制，是从体制入手解决自然生态的整体性和建设管理的分割性之间的现实矛盾，必然会实现对自然生态系统的管理由部门行为到政府行为的转变，必然会实现由多方分治到国家统筹管理的转变，是加强国家治理能力的重要内容，也是我国在生态文明制度建设方面的重要举措。

目前，中国生态旅游的保护与管理模式主要有设立自然保护区、森林公园、风景名胜区、地质公园等，2018年3月国家林业和草原局加挂国家公园管理局牌子，由其进行统一协调管理。原先管理模式虽然有明确的管理部门，但实行的是“按行政区划分，专业部门指导”和“综合协调，多部门管理”的管理体系，受各自业务主管部门的领导，缺乏明确的统一规划和管理，从而出现管理重叠交叉、机构设置混乱、忽视社区发展和群众利益等弊端。生态旅游景区是中国自然生态系统恢复建设和保护的主体，因此加强我国自然保护区、森林公园、湿地公园、沙漠公园等生态旅游资源的体制改革，建立国家公园体制是中国生态旅游景区建设与发展重要环节。

第三节 生态旅游的内涵及意义

一、生态旅游的定义

“生态旅游”(ecotourism)由世界自然保护联盟(IUCN)顾问谢贝洛斯·拉斯喀瑞(Ceballos Laskurain)于1983年首先提出。1993年国际生态旅游协会将其定义为：具有保护自然环境和维护当地人民生活双重责任的旅游活动。生态旅游的提出，促使人们对传统旅游存在的问题进行思考，使得生态旅游很快在世界范围得到响应。让人们认识到要享受和欣赏现存的自然、文化、历史景观，旅游行为应该在不干扰自然生态环境、保护生态环境、降低旅游的负面影响、为当地人口提供有益的帮助的情况下进行。进而，生态旅游的定义演化为：以可持续发展为理念，以保护生态环境为前提，以统筹人与自然和谐发展为准则，并依托良好的自然生态环境和独特的人文生态系统，采取生态友好方式，开展生态体验、生态教育、生态认知并获得身心愉悦的旅游方式。其包含两个方面的内涵：一是回归大自然，即到生态环境中去观赏、旅行、探索，目的在于享受清新、轻松、舒畅的自然与人的和谐，探索和认识自然、增进健康、陶冶情操、接受环境教育、享受自然和文化遗产等。二是促进自然生态系统的良性运转。不论生态旅游者，还是生态旅游经营者，甚至包括得到收益的当地居民，都应当为保护生态旅游资源免遭破坏做贡献，只有在旅游和保护均有保障时，生态旅游才能显示其真正价值。

近年来生态旅游以平均年增长率20%的速度发展，是旅游产品里增长最快的部分。生态旅游发展较好的西方发达国家首推澳大利亚、美国、加拿大等国家，这些国家的生态旅游资源从人文景观和城市风光转为谢贝洛斯·拉斯喀瑞所指的“自然景物”，即保持较为原始的大自然，这些自然景物在其国内定位为自然生态系统优良的国家公园，在国外定位为以原始森林为主的优良生态系统，这就使不少发展中国家成为生态旅游目的地，如非洲野生动物园成为生态旅游热点。这些国家在生态旅游活动中极为重视保护生态旅游资源。在生态旅游开发中，避免大兴土木等有损自然景观的做法，旅游交通以步行为主，旅游接待设施小巧，掩映在树丛中，住宿多为帐篷露营，尽一切可能将旅游对旅游环境的影响降至最低。在生态旅游管理中，提出了“留下的只有脚印，带走的只有照片”等深入人心的保护环境的口号，并在生态旅游地设置一些揭示大自然奥秘、保护与人类息息相关的环境知识的标牌和参与性较强的生态旅游活动，让游客在娱乐中增强环保意识，使生态旅游区成为提高人们环保意识的天然课堂。

关于生态旅游的争论很多，对生态旅游的内涵也众说纷纭。不过，关于生态旅游的目标却得到了基本的认同。主要包括：第一，维持生态旅游资源利用的可持续性；第二，保护生态旅游目的地的生物多样性；第三，提供资金开展生态旅游地的环境保护工作；第四，促进、提高生态旅游地居民的经济收益；第五，增强旅游地社区居民的生态保护意识，为更好地实现这一目标，生态旅游应该鼓励当地居民积极参与，以促进地方经济的发展，提高当地居民的生活质量，唯有经济发展之后才能真正切实地重视和保护自然；第六，生态旅游还应该强调对旅游者的环境教育，生态旅游的经营管理者也更应该重视和保护自然，认识自然基本规律内涵。世界旅游组织秘书长弗朗加利在世界生态旅游峰会的致词中指出：“生态旅游及其可持续发展肩负着三个方面的迫在眉睫的使命：经济方面要刺激经济活力、减少贫困；社会方面要为最弱势人群创造就业岗位；环境方面要为保护自然和文化资源提供必要的财力。生态旅游的所有参与者都必须为这三个重要的目标齐心协力地工作。”

生态旅游发展的终极目标是可持续发展。可持续发展是判断生态旅游的决定性标准，这在国内外均已经达成了共识。按照可持续发展的含义，生态旅游的可持续发展可以概括为：以可持续发展的理论和方式管理生态旅游资源，保证生态旅游地的经济、社会、生态效益的可持续发展，在满足当代人开展生态旅游的同时，不影响后代人满足其对生态旅游需要的能力。

由于生态系统的对象主要是相对完整的自然生态系统，所以自然生态系统的可持续发展必然成为生态旅游活动开展的重要内容。生态旅游系统主要由生物和非生物环境两大部分组成，系统内的生物群落包括生产者、消费者、分解者；非生物环境即非生命的系统，包括阳光、空气、水、土壤和无机物等，这些因子共同构建了一个丰富多彩、相对稳定的生态系统，成为生态旅游的主要吸引物。良好丰富的自然生态环境是生态旅游的目的地，容不得任何耗竭性的消费。因此，无论是生态旅游经营开发者、管理决策者，还是旅游者，对保护自然生态都有不可推卸的责任，都必须在生态旅游实践中认识自然、保护自然。这种生态环境保护是对自然生态系统的正常发展、循环稳定的维护，同时也包括对人类与自然和谐相处关系的维护，是生态旅游可持续发展的重要内涵。

因此，生态旅游具备以下四个方面的基本特征：

①生态旅游地是保护完整的自然和文化生态系统，参与者身处其中能够获得与众不同的经历，这种经历具有原始性、独特性的特点。

②生态旅游强调旅游规模的小型化，旅游开发强度限定在其承受能力范围之内，这样既有利于游人的观光质量，又不会对生态旅游资源造成人为破坏。

③生态旅游可以让旅游者亲自参与其中，在切身体验中领会自然生态的奥秘，从而更加热爱自然，这也有利于自然与文化资源的保护。

④生态旅游是一种负责任的旅游，这些责任包括对生态旅游资源的保护责任、对生态

旅游的可持续发展的责任等。由于生态旅游自身的这些特征能满足旅游需求和旅游供给的需要，从而使生态旅游兴起成为可能。

二、发展生态旅游的意义

自20世纪90年代以来，中国生态旅游发展迅速，取得了显著的成绩，已成为全国旅游业中特色分明、功能完善、效益明显的发展领域，在推动我国可持续发展理念普及、促进旅游业生态文明建设、改善旅游产品结构、加强环境教育与旅游环境保护、推动旅游产业节能减排、增加社区居民收入等方面发挥了重要作用。但在发展过程中也存在割裂式开发、过度开发、忽视保护的情况，不同程度地导致了生态环境的破碎化、污染和景观退化，影响到生态旅游的可持续发展。面对资源趋紧、环境污染严重、生态系统退化的严峻形势，必须树立尊重自然、顺应自然、保护自然的生态文明理念，把生态旅游发展方式放在重要地位。通过生态保护、发展旅游、社区参与、环境教育的生态旅游发展方式，提高当地居民收入水平，提升从业者和参与者的环境保护意识，优化环境质量，缓解生态旅游产业发展与环境保护不协调的矛盾。由此，发展生态旅游的意义主要体现在以下九个方面：

1. 有利于推动生态文明建设

发展生态旅游可以促进旅游资源的有效保护与永续利用，形成节约资源和保护环境的旅游产业结构、旅游增长方式和旅游管理模式，进而推动人与自然和谐发展，传播尊重自然、顺应自然、保护自然的生态文明理念，落实中共中央和国务院《关于加快推进生态文明建设的意见》《生态文明体制改革总体方案》等重大决策部署，助力美丽中国建设。

2. 有利于促进全面建成小康社会

通过生态旅游促进生态资源开发利用、产业结构调整和基础设施建设，带动社会就业，形成“绿水青山就是金山银山”的发展格局，整体提升当地经济、社会、环境效益，促进中西部地区和集中连片贫困地区脱贫致富，促成全面建成小康社会目标的实现。

3. 有利于推广绿色低碳的消费与生活方式

发展生态旅游有助于加强资源、环境、生态价值观教育，弘扬生态伦理与环境道德，培育健康消费观，培养公民生态文明意识，树立崇尚生态文明的新风尚，推动全社会形成绿色消费新观念，实现绿色发展、循环发展、低碳发展。

4. 有利于推动旅游业发展方式转变

生态旅游可以有效带动相关旅游服务要素发展，推动我国旅游产品向观光、休闲、度假并重转变，旅游服务向优质化转变，旅游开发向集约化转变，有效规避生态旅游产品的低水平建设和无序竞争，促进生态旅游整合、融合、联动发展，更加注重资源节约和环境保护，树立科学旅游观，实现旅游业可持续发展。

5. 有利于优化全国生态旅游开发格局

通过编制科学合理的全国生态旅游发展规划，明确不同区域生态旅游功能区的发展定位和方向，科学制定分地区、差异化的发展战略，建立分工明确、功能互补的生态旅游发展格局，协调跨省及各省域层面生态、旅游空间的一体化开发，实现区域生态旅游市场和设施共享，提升我国生态旅游产品的整体质量，实现集约高效的生态环境建设。

6. 有利于改善生态环境

开展生态旅游首先能够保证旅游区生态环境的稳定。生态旅游区多为山野、森林地区，这些地区多为河流发源地带，生态环境如遭破坏，不仅危害当地，而且对下游地区的生态环境，尤其水源涵养能力差的地区危害更为严重。开展生态旅游，由于生态旅游区基本免除了“三废”（废水、废气、废弃物）污染，不仅可以保护生态旅游区自身这块净土，而且对保护周围及下游地区生态环境有所裨益。

7. 有利于物种保护

以自然生态系统为对象的生态旅游十分重视系统内物种的保护，包括森林中的植物群落以及在森林地带栖息生存的各类动物种群等。在生态旅游中，野生动植物及其生存环境受到有效保护，因而有利于生物的繁衍生息。

8. 有利于增强社会环保意识

生态旅游的内容包括利用各种有趣和灵活多样的形式向游人宣传生态知识、环保知识和物种保护的意义。导游员向游客介绍当地生态环境，使游人不仅在生态旅游中获得乐趣，还能获得生态方面的知识。所以，开展生态旅游也是一种向游人介绍推广生态教育的形式，对增强人们的环保意识有重要的意义。

9. 有利于促进旅游业的可持续发展

开展生态旅游可以很好地保护各种自然景观的观赏性和生态环境的良好状态，使自然景观持续地供游人观赏，良好的生态环境能使游人有效地放松身心，有益健康，从而有利于旅游业的可持续发展。生态旅游已成为现代社会旅游的主流，生态旅游发展得好，既能提高其在国际旅游市场的竞争力，又能维护旅游区的生态平衡，创造生态、经济、社会、文化四个方面的良好效益。

三、我国生态旅游发展中存在的问题

促进生态旅游地经济、社会可持续发展是开展生态旅游的重要目的之一，具体表现在旅游地居民个体和旅游地社会、经济、文化整体上。旅游地居民是旅游地社会文化的主要组成部分，拥有维护自身良好发展的权利。因此，开展生态旅游必须让当地居民直接或间接参与到管理和服务中去。从经济方面，通过深度参与生态旅游，当地居民获得丰厚经济的回报，有效地促进旅游地经济的发展；从社会方面，旅游业在当地的发展与渗透使得当地居民开阔了眼界，提高了素质，可以更快地融入现代文明；从环境方面，当地居民对自然环境的维护与影响比旅游者更为直接。总之，生态旅游的发展使得当地居民在科学、经济、技术上对资源实施保护成为可能。整体而言，生态旅游的健康发展在经济上有利于促进旅游经济的持续增长，并不断为地方经济注入新的发展资金；在环境保护方面可以对自然环境的保护和管理给予资金的支持，提高旅游经营管理者、旅游者和当地居民对环境保护的意识；在社会效益方面促进公平分配，有利于居民就业机会的增加等，这一切将有效地促进生态旅游地社会、经济、文化的全面进步和协调发展。然而，在我国生态旅游发展过程中依然存在和面临许多自身的问题，具体如下：

1. 环境效益与经济效益之间的矛盾

大众旅游不利于生态环境的保护，不利于承担环境保护的责任，不利于利益相关者之间的利益分配。生态旅游是实现可持续旅游的一种发展模式，比大众旅游更注重对当地自然和文化的保护、更注重对旅游者的教育，消费高于国内大众旅游的消费水平，是高层次的旅游活动。我国生态旅游正处于初级发展阶段，各个方面都不成熟，生态旅游开展还受到诸多限制，其接待人数、经济收入成为部分景区主要的考量，造成了生态旅游环境效益与经济效益之间无法均衡的矛盾。

2. 对旅游者的生态环境教育缺失

目前我国的生态旅游已经发展到了临界点，仅依靠旅游法规对旅游者行为加以规范并不够。普通旅游者较真正意义上的生态旅游者而言，没有或者只有表面的生态意识，只具有浅显的环境责任感，说明我国对旅游者的生态环境教育有所缺失。我国无论是生态旅游实践还是生态旅游环境教育实践均晚于国外，国内迅速大众化的生态旅游多年来日益泛化并不断走向异化，生态旅游并没有发挥其应有的环境保护和环境教育功能，而被陷于“不利于生态”的尴尬境地。另一方面，社区居民也是生态环境保护的关键，处理不好社区参与生态旅游开发的问题，不利于环境的保护和生态旅游的开展。而在生态旅游景区的规划方面，缺少关于环境教育的导游和标志，致使大部分生态旅游目的地与一般旅游地差别不大。

3. 生态旅游认证标准难以统一

在生态旅游泛化现象日益严重的情况下，不少专家、学者致力于生态旅游的认证和标准的建立，以期能在全国范围内得以确认，通过此认证标准的就认为其是生态旅游景区，打造生态旅游的示范基地，统一规范“混乱”的生态旅游市场。但随着生态旅游的发展，生态旅游标准的制定、建立呈现多样化的特征，认证项目数量急剧增加，但只有少数的国际性标准正在形成和推广。还有很多认证体系是以国外经典的认证体系为基础建立，但盲目采用其他国家的标准，并不完全适合我国生态旅游发展的国情，不利于对我国生态旅游发展和引导的规范。各个生态旅游地的资源特色不同，所认证的重点和核心要素不一，很难在全国范围内建立统一的标准。

4. 生态旅游的经营管理模式不成熟

生态旅游经营管理的主要对象是政府、企业、社区、自然保护区、生态旅游者，其构成生态旅游的利益相关者。由于我国的生态旅游正处于初级发展阶段，各个方面的发展都受到很多的限制：我国政府关于生态旅游开发、建设、保障、检测等方面的政策法规尚未建立；无论是对生态旅游产品开发的理论与实践，还是对生态旅游经营管理人才队伍的培养暂时没有成熟、优化的体系；社区是被动的承受对象，教育培训和参与旅游的利益分配机制不完善；自然保护区的设施设备、环境评价、容量控制等问题尚未解决；我国公民的生态意识还有待提高，对其行为的引导和约束、教育方面不完善。由此可见，我国生态旅游的经营管理模式还不成熟，都还处在初级培育阶段。

四、应对措施和做法

上述提及的这些问题有阶段性特征，也有区域性特征，需要在生态旅游发展的过程中充分重视并加以及时修正。在生态旅游发展的过程中可以借鉴其他国家和地区采取的部分措施，主要做法有：

1. 立法保护生态环境

如美国 1916 年通过了成立国家公园管理局的法案，国家公园的管理纳入了法制化的轨道。在英国，1993 年通过了新的《国家公园保护法》，旨在加强对自然景观、生态环境的保护。自 1992 年世界环境与发展大会以后，日本制定了《环境基本法》。芬兰 1923 年颁布了《自然保护法》。

2. 制定发展规划和战略

美国在 1994 年制定了生态旅游发展规划，以适应游客对生态旅游日益增长的需求。澳大利亚在早期开展生态旅游时就先行实施国家生态发展战略。墨西哥政府制定了“旅游面向 21 世纪规划”，生态旅游是该规划的重点推介项目。肯尼亚政府制定了许多重要的国家发展策略，其中特别将生态旅游列为重点项目。

3. 加大生态旅游环境宣传力度

在发展生态旅游的过程中，很多国家都提出了不同的口号和倡议。例如，英国发起了“绿色旅游业”运动，日本旅游业协会召开多次旨在保护生态的研讨会，并发表了“游客保护地球宣言”。

4. 重视当地居民利益

生态旅游发展较早的国家——肯尼亚在生态旅游发展的过程提出了有利于当地居民的“野生动物发展与利益分享计划”。菲律宾通过改变传统的捕鱼方式不仅发展了生态旅游业，同时也为当地居民提供了替代型的收入来源。

5. 多种技术手段加强管理

许多进行生态旅游开发的国家都对进入生态旅游区的游客量进行严格的控制，并不断监测游客行为对自然生态的影响。澳大利亚联合旅游部、澳大利亚旅游协会等机构还发行了一系列有关生态旅游的指导手册加强游客行为管理。此外，很多国家都实行经营与管理分离的制度，如美国黄石国家公园就采用许可证制度对生态旅游区内商业行为进行约束管理。

复习思考题

1. 结合亲身经历谈谈对生态旅游的认识。
2. 认证制度在生态旅游业的实行中有哪些积极的影响？
3. 生态旅游有何正面效益？

课外阅读书籍

1. 高峻，孙瑞红，李艳慧. 生态旅游学. 南开大学出版社，2014.
2. 吴章文，文首文. 生态旅游学. 中国林业出版社，2014.

第二章 生态旅游的产生与发展

第一节 生态旅游的产生

美国学者贺特兹(Hetzer)于1965年在反思文化、教育和旅游的基础上，提出具有责任感的一种旅游方式。这种旅游方式提倡对当地文化与环境只产生最小化影响，追求最大经济效益与游客最大满足，其认为的“具有责任感的旅游方式”包含了以下几个方面：①对环境最小的影响；②对当地文化最大的尊重；③让当地居民得到最大的实惠；④让旅游活动参与者得到最大限度的满意。贺兹特所描述的这种“具有责任感的旅游方式”成为当今生态旅游的雏形。

一、生态旅游产生的背景

在历史早期，因聚居程度低，聚居区靠近自然生态系统，且尚无人工旅游产品可供游览、观光，其旅游活动必然以自然生态系统为对象。即使因任何事务从一个地方去另一个地方的旅行，沿途所见无非是山川原野、江河湖海、鸟兽虫鱼、树木花草，全都属于自然生态系统。在这种社会经济环境里，不存在从一般旅游中另外划分出生态旅游的必要。后来，随着生产力的发展，人类聚居区越来越大，聚居的城市居民和一部分乡村的居民因职业关系逐渐远离了自然生态系统，因而对自然生态系统日益生疏，同时也越发感到新鲜，从而产生到大自然中去游览、观光、休憩、玩乐的愿望。这是生态旅游概念产生的社会基础。

但真正在实践中产生和形成生态旅游，却是现代工业发展到中期之时。由于激烈竞争导致的过度追求高额利润和高效率，使人们所处的生态环境不断恶化，工作中的压力令人感到难以承受，人们迫切需要到大自然中去呼吸新鲜空气，看看绿色的自然景色，使身心放松。而与此同时，社会经济、个人收入等又具备了条件，生态旅游应运而生。

旅游业是“无烟产业”，是“低投入、高产出的劳动密集型产业”“旅游资源可以永续利用”等观点被证明是不正确的。尽管旅游业不像传统工业那样产生“三废”物质，但其不利影响也表现在噪声污染、水污染和废弃物丢弃等诸多方面，其造成的环境破坏和污染程度同样不低。一般工业污染的只是自然生态环境，而对旅游业若不加以有效管理和调控，其造成的不利影响不仅反映在自然环境方面，还会对社会、文化环境产生极为深刻的影响，具有长期性。

许多国家、地区把旅游业确立为重要的支柱产业，大力推动旅游业发展，但也因缺乏合理规划和科学的管理，破坏了旅游业赖以生存的资源和环境。旅游环境问题产生的原因主要有两个方面：其一，来自旅游区内外的污染源是影响旅游区环境质量的主要原因，其中大范围区域环境污染、其他经济类资源的不适当开发对旅游资源与环境已经构成很大威胁。近年来，我国区域性环境污染问题进一步恶化，水系受到污染或富营养化，酸雨危害范围不断扩大，这些对旅游活动造成了十分不利的影响。其二，来自旅游开发的盲目性和管理缺失，部分著名旅游区人满为患，生态负荷倍增，游人的社会道德水准和环境意识水平尚待提高，加上管理水平落后，环境污染问题日益突出。

1. 区域性环境问题

大气污染对旅游环境和旅游资源的影响主要因酸雨和降尘导致。酸雨会对旅游区域生态系统产生破坏，甚至导致生态失衡。因酸雨造成的"青山"变"秃岭"的现象屡见不鲜。这种破坏作用不仅造成自然景观的视觉变化，更有可能导致这些景观的消失。酸雨还对历史文物古迹造成严重损害。近十几年来，酸雨导致的石刻风化、古代绘画颜料褪色、金属工艺品腐蚀、壁画剥落等历史文物加速折损、破坏，不仅降低了游览观赏价值，也造成了旅游资源的损失和消失。而粉尘污染不但让游人望而却步，也对露天文物造成影响，降低游览价值。一些具有标志意义和历史文化价值的文物甚至可能会从此消失。

受区域水污染的影响，我国大部分水景资源都不同程度地受到破坏。据国家环保部门公布的数据分析，全国七大水体和内陆河流水质符合较高标准旅游需求的水体仅占25%。我国大部分海滨浴场的水质下降，部分浴场只得关闭。受上游过量采水或污水排放的影响，许多著名游览区水域水体质量下降、水量减少，城市附近的河流污染更是普遍现象。我国许多湖泊富营养化问题严重，氮、磷等营养物普遍超标，水体被污染的速度也明显加快。水体环境质量的下降直接威胁到旅游环境的质量。

地球上覆盖的森林面积曾经占陆地的2/3，而近百年来，森林破坏速度加快，根据联合国粮食和农业组织（FAO）2020年发布的2020年《全球森林资源评估》报告，目前全球森林面积共40.6×10^8 hm^2，占到陆地总面积的近31%。自1990年以来，全球共有4.2×10^8 hm^2森林遭到毁坏。2015—2020年间，全球每年的森林砍伐量约为1000×10^4 hm^2。森林减少的主要原因有砍伐林木、开垦林地、采集薪材、毁林放牧、森林火灾以及空气污染等。森林减少产生的影响包括产生气候异常、二氧化碳排放量增加、物种灭绝、生物多样性减少、水土侵蚀加剧、水源涵养能力降低以及洪涝灾害威胁加剧等。

森林破坏所造成的最严重的危害之一就是生物多样性的减少。据估计，当前地球上生物多样性损失的速度比历史上任何时候都快，每年有近3万个物种消失，即每天约75个物种从地球上灭绝。20世纪90年代初，联合国环境规划署首次评估生物多样性的一个结论是：在可以预见的未来，5%~20%的动植物种群可能受到灭绝的威胁。

这些大范围环境问题虽然不及"八大公害"事件严重，但长期直接或间接地威胁着旅游活动的正常开展，甚至影响到旅游业的可持续发展。

2. 旅游开发建设导致的环境问题

开发建设造成的直接环境破坏是旅游开发中普遍存在的问题，特别是旅游区不尊重科学，以及利益驱使下的短视行为，已严重危及旅游生态环境的良性循环。诸如违反规划，任意选址建设、随意改变规划确定的建筑密度、容积率、高度控制线指标等，直接损害了旅游区的自然风貌，破坏了当地历史文化传统特色与氛围。这种破坏，要么是对区域旅游资源及其文脉认识不当，随意嫁接、改造，失去了资源固有的质量和品位，要么是当地旅游区建设不考虑历史文化资源的保护，使大量的自然与人类文化遗产遭受重创。

超承载力接待游人，也造成较为严重的旅游环境问题。由于游客大大超出旅游区的承载能力，不但对旅游氛围形成巨大冲击，降低游人的旅游感受，使重游率减少，更重要的是严重破坏了景区环境质量，旅游服务设施的严重损坏，还可能产生安全事故。

二、生态意识觉醒

20 世纪人类在科学技术、经济发展和社会进步方面取得了辉煌的成就，20 世纪也是人类与自然关系异化最为严重的一个世纪。目前，资源短缺、环境污染和生态恶化已成为摆在世界各国面前的重大问题，经济发展、资源利用及环境保护所构成的矛盾已成为当今世界各国所共同面临的重大挑战。因此，人口、资源、环境与可持续发展成为当今国际社会瞩目的焦点。环境问题的严重性促使人类深入思考人与自然的关系，人们认识到当代生态危机的实质是人类对生态规律的漠视引起的人与自然关系的扭曲和错位。

人类行为方式与环境问题的产生有直接的因果关系。可以说，人类文明史在本质上就是一部人类与自然环境的相互关系史。20 世纪，给人类造成巨大灾难的主要原因是战争与环境污染。环境污染的危害日积月累，逐渐显现。因此，当人们开始正视环境污染的时候，全球性的环境问题已经发展到了非常严重的程度。通过长期的深刻反省，人们通过追根溯源把环境问题同人类的行为模式联系起来，认识到环境问题表面上是自然生态问题，实际上反映了人与环境的矛盾对抗，是大自然对人类实施的“报复”。传统的发展观号召人们战天斗地，一味向自然索取，导致人与自然对立，造成了如今的生态危机。生态学告诉我们，人类只不过是大自然中的一部分，人类的命运与其他的生物息息相关，物种的多样性在于具备完善的适应环境变化的机体。

因此，环境问题在本质上是人的问题，生态危机实际上是一种文化危机，或是人类内在危机的外在表现。解决生态环境问题不能就事论事，必须摈弃短期利益和纯技术的桎梏，重审人与自然的关系，反省人类对大自然的态度和行为，充分认识自然在人类生存、发展中的地位和作用。

人与自然的关系构成不同的社会发展阶段。人与自然的矛盾对立并非历来如此。纵观几千年的文明史，人类的文明形态是不断变化发展并呈螺旋式上升、波浪式前进。先后经历了原始社会、农业文明和工业文明阶段。文明形态的转换有一定的内在规律和演进轨迹，总是在发展过程中把产生的问题累积到一定程度，而现有的社会制度和文化对此无能为力时，引发一系列变革，然后自觉或不自觉地向新的文化或文明过渡。由于人与自然的关系是社会文明的重要基础，所以社会转型在很大程度上取决于人与自然的关系。

在自然界中，人类无论怎样推进自己的文明，都无法摆脱文明对自然的依赖和自然对文明的约束。自然环境的衰落，最终也将引起人类文明的衰落。如今“只有一个地球”的呼声越来越高昂，一个环境保护的绿色浪潮正在席卷全球，冲击着人类的生产方式、生态方式和思维方式，预示着人类史上的一场“环境革命”即将来临。这场革命是历史发展的必然产物，人类将重新审视自己的行为，放弃以牺牲环境为代价的发展方式，建立一个与大自然和谐共处的“绿色文明”。

三、生态旅游产生的原因

人类的文明体现在与自然的协调上。在人类所经历的各种文明中，原始文明和农业文明生产力落后，不足以产生旅游业，工业文明时期产生了现代旅游业，但这种旅游发展方式和工业文明一样，在后工业时代即生态文明时代开始备受诟病。在工业、农业向生态发展模式转变之后，旅游业发展中要求保护旅游对象的呼声也日益增强。人们迫切需要一种对资源和环境影响不大，对旅游目的地负责的旅游模式来替代传统的大众旅游。正是在全世界生态文明兴起的背景下，旅游业逐渐向生态化方向转变，生态旅游逐渐受到重视，成为生态文明时代的必然选择。在现代文明观指导下，无论旅游经营管理者还是游客，都开始认识到作为旅游对象的自然环境系统是经亿万年漫长演化而来的，具有自然生态属性，应该加以珍惜和保护。无论开发还是利用，都应与其协调，在遵从与自然和谐相处中得到真正的精神享受。

随着经济发展和人们生活水平的提高，旅游者逐渐增多，出游次数也越来越多。由于工业化和城市化进程的加快，生活在城市中的人们生活环境日趋恶化，人们对回归自然、放松身心、逃离紧张生活和工业污染的需求越来越强烈。随着人们环境意识的增强，对旅游的期望、感知和价值取向发生了变化，生态环境良好的景区越来越受到欢迎，绿色消费更成为旅游潮流，旅游者比以往任何时候都更关注环境问题，也更加爱护旅游对象。绿色消费需求在全球的兴起，为生态旅游的发展提供了契机。在世界范围内，旅游观念正在发生重大变革，调查显示，生态旅游市场增长迅速，成为当今世界旅游发展的趋势和潮流。

从旅游与环境的关系来看，它们之间存在天然的耦合关系，因为优良的环境是旅游业赖以生存和发展的物质基础，如果资源和环境被破坏，旅游吸引力就大大降低，旅游效益无从实现。从另一个角度讲，如果措施得当，旅游业合理有序的发展也会促进环境的改善。为此，旅游业发展必须寻求一种合理的旅游发展模式，通过合理利用旅游资源与环境来实现旅游经济利益，通过代际之间利益共享来实现可持续发展。旅游业自身对发展模式的选择是生态旅游产生的强大内在动力。

四、生态旅游的发展模式

从生态旅游的发展模式角度看，主要有两种类型：一种是主动模式，即发达国家的生态旅游模式，这是一些经济发达国家为了让人们了解自然、欣赏自然并受到环境教育而主动开展起来的，称为主动模式，典型的代表为澳大利亚和美国；另一种是被动模式，即不发达国家的生态旅游模式，这是不发达国家在不破坏生态的前提下不得已采取的一种经济形式，称为被动模式，典型的代表是肯尼亚。

1. 主动模式

这是在发达国家常见的模式，这些国家因市场需求促使生态旅游应运而生。如美国从1872年建立世界上第一个国家公园——黄石公园起，就开始了以游览国家公园为主题的自然旅游，每年有成千上万的“生态旅游者”到国家公园游览。到20世纪中后期由于自然旅游与环境保护的矛盾加剧，为改变这一情况，美国提出发展生态旅游，营造“除了脚印什么也不留下，除了照片什么也别带走”的生态旅游氛围，同时制定了相应的法规、条例和规范，并注意培育从事生态旅游产品开发和经营的企业。其他欧美国家及澳大利亚、日本、新西兰等国也兴起了生态旅游，并取得了较好的效果。

2. 被动模式

欠发达国家拥有丰富而独特的生态旅游资源，发展生态旅游市场主要是由于迫不得已的经济压力。自20世纪初起，殖民主义者发起野蛮的大型狩猎活动给肯尼亚的野生动物带来了灾难。1977年，在人们强烈要求下，政府宣布完全禁猎。1978年肯尼亚宣布野生动物的猎获物和产品交易违法，一些因此而失业的人被迫走上了开辟旅游市场的道路，提出了“请用照相机来拍摄肯尼亚”的口号，以其丰富的自然资源招揽游客，生态旅游由此而生。到1988年生态旅游业的收入成为肯尼亚的第一外汇来源，首次超过了咖啡。1988年吸引的生态旅游者达69.5万人次，旅游收入总额高达3.9亿美元。10年后的1997年，来肯尼亚的生态旅游者达到75万人次，肯尼亚的旅游收入达到5亿美元。

第二节 生态旅游的发展历程

从生态旅游的产生到现在，生态旅游在大致经历了起步萌芽阶段、初步发展阶段、迅速发展阶段后，已进入全面发展的阶段。

一、起步萌芽阶段

黄石国家公园始建于1872年，位于美国怀俄明州西部、蒙大拿州南部和爱达荷州东部三个州的交界处，总面积为898 317 hm^2，但99%的面积都没有开放，仍保持其原生状态，主要目的是为野生动植物提供良好的生长和栖息环境。但黄石国家公园既是自然保护区又是旅游区，每年到访游客达200万人次。它以保护原生生态环境为前提，适度地开展旅游活动，并将旅游活动对生态环境的影响控制在合理的限度内。可以说，黄石国家公园的建成和开放开创了现代生态旅游的先河。

黄石公园建立之初，游客也在黄石公园里乱扔垃圾、在树木和石头上刻字留念，甚至偷猎等情况也频繁发生。直至1916年，斯蒂芬·马瑟不断通过组织各种公众运动呼吁建立公园独立管理机构后，美国国会通过了《国家公园组织构成法》，并于同年8月25日在联邦内政部建立了国家公园管理局，斯蒂芬·马瑟成为新机构的第一任局长。

继黄石国家公园之后，美国又相继建立了58个国家公园，并且都向公众开放，成为人们回归自然的最佳去处。继美国之后，欧洲各国及澳大利亚、日本、加拿大等发达国家也相继建立起了各自的国家森林公园体系。它们分别制定了保证生态旅游发展的法规和条例，培养出一批从事生态旅游产品开发、经营的专业机构和人员。生态旅游的发展在这些发达国家取得了良好的效果。

而在欠发达国家中，非洲的肯尼亚和拉丁美洲的哥斯达黎加是发展生态旅游的先驱。肯尼亚被称作“自然旅游的前辈”，也是当代生态旅游开展较好的国家之一。肯尼亚以野生动物数量大、品种多而著称。但由于长期受殖民影响，旅游活动一直以狩猎为主，直到20世纪70年代一系列禁猎法令的施行才使其丰富的生态资源招揽了大量游客，形成了生态旅游。从1988年开始，旅游业的收入成为这个国家外汇收入的第一大来源。

拉丁美洲的哥斯达黎加是另一个开展生态旅游较早且颇有成效的发展中国家。这个国家开展生态旅游是从保护森林资源的目的出发。为了发展农业经济而大量砍伐森林曾使这个美丽的国家水土流失、土壤贫瘠。为改变这种状况，1970年哥斯达黎加成立了国家公园局，先后建立了34个国家公园和保护区，开展对森林无破坏性的生态旅游活动。国家还对开展生态旅游制定了严格的法规，成立了专门的机构，监督这些法规的实施和执行。到

20 世纪 80 年代中期，旅游业的外汇收入已成为这个国家最大的外汇来源，取代了传统经济发展模式中咖啡和香蕉出口的地位。

二、初期发展阶段

20 世纪 80 年代初期，一些有远见的旅游经营者逐渐意识到生态旅游的潜在利润，从当地人那里租赁或者购买土地，建设生态旅馆，提供导游服务，获得了较好的效益。与此同时，欠发达国家也开始意识到，生态旅游一方面可以赚取外汇，另一方面生态旅游活动比伐木和农耕等其他资源开发方式对资源本身的破坏性小许多。生态旅游能够将保护与开发相结合，将满足旅游者的需求与改善当地社会福利相结合，于是将生态旅游确定为实现保护和发展的手段。为系统了解旅游开发、环境保护和旅游发展之间的关系，世界自然基金会于 1987 年在美国国际开发机构的资助下，对哥斯达黎加、多米尼加、厄瓜多尔、墨西哥等国家的 10 个国家公园或自然保护区的生态旅游进行了深入研究，并在 1990 年正式出版了《生态旅游：希望与陷阱》。我国的生态旅游也是在这个时期兴起的，1982 年国务院批准建立了第一批国家级风景名胜区，并建立了第一个国家森林公园，当时虽然也提出要将旅游开发与生态环境保护有机结合起来，但对生态旅游的概念还比较陌生，国内在这个时期的文献非常少。这个阶段生态旅游作为一种经营创新的理念才刚刚兴起，运作规律在不断完善之中，旅游收入中投入当地环境保护的资金比例也不高。

三、快速发展阶段

20 世纪 90 年代，随着生态旅游在一些国家的成功实践，越来越多的组织、政府部门、研究人员、企业、当地居民、非政府组织等介入生态旅游的实践与探索，使生态旅游的概念不断清晰、完善，各种原则和框架也不断建立。在对诸多案例进行分析的基础上，人们对生态旅游的认识也越来越深入。如 Cater 等（1994）主编的《生态旅游：可持续的选择吗?》一书中，介绍了东欧地区、澳大利亚、新西兰等国家与地区的生态旅游业发展概况。Weaver（1998）在《欠发达世界的生态旅游》里，对哥斯达黎加、肯尼亚、尼泊尔、泰国、哥伦比亚和南太平洋等国家与地区的生态旅游业发展状况分别进行了案例分析。

1991 年，在美国成立的生态旅游协会（The Ecotourism Society），后改名为国际生态旅游协会（The International Ecotourism Society），至今已拥有来自 110 个国家和地区的会员，其旨在使生态旅游成为自然资源保护与可持续发展的有效工具，并为推动生态旅游发展做了大量卓有成效的工作。生态旅游在我国受到普遍重视也是在这一时期。1994 年我国召开了第一届生态旅游研讨会，会上成立了中国旅游协会生态旅游专业委员会。1996 年 6 月，在联合国开发计划署的支持下，我国召开了武汉国际生态旅游学术研讨会，并将生态旅游研究推向实践。1997 年 12 月，与生态旅游密切相关的“旅游业可持续发展研讨会”在北京举行，会议认为生态旅游对于保障中国旅游业可持续发展有着重要意义。1999 年是我国的生态旅游年，开展了以云南昆明世界园艺博览会为代表的系列“生态环境游”活动，举办了一系列生态旅游研讨会，这些会议全面推动了生态旅游在我国的影响与发展。

四、全面发展阶段

进入 21 世纪，生态旅游得到了更广泛的关注。一个重要的事件是联合国将 2002 年确定为“国际生态旅游年”，提出的《莫霍克协定》标志着生态旅游进入全面发展的新阶段。2002 年 5 月在加拿大魁北克市召开由联合国环境规划署和世界旅游组织发起的世界生态旅游峰会。来自 132 个国家的公有、私有及非政府部门的 1000 多名代表出席了这一会议，会议发表了《魁北克生态旅游宣言》，就今后生态旅游的发展提出了针对政府、私有部门、非政府组织、学术机构、国际组织、社区和地方组织的一系列建议。世界各地还围绕“国际生态旅游年”召开了一系列区域性生态旅游研讨、培训活动。世界生态旅游峰会的召开，是生态旅游进入全面发展崭新阶段的标志。

莫霍克协定于 2000 年 11 月 17~19 日，由联合国环境规划署(UNEP)、世界自然基金会(WWF)、国际标准化组织(ISO)、绿色环球 21 组织(GG21)、国际生态旅游学会(TIES)共同讨论制订，成为国际生态旅游认证的原则性指导文件。该协定的重大贡献之一就是提出了鉴别生态旅游产品的标准，具体包括以下几个方面：生态旅游的核心是让游客通过亲身体验大自然，更好地了解和赞美自然；生态旅游通过解说系统让人们认知自然环境、了解当地社会和文化；生态旅游对自然保护和生物多样性保护做出有益和积极的贡献；生态旅游应有利于当地社区的经济、社会和文化发展；生态旅游应尽量鼓励社区参与；生态旅游在提供食宿、组织旅游以及设计景点方面都应适度；生态旅游应尽量减少对当地(乡土)文化的影响。

第三节　全球生态旅游发展概况

一、我国生态旅游的发展

1956 年，我国开始建立第一批自然保护区。位于广东省肇庆市的鼎湖山自然保护区是我国建立的第一个具有现代意义的自然保护区，但其后的 20 多年间生态旅游并没有得到应有的重视。直到 20 世纪 80 年代，生态旅游这一新型的旅游方式才在中国崭露头角，得到初步的发展。处于萌芽阶段的生态旅游，其旅游区主要分为依托于自然生态旅游资源为主的生态旅游区与以人文生态旅游资源为主的生态旅游区两部分。

(一)自然生态旅游资源为主的生态旅游区

主要有：自然保护区、森林公园、风景名胜区、地质公园等。

1. 自然保护区

《中华人民共和国自然保护区条例》第二条对“自然保护区”的定义为：对有代表性的自然生态系统、珍稀濒危野生动植物物种的天然集中分布区、有特殊意义的自然遗迹等保护对象所在的陆地、陆地水体或者海域，依法划出一定面积予以特殊保护和管理的区域。国家级自然保护区是推进生态文明、构建国家生态安全屏障、建设美丽中国的重要载体。我国的自然保护区涵盖了各种类型的生态系统、自然遗迹和珍稀物种，对于保护典型的自然生态系统，保存有特殊价值的地质、地貌景观和自然遗迹，拯救珍稀濒危生物物种，探索自然环境的发生演变规律和自然资源的持续利用方式，促进经济建设和科学、文化、教育、医疗卫生及旅游等事业的发展都具有十分重要的意义，是人们认识自然、了解历史、增长知识的天然博物馆，具有极高的生态旅游吸引力。

2. 森林公园

森林生态系统是地球上最大的陆地生态系统，而森林公园以人工林或天然林为主体，其环境优美、生物资源丰富、景观多样，是开展生态旅游的最佳场所之一。在我国，森林公园是以良好的森林景观和生态环境为主体，融合自然景观与人文景观，利用森林的多种功能，以开展森林旅游为宗旨，为人们提供具有一定规模的游览、度假、休闲、保健疗养、科学教育、文化娱乐的场所。建立森林公园、发展森林生态旅游业是林业部门利用自身资源向社会提供高质量的旅游环境所进行的立体开发、综合利用的优势项目，是人们对森林与人类关系认识的深化，也是全面发挥森林多样效益的一项系统工程。

1982 年，我国第一个国家级森林公园——张家界国家森林公园建立，将旅游开发与生态环境保护有机结合起来，为生态旅游的发展提供了良好的基础。此后，森林公园建设以及森林生态旅游产业突飞猛进。根据国家林业和草原局公布的信息，截至 2019 年 2 月我国国家级森林公园达 897 处，接待游客量超过 10 亿人次，旅游收入近 1000 亿元，其中近 1/3 的森林公园免费向公众开放。

3. 风景名胜区

根据中华人民共和国国务院于 2006 年 9 月 19 日公布并自 2006 年 12 月 1 日起施行的《风景名胜区条例》，中国国家级风景名胜区是指具有观赏、文化和科学价值、自然景观、人文景观集中、环境优美，可供人们游览或者进行旅游活动的区域。我国风景名胜区保护工作 1979 年启动，1985 年国务院颁布《风景名胜区管理条例》，明确将风景名胜区保护列入中央和地方各级政府的工作职责。国家重点风景名胜区从审定、命名到规划审批全部上交国务院，确定了风景名胜区保护是国家特殊资源事业的地位。通过多年发展，形成的风景名胜区类型众多、自然景观奇特、文化内涵丰富、历史价值珍贵，成为壮丽山河的精华，是开展自然生态旅游和文化生态旅游的理想去处。

4. 地质公园

中国国家地质公园是以具有特殊地质科学意义、较高的美学观赏价值的国家级地质遗迹为主体，融合其他自然景观与人文景观构成的一种独特的自然地质景观区域。地质公园是自然公园的一种，是以具有特殊的科学意义、稀有的自然属性、优雅的美学观赏价值，具有一定规模和分布范围的地质遗址景观为主体；融合自然与人文景观并具有生态、历史和文化价值；以地质遗迹保护，支持当地经济、文化和环境的可持续发展为宗旨；为人们提供具有较高科学品位的观光游览、度假休闲、保健疗养、科学教育、文化娱乐的场所。同时，地质公园也是地质遗迹景观和生态环境的重点保护区，地质研究与普及教育的基地。截至 2018 年 7 月，国家林业和草原局通过江苏连云港花果山国家地质公园和安徽灵璧磬云山国家地质公园的命名后，我国已建立国家地质公园 209 个，成为全球地质公园数量最多、增长最快的国家。

目前，我国地质公园建设正在从“控制数量规模”向“提升建设质量”转变，今后地质公园的发展将以推进地质公园的精细化、科学化决策与管理，不断提高地质公园发展质量为主要方向，推动形成地质公园建设专业化、产业化、社会化的格局。通过开展各种科普活动，寓教于乐，增强公众科学素质和保护意识，服务生态文明建设。

（二）以人文生态旅游资源为主的生态旅游区

我国幅员辽阔，民族众多，是人文生态旅游资源丰富的国家。目前已开发建设的人文生态旅游区主要有民族生态旅游区与宗教生态旅游区两种。

1. 民族生态旅游区

我国拥有56个民族，在“大杂居，小聚居”的格局下，许多地方形成了特有的少数民族聚居区，这些聚居区是理想的了解民族社会文化的人文生态旅游区。在全国发展旅游业的政策导向下，许多少数民族聚居区被开发为民族生态旅游接待区。例如，展示傣族居住特点的云南西双版纳竹楼和展示民族节日喜庆的蒙古族那达慕大会，每年都吸引大量的游客；又如，云南丽江古城具有浓郁的民族特色，还是国家历史文化名城，游客量逐年增长。

2. 宗教生态旅游区

宗教及其场所在长期发展过程中积淀的历史文化内涵和在生态环境保护方面所付出的努力，使宗教生态旅游资源在生态旅游资源中独具魅力。我国是历史悠久的文明古国，拥有极为丰富的文化遗产。仅2014年国务院核定、文化部确定的第六批全国重点文物保护单位就达到1080处。宗教文物是文化遗产的重要组成部分，蕴含着中华民族特有的精神价值、思维方式和文化发展脉络，体现着中华民族的生命力和创造力。宗教文化生态旅游已成为某些生态旅游区内活动的重要组成部分，例如，广东肇庆鼎湖山保护区每年大量游客主要就以参观欣赏近400年历史的地带性原始森林——南亚热带季风常绿阔叶林与佛教圣地——庆云寺为主。

二、国外生态旅游发展

（一）发达国家与地区生态旅游的发展

1. 美国

美国是最早设立国家公园的国家。1872年，美国划定了世界上第一个国家公园——黄石国家公园，以后又逐渐发展形成了包括国家公园、国家保护区、国家纪念地、国家游憩区等在内的22种类型、600多个自然保护区、将近400个公园在内的国家公园旅游体系，占整个国土面积的10%。自1916年美国国家公园管理局成立以来，美国国家公园在志愿者和合作伙伴的帮助下，每年接待游客超过3.3亿人次。目前，美国国家公园开展的生态和旅游涉及历史文化保护、考古、文化资源传播、科学考察、旅游观光、生态教育等方面。在发展生态旅游的过程中，美国呈现出自己独有的特色，例如，公园的管理权与经营权分离、对环境实行严格的科学监测、严格立法保障生态旅游对环境的保护等。在发展生态旅游的过程中，美国的主要经验有以下几点。

（1）国家公园的管理权与经营权分离

国家公园管理局及各公园的管理处都是非营利性质的机构，只负责管理公园的日常行政事务，不从事具体的经营。它的经费来源主要有两部分：政府拨款和自谋收入，其中政府拨款是国家公园资金的主要来源。以黄石国家公园为例，其资金大部分是经国会批准，从税收中划拨的。划拨给公园的年度拨款中还包括一些针对特别项目的资金，这些项目首先必须根据国家公园服务法确认才能够获准立项，获得拨款。另外，国会还专门为全国的国家公园系统划拨建设资金，每一个建设项目必须由国会单独批准，因此黄石国家公园必须通过和其他国家公园竞争才有可能获得该项资金。除了黄石国家公园协会和黄石国家公园基金会所获得的捐赠之外，公园被授权接受私人捐赠，用于弥补运营经费的不足，其中有一部分捐赠可用于任何项目，而另一部分捐赠只能用于指定的项目。黄石国家公园还被授权对特殊的活动收取酬金，门票收入也是重要来源部分。在国家公园内的各种盈利性经营活动，如住宿、餐饮和娱乐等的盈利性活动开展一般由各服务企业承担，但必须向国家公园管理局申请注册并核发特别许可证，并通过特许商业经营处批准，而且必须严格按公园的规划进行建设，否则即会被取消特许经营权，它们在经营上不受公园管理机构制约，进行独立经营，在财务上实行独立核算。

(2)对环境实行严格的科学监测

美国国家公园于1991年就专门拟定了有关生态旅游的管理方法，重点包括以下几项内容：①设立入口游客服务中心，暗示经营管理的权威，并为游客提供相关资讯；②将游客中心视为环境教育的第一站，开展多种形式参与性较强的环境教育环节，并提供完整的生态旅游资讯，同时纠正游客的不当行为；③有效执行区内相关法律；④避免植物、动物资源被携带出园区，以确保资源的永续性；⑤以各种解说教育方式，为游客提供丰富的生态之旅，且不会造成对环境的破坏，例如，导游同行解说、步道之旅、晚间探奇、博物馆展示等参与式环境教育活动。

(3)严格立法，保障生态旅游对环境的保护

在国家公园进行生态旅游，要受到诸如《国家环境法案》《空气清洁法案》《国家环境政策法案》《国家历史保护法案》《原始区域法案等的制约》。除此之外，美国还有针对国家公园整体的立法、各国家公园及重要自然与历史性旅游资源保护与开发的专门立法，立法的详细程度具体到操作层面，从而使国家公园的生态旅游有了物质基础和法律保证。

(4)建立完善的、合理的国家公园管理制度和问责制

完善、合理的管理制度保证了美国国家公园管理局庞大的管理机构有效、统一的管理与服务水平，建立了包括：工作场所骚扰响应制度、监察报告制度、雇员意见调查等规章制度。完善的制度确保所有员工和国家公园管理局的工作场所能分享和维护尊重他人，团队合作，保证公平、文明、责任的价值观，确保并最大限度地提高国家公园管理局提供信息的质量、客观性、实用性和完整性，并提供行政机制，使公众能够寻求和获得有效和有益的各类信息。

2. 欧盟各国

在东欧国家中，波兰的农村生态旅游开展较好，农业发展基金会在农村大力宣传生态旅游，扶持农户，提供贷款并培训人员，制定统一服务标准，基本形成了整套生态服务系统。南欧的西班牙近年也开始推动其乡村旅游，并成为旅游业新的经济增长点。西欧国家中的法国建有大量国家公园和自然公园，国民热衷于参加生态旅游活动。英国在20世纪90年代初发起的“绿色旅游业”运动，开放国家公园以满足旅游和保护的双重需要，两者冲突时以保护为先，通过广泛宣传来培育市场并加深人们对国家公园和自然环境保护的认识、理解和支持。北欧的瑞典和中欧的德国都有大量的成熟林留存，森林旅游在生态旅游中占有十分重要的地位。

欧盟各国发展生态旅游也有自己的特点，主要包括：

(1)景点内禁止大兴土木

生态游景点的旅游接待设施尽量就地取材本着简易原则搭建，保证和当地建筑风格协调。法国诺曼底以乡村生态游著称，在诺曼底的勒哈格地区，一座座村庄都是由石头砌成

的，建造街道和房屋的石块都来自海边，房屋一般不超过两层，而且外表粗糙，甚至没有用油漆刷过，尽管每天都有很多游客慕名而来，但当地并没有为此大兴土木去扩建，只是在保持原有村庄布局的基础上，把一些房屋改建成酒店、商店等设施。而在法国南部阿尔卑斯山区的周末游中，游客往往住在类似羊舍的木屋里或是住在统一规划搭建帐篷的露营地或房车营地。

在生态旅游活动中，游客时刻遵循着“只留下脚印，只带走照片”的口号，即使开展登山、自行车越野、高山滑翔伞之类的体育运动，也尽可能将旅游活动对当地生态的影响降至最低。有的生态旅游目的地还会设置一些环保标牌，呼吁保护大自然，并介绍当地特有的自然现象、植物或野生动物，这让游客在愉悦中增强了环保意识，使生态旅游区成为提高人们环保意识的天然课堂。

(2) 严格生态旅游服务认证

欧洲是首先发起对生态旅游进行认证的地区。到 2000 年为止，欧盟各国已经推出了 40 多个生态认证标签，颁给了那些提供良好生态旅游服务的酒店和景点。欧洲生态旅游发展合作组织 2001—2003 年开展了一项欧洲旅游生态认证标签计划，列举了 21 条颁发旅游生态标签的要求。例如，规定了生态旅游中能源、水、废弃物消耗的监控管理标准，以此来限制污染物的排放。此计划选出了 10 个信得过的旅游生态标签，供生态旅游爱好者参考。例如，“绿钥匙”就是 1998 年由法国推出的有关野外露营地的生态标签，至今已有许多个野外营地因能有效保持当地的自然景观和物种多样性而获得“绿钥匙”。北欧的“白天鹅”是对酒店推出的生态标签，在瑞典和挪威就已经有酒店获得这一标签，这一标准要求酒店必须在房屋的环境化设计、降低水和能源的消耗量、减少垃圾、购买绿色产品等方面达标。“蓝旗”是丹麦推出的海滨旅游生态标签。合格的海滩必须通过水质、环境信息和教育、环境管理、安全和服务 4 个方面共 27 项标准的考核。

3. 澳大利亚

澳大利亚是最早开展生态旅游活动的国家，不仅非常重视生态旅游的发展，而且制定了严格的管理办法和认证程序，主要有以下经验：

(1) 立法保护，严格执法

健全的环保法规与严格的执法为澳大利亚生态旅游的发展奠定了法律基础。早在 1970 年就颁布实施了《环境保护法》，经过多年的丰富与完善已经形成了门类齐全的法律体系。联邦和各州均可以立法保护环境。有关环境法律、法规的制定采取全民参与的方式面向社会招标，法律法规草案散发给广大公民，广泛征求意见。澳大利亚在加强环境立法的同时切实加大环保执法力度，从而有效地规范了企业、游客行为，保护了旅游资源环境，澳大利亚各州均有“环保警察”专职环境执法工作。

(2) 政府主导，分工协作

政府主导型发展模式是澳大利亚生态旅游迅速发展的另一成功经验。澳大利亚各级政府高度重视自然资源和遗产地保护，政府的政绩评价标准中就包括环境保护等软指标。如果政府官员、部门不重视环保事业，就将在听证咨询中接受质问，还可能在选举中落选。目前澳大利亚形成了联邦政府、州政府、地方政府三个互为补充、完备的政府环保机构，三者既明确分工，又密切协作。

(3) 全民参与，综合协调

发动全民参与、综合协调各方利益是澳大利亚推进生态旅游发展的重要经验之一。政府在税收、信贷、设施等方面给予诸多优惠来吸引旅游企业参与生态旅游产业，还推出“生态商业”计划，鼓励商业企业减少水、电等资源的使用。例如，墨尔本市水利部门与旅游开发机构在该市郊区联合建造人工湿地，不仅显著改善了当地的环境，而且使房地产价格上升，实现了经济效益和生态效益的双赢。在开发生态旅游的过程中与社区居民分享利益，联合当地居民和私有林主共同开发、保护当地旅游资源，形成了社区共管、专业公司与土著居民共同开发的经营管理格局。政府倡导社会团体、从业人员、公众在旅游过程中必须尽到环境保护义务。大学和科研机构通过对旅客的调查、旅游市场分析和专业培训，为生态旅游发展提供信息和人才保障。社会力量的积极介入为澳大利亚生态旅游的发展起到了促进作用。

(4) 环保宣传，教育示范

澳大利亚政府及旅游部门重视通过宣传教育的方式来培养国民的旅游环保意识，引导其参与生态环境保护和建设。除经常开展生态旅游教育计划，针对新闻媒体、旅游业、教育与培训机构和消费者开展旨在提高对生态旅游意识与实践的系列教育活动外，澳大利亚联邦旅游部、澳大利亚旅游协会等机构还印发了一系列有关生态旅游的指导手册，以宣传生态旅游意识、营造良好环保氛围、规范游客行为。

4. 日本

日本是世界上生态旅游发展比较成熟的国家。尽管国土面积较小，但森林覆盖率高，生态旅游活动开展得如火如荼。近年来，森林漫步、观鸟旅游、徒步越野成为十分盛行的生态旅游项目。

日本生态旅游的发展可供借鉴的经验有以下 2 点。

(1) 通过严格立法和有效执法保护生态环境

各级自然公园是日本生态旅游的主要场所，主要分为国立公园、国家公园、都道府自然公园三种。为了保护良好的生态环境并促进国家公园的有效利用，日本先后颁布了《国家公园法》和《自然公园法》，2002 年又对《自然公园法》进行了部分修正，规定在公园内指定一些区域为限制利用区，进入这些地域必须经环境部部长或都道府负责人批准，在公园内从事经营活动的单位必须签订风景保护协议等。自然公园的国家管理机关是环境部，其中国立公园由环境部管理；国家公园由环境部指定都道府管理。

(2) 倡导社区参与，帮助当地居民在经营中受益

日本的自然公园会定期举办一些讨论会激发居民的参与意识，社区有权参与生态旅游项目开发的讨论与决策，并对资源的开发利用实行全程监督，真正让社区居民在经济上受益，如通过发展村民家庭旅馆、观光农业、农村休闲旅游等增加乡村居民经济收入。

(二) 欠发达国家与地区生态旅游的发展

世界上生态旅游客源主要来自发达国家，而许多经济欠发达地区则成为重要的旅游目的地。首先，因为这些国家工业化程度比较低，许多原始自然景观得以保留。其次，欠发达国家吸取了发达国家工业发展破坏环境的教训，不愿重复发达国家的老路。而生态旅游让这些国家找到了经济发展和生态保护相结合的道路，许多国家开始重视生态旅游，生态旅游在这些国家和地区得以蓬勃发展。

(1)亚洲发展中国家

亚洲国家较早开展生态旅游活动的是尼泊尔、印度尼西亚、印度、马来西亚、泰国等国家。由于尼泊尔国家公园内分布着不少濒临灭绝的野生动物，推出了“森林探访”“野生动物之旅”等活动。印度尼西亚近几年开始重视开发生态旅游产品，大力推进修建许多国家公园露营基地，推出了“环境与传统”的宣传主题，制订出综合性的生态旅游开发计划。马来西亚有丰富的热带雨林资源和野生动植物资源，该国旅游局提出要将本国建成东南亚生态旅游大本营，并在生态旅游主题年活动中推出多项与生态旅游有关的活动。泰国拥有丰富的旅游资源，在20世纪90年代中期以后，泰国开始推行“有责任心的、讲究生态和社会效益”的生态旅游，是亚洲最早开展生态旅游活动的国家之一。在泰国开展生态旅游的过程中，政府起了重要的作用。泰国政府制定了可持续发展的旅游业政策，泰国旅游观光局制定生态旅游政策与规划，着重强调要促进生态旅游的发展。泰国国家环境委员会下属科技与环境部门以此为指导，制定了环境质量标准、环境质量管理规划、环境保护地区、环境影响评估等指标，并设立了控制污染委员会直接管理、监测、控制污染地区。有针对性地在一些旅游景点实行名为“有责任心的、讲究生态和社会效益的旅游”的“生态旅游村”项目试点，取得了良好的成效。另外，泰国还采用经济手段对旅游景点加以控制，如热门景点采取限制游客人数、增收使用税、采取不同价格体系和建立商业准入许可证等方式，使旅游对环境的负面影响降低到最小。

(2)非洲国家

非洲是世界生态旅游的发源地之一，目前开展生态旅游的国家集中在非洲南部地区，典型的自然景观吸引了大量生态旅游者，生态旅游收入是这些国家的主要外汇收入，主要有肯尼亚、坦桑尼亚、南非、博茨瓦纳和加纳等国。肯尼亚是世界上开展生态旅游最早的国家之一，是世界生态旅游的先驱者。肯尼亚的生态旅游主要是野生动物观赏游，目前已成为肯尼亚国民经济的两大支柱产业之一，成为该国重要的外汇收入来源。加纳请美国和英国的风景园林设计师和建筑设计师规划设计了总面积大约360 km^2的卡库姆国家公园和狩猎生态保护区。博茨瓦纳主要开展野生动物观赏项目，国家公园和野生动物保留地占到国土面积的25%。

(3)拉丁洲国家

拉丁美洲许多国家都有丰富的生态旅游资源，生态旅游发展比较好的国家当属哥斯达黎加、墨西哥、洪都拉斯、阿根廷、巴西、秘鲁等国家。哥斯达黎加享有“中美洲瑞士”的美誉，既有和平的环境，又有优美的自然风光。哥斯达黎加对热带雨林的保护完善，其生物物种占到了全世界的5%，仅兰花就有1000多种。哥斯达黎加为了保证生物多样性的可持续发展和利用，大力发展生态旅游业，该国环境部把占国土面积25%的地区都划在自然保护区范围内，建立了730多个国家森林公园和自然保护区，并把一部分保护区开放为生态旅游区，其中亚米塔德山脉保护区还被联合国教科文组织列入《世界遗产名录》。墨西哥非常重视发展生态旅游项目，重点推广航海、垂钓、海底探秘、丛林历险、观鲸等活动，同时建立自然保护区，发展生态旅游。巴西的生态旅游生机勃勃，游客人数每年以20%的速度增加。值得一提的是，巴西的生态旅游成为教育民众的课堂，从事组织生态旅游的机构要求游客尊重当地居民，为当地经济发展做贡献，尊重自然条件和保护环境。参加过生态旅游的巴西人不仅领略了美丽的自然、生态景观，还主动接受了保护环境的教育。

虽然欠发达国家生态旅游的发展不如发达国家系统和完善，但一些国家的经验也值得借鉴，如肯尼亚和泰国，生态旅游的发展相对规范。肯尼亚政府成立了“野生生物保育与管理部”，后更名为“野生生物服务署”，肯尼亚的所有国家公园及保护区皆划归野生生物服务署直接管理。它直接隶属总统领导，预算独立，从而实现了专款专用，可以有力地推动野生动物管理与观光发展的整体规划和全面布局，及时有效地推动与保护区附近居民切身相关的生态保育计划。肯尼亚还成立社区服务协会，目的在于通过该组织给予居住于国家公园或保护区周围的民众以实质的帮助，如提供经费、赞助地方发展计划等。将肯尼亚野生生物服务署收取的门票收入中提取25%给受野生动物骚扰的村落作为补偿，还邀请当地居民亲自参与国家公园的管理。民众也开始从原来排斥肯尼亚野生生物服务署的态度转为开始支持、协助和推动生物多样区保护计划。

复习思考题

1. 国内外生态旅游发展特征有何区别？
2. 国际生态旅游的发展有哪些可借鉴的经验？
3. 为什么经济相对比较落后的发展中国家常常是目前世界的主要生态旅游接待地？

课外阅读书籍

宋瑞. 生态旅游：全球观点与中国实践. 中国水利水电出版社，2007.

第三章

生态旅游理论

第一节　生态旅游的概念

一、生态旅游概念的形成

生态旅游是在现代工业社会发展到工作、生活环境压力令人难以承受的情况下，作为社会和居民的一种应激反应而面世的。在其初始阶段，必然带有强烈的自发性，而又缺少自觉的环境保护意识。特别是当时的社会经济仍在按原来的模式运转，无限制地追求高额利润和高效率的现象必然存在于旅游经营管理中，也必然折射到旅游者的行为上。其结果是那些为追求幽静美景、清新空气、优良水环境而来的游人却把旅游地弄得臭气熏天、垃圾遍地。所谓的生态旅游反倒给旅游区的生态环境造成了严重的破坏。显然，这样的生态旅游是不科学和难以持续的。因此，需要社会对旅游行为和经营管理行为加以规范，使生态旅游及其经营管理行为向着促进自然生态系统稳定、科学、有序的方向发展，成为可持续发展的生态旅游景区。于是，以促进保护与改善生态环境为目标的生态旅游概念产生和形成。作为一个涉及社会各阶层广大居民旅游行为的新生事物，它的形成必然起始于有足够的社会实践并依赖社会的深刻觉醒，而且这一过程将会持续较长的时间。

“生态旅游”一词于1932年第一次面世，由于当时的社会经济条件尚不成熟，社会实践也不足，所以对生态旅游的内涵没有进行深入挖掘。直到50年以后，才因为现代工业社会的经济发展模式推动了广泛的生态旅游实践，生态旅游受到全社会的重视。1983年，国际保护自然和自然资源联盟特别顾问柯达洛斯在文献中重提“生态旅游”一词。其含义不仅是指所有观光自然景物的旅游，而且也强调被观光的自然景物不应受到损害。

众所周知，澳大利亚的旅游业比较发达，但是早期受初始阶段生态旅游的不良影响较深，因而觉醒和纠正也比较早。澳大利亚旅游委员会给“生态旅游”下的定义为：生态旅游是以大自然为根本的旅游业。生态旅游便是以维护生态环境的稳定为宗旨，把开发旅游资源同保护生态环境结合起来。继柯达洛斯之后，1992年日本农林水产省的“生态旅游研究会”的报告中将生态旅游定义为“在农山渔村的驻留休闲活动中，享受与自然、文化和人的交流”。

综合前人对生态旅游的理解，把“生态旅游”的概念定义为：“生态旅游是人类回归自然生态系统，享受自然、了解自然和促进生态环境保护的旅游。”理解生态旅游的概念应重点注意以下三个要点：①以自然生态系统为旅游对象；②把旅游与保护生态环境有机地结合起来，在保证自然生态系统不受损害的前提下开展旅游活动；③对游客进行有关保护环境和维护自然生态系统平衡的教育，既能使游客受到有关环境保护和维护自然生态系统平衡的教育，又能维护旅游区的生态平衡，在生态、经济、社会三个方面产生良好效益。

二、生态旅游与传统旅游的区别

生态旅游业是在传统旅游业基础上兴起的，它与人类正在经历的生态时代相适应，代表了旅游发展的新潮流，是旅游发展的新阶段，其与传统大众旅游业相比，在追求目标、管理方式、受益者和影响方式等方面具有不同的特征(表3-1)。

表3-1 传统旅游与生态旅游的区别

项目	传统旅游	生态旅游
目标	利润导向、价格导向，以游憩为主	恰当的利润、持续维护环境、价值导向与生态环境为基础的游憩，并进行生态环境与地方文化保护
管理方式	无节制的生态空间侵占，项目碎片化，不限制交通方式	生态环境优先，有选择地满足游客需求，生态规划，功能导向，低碳交通
受益者	开发机构和游客为净受益者，当地社区和居民受益不高，环境代价高	开发机构、游客、当地社区与居民利益分享
正面影响	创造就业机会，刺激区域经济增长，注重短期利益	创造持续性就业机会，促进经济持续发展，交通、娱乐和基础设施与生态环境相协调，经济、社会和生态效益相结合
负面影响	基础设施投入高，不重视土地利用，污染问题较多	交通受到管制，对污染管控较严，对生态旅游者活动造成不便

传统旅游最大受益者是游客和开发者，旅游活动产生的环境污染等负面效应多由当地社区和地方居民承担，而生态旅游的受益者则是生态旅游者、开发机构和社区居民，并且生态环境得到保护，生态教育得以开展，因此，生态旅游是顺应时代进步的可持续发展的旅游方式。

第二节 生态旅游的研究内容

生态旅游是一种“旅游形式”，是一种“有目的的旅游活动”。人们通过对“自然区域”或“某些特定的文化区域”的游览，达到“了解当地文化与自然历史知识、欣赏和研究自然景观、野生生物及相关文化特征”的目的。所以，生态旅游活动的原则是“不改变生态系统的完整性”“不破坏生态环境”“保护自然资源，使当地居民从中受益”“为社会公众提供环境教育”，有助于自然保护和可持续发展，体现出地域上的自然性，层次上的高品位性，利用上的可持续性，科教上的多功能性，活动上的强参与性，旅游形式上的专项性，体验上的高雅性，指导思想上的生态性，等等，以自然生态环境和相关文化区域为场所，为体验、了解、认识、欣赏、研究自然和文化而开展的一种对环境负有真正保护责任的旅游活动，是专项自然旅游的一种形式。

生态旅游不同于大众化的自然旅游，活动场所主要是大自然或以大自然为主的风景地域，包括自然保护区、自然型的风景名胜区、森林公园和具有自然背景的文化遗址、历史名胜古迹等。但是，生态旅游又不等同于自然旅游，这是由旅游活动的目的和行为特征所决定的。如果在自然风景地旅游，只是为了向自然索取，获得自然的享受、感知，而未对自然生态环境尽保护之责，这样的旅游只能是一般的旅游或纯自然之旅，尚难达到生态旅游的水准和要求。如某些定义所说的："生态旅游是回归大自然之旅""生态旅游就是自然旅游"，就是一种对生态旅游行为和概念不完全的理解和界定。

生态旅游必须以生态学为指导。任何旅游行为都不得破坏生态原则，即生态系统整体性、生物多样性、生态环境多样性等原则。而所谓生态学乃是一门研究生物有机体与无机环境(空气、阳光、水、温度、湿度、土壤、岩石等)之间相互关系的学科。在自然界，生物和生存环境之间经长期选择和适应过程已建立了和谐的动态平衡关系，任何外界环境条件的变化都会引起生物形态、构造、生理活动以及化学成分的变化。如果在自然风景区出现某种过度影响和破坏生态系统平衡关系的旅游行为，当地的生物物种、生态环境条件就会向恶性方向发展，从而直接影响到生物多样性、生态环境多样性和生态系统的和谐性。生态旅游活动必须符合生态原则，游客如何约束自身不利于生态和谐的行为，加强自身促进生态环境良性发展的责任感，使生态旅游保持较高的水准，这是生态旅游学的重要研究内容。

同时，与其他旅游形式相比，生态旅游有其特定的发展目标。生态旅游要求游客有明确的生态环境意识，在旅游中能充分利用生态旅游资源和环境条件，提高对自然景观的观赏品位，把生态体验、生态享受和生态感知作为旅游的主旋律，通过旅游探索自然奥秘，丰富生态文化知识，感受和享受自然乐趣，体验动植物生态学的特殊价值，同时又要以高度的生态责任感，为保护自然生态环境做一点力所能及的工作。作为一个旅游者，要尊重生物的自然权利，严格遵守环境伦理道德规范，使自己的自然消费行为文明化、无害化，并尽自己保护生态环境的责任和义务。

生态旅游学要研究这种旅游形式的基本特征，研究生态旅游与其他旅游产品和活动的差别、构成条件、类型和功能，探索这种旅游的运行机制。

生态旅游活动必须依托各种生态旅游资源和环境条件。在一个大的地域，生态旅游资源和环境往往具有多样性的特征。每种生态旅游资源和环境，其生态旅游价值各不相同，在旅游开发、资源评价、规划设计以及管理方式等方面，也有各自不同的要求。生态旅游学要研究这种不同的旅游生态结构系统，运用生态学的方法，对其进行科学的评价，努力探索生态旅游资源评价指标体系，研究不同生态资源和环境的开发策略，制定各类生态资源规划和管理规范。在一个较大的生态旅游区，还要研究生态旅游的功能区划问题，按照生态资源的功能，区分为具有不同特性的生态旅游亚区，使生态旅游呈现有序的景观结构。

现代管理技术条件下，生态旅游是一个保护地区资源与环境、社会和经济可持续发展的最佳运作形式。生态旅游要求旅游开发者和旅游者对生态环境有高度的责任感。对旅游开发者和经营者而言，在开发生态旅游资源时，必须按可持续发展的要求，既满足当代人的需要，又不对后代人满足其需要的能力构成危害。风景区开发者尤其要懂得：人类只有一个地球，而每个自然风景区都是这个地球的生态组成部分，今天人类所面临的环境问题，都是前人对生态环境的破坏行为所致。为了维护生态景观的有序性，人类必须爱护共有的生物圈，有节、有利、有理地开发生态资源；对旅游者而言，要以生态学思想为指导，在风景区享受生态之乐时，还要投身于保护生态环境的活动中，把享受自然的权利与保护自然的义务结合起来。

生态旅游还需要研究生态旅游的参与者(包括旅游从业者和旅游者)在区域环境的可持续发展中如何与生态环境和谐共处，同时也要研究生态旅游在可持续发展总体战略中所处的地位、作用及运作模式；生态旅游的市场范围、目标和促销手段；生态旅游信息系统；生态旅游的实施举措等，这都是生态旅游学的重要研究内容。

第三节　生态旅游学的研究方法

采用和掌握一套科学的研究方法，对生态旅游学的启动、发展及理论深化有重要意义。生态旅游学是生态学和旅游学之间的边缘学科。生态学属自然科学范畴，旅游学属社会科学范畴，二者在研究方法上，除了逻辑等通用的分析方法外，各有其特殊的研究方法，这种特殊的研究方法，各自体现了自然科学和社会科学两种研究范畴，所以我们在论述生态旅游学的研究方法时，需要分别探讨生态学与旅游学的研究方法在生态旅游学中的应用特性。

一、生态学研究方法

生态学的主要研究对象是生态系统，而生态系统是生物要素和环境要素在特定空间的和谐组合。前者包括植物、动物和微生物；后者包括阳光、土地、水、空气和各种营养元素。生态系统的运动是自然界本身的运动，其中绿色植物吸收和利用各种环境要素进行光合作用，并且通过利用生态系统的“食物链”，不断进行着物质循环和能量转换，保持着系统的生态平衡，从而不断提供多种动植物和良好的生态环境供人类开发和利用。

以生态系统研究为主的生态学，要实现上述生态资源和环境的供给功能，就要采用生态实验和分析的方法，为人们提供各种生态指标值和本底值。这种用实验和分析法提取和诊断各种生态指标的方法就是生态学特有的研究手段。对此，也可从联合国制定通过的《21 世纪议程》所要求建立的持续发展指标体系测定来说明。

联合国可持续发展委员会(CSD)所列出的可持续发展指标清单包括社会、经济、环境、制度四个方面，其中每一部分指标均被放置于由驱动力(driving force)—状态(state)—响应(response)构成的框架结构(简称 DSR)中。这个 DSR 框架在环境指标中又被称为“压力—状态—响应”框架。其中，“驱动力指标”指示影响持续发展的人类活动、过程和格局；“状态指标”指示可持续发展的状态；"响应指标”指示政策取向和对可持续发展状态的变化所做出的其他反应。该框架中环境方面的指标包含了：水体、土地、大气、废弃物、其他自然资源这 5 个大类，并将这 5 个大类进行细化，分别将各项数据指标化、数量化，通过这些量化的数据来表明资源与环境可持续发展的程度。这些数据的大量提取，大部分要靠监测、实验和统计学分析手段。生态学采用的这种实验、监测方法，不仅为生态旅游者提供了衡量自然风景区环境质量的知识，而且为旅游目的地的环境质量技术管理积累了宝贵的科学资料。

研究生态旅游学，必须在方法体系上与生态学接轨，采用生态学研究所得的大量实验资料，把它们用于生态旅游活动中；对于不能满足生态旅游学需求的生态指标值，应采取上述方法加以调查和监测。

二、旅游学研究方法

旅游学是研究旅游这种特殊社会行为产生、发展的规律及其类型、功能、结构、市场需求、市场供给等一系列内容的学科。从其研究内容可以看出，旅游学是一门综合性的社会经济学科，研究这门学科的许多基础资料都要通过人工或仪器进行测定，特别是对旅游流量、方向、特性的测量，必须采用特殊的技术和方法。

生态旅游学虽然是专门研究生态旅游这种特殊旅游行为的学科，但是它也是旅游学科的一个组成部分，对它的研究也需要建立在对旅游市场、游客流量等资料分析的基础上。因此，旅游学科的研究方法，如旅游资料统计法、游客流量测量法、游客调查抽样法、旅游图表法等，在生态旅游学上都有不同程度的应用价值。

1. 旅游资料统计法

资料统计是任何学科都要使用的研究手段。由于各学科使用的基础资料、专科资料的内容和类型不同，因而在具体统计运作上会有一定的差别。旅游学(包括生态旅游学在内)主要依赖的资料是旅游资源资料和旅游者及旅游媒介资料。

生态旅游资料主要包括生物要素和环境要素两个方面的内容，因此，植物、动物及微生物的种、属、科以及它们的形态、色态、质态等数据测量和统计都是本学科常用的资料。通过这种测量和统计，为进一步了解生态旅游区的旅游特色、功能、类型、价值以及对其旅游项目的策划、设计、保护提供依据。

研究生态旅游需求的另一类资料是从事生态旅游的人数、特性及有关旅游的媒介。它包括旅游者各年各月出入境人数；各个旅行社接待生态旅游者的人数以及这些游人的年龄、性别、职业、文化构成；全国、各省(自治区、直辖市)、各旅游点的旅游经济收入以及游客在生态旅游中的消费情况；各地拥有接待生态旅游者的饭店、宾馆、房间、床位、汽车(船只)、管理人员的数量记录等。

2. 游客流量测量法

游客的流量测量法是对包括生态旅游区在内的所有旅游区进行规划、管理的基础工作，也是生态旅游产业发展和项目开发所必须进行的市场调查基础。在我国，由于各生态旅游区多以国内游客为主，因此有关国内生态旅游者的测量尤为重要。

游客测量主要包括两方面内容：一是对生态旅游者流量的测量，二是对生态旅游者本身特性的测量。具体测量的方法包括人工观察记录、仪器测量、门票销售记录、旅馆入住人数登记记录等。

生态旅游研究者为了获得各生态景点较详细的游客流量时段的变化资料，委派观测人员运用卡口观察记录法进行测量。对游客流量的仪器监测法多应用于具有单向流动控制设施的生态旅游区出入口处。如果仅想得到总的进出流量，而不在乎进入流量和输出流量的差别，那么有同一出入口的景点也可使用仪器测量法。

目前在旅游领域使用的游客流量监测设备主要有便携式和永久性两种，常见的仪器有：电控流量测数仪、电照仪、磁感计数器等。生态旅游研究者可以运用这些仪器获取以小时计或其他单位时间计的游客出入流量的数据。由于仪器监测是通过光、电、磁等物理原理来判断游客流量，因此不可能像人工测定方法那样，对游客群体进行智能化识别和分辨，故统计数据尚有不准确之处。

3. 游客调查抽样法

对游客流量的测定反映了旅游者出游的整体数量和方向特性，但对组成这些整体要素的各细分市场的状况，以及生态旅游者个体的社会经济人口特征，却难以从中反映出来。因此，在旅游学研究中，要对游客进行抽样调查，以获得某些具有典型意义的样本参数。

对生态旅游者本身的测量方法主要有两个：一是在游客中进行抽样调查；二是对游客随机访谈。

抽样方式一般又可分成三种，即家访问卷、现场问卷和邮寄问卷。①家访问卷是指调查者携带问卷到居民家中进行调查。由于调查环境比较稳定，调查时可适当延长时间，问题可以提得比较详细，因此这种调查问题的覆盖面比较大。②现场问卷是在生态旅游区户外现场对旅游者进行的问卷调查。由于户外现场填答的时间太仓促，故设计问卷时，一定要考虑被调查者所能承受的问卷时长，问卷设计内容应尽量简单明了。③邮寄问卷是指通过邮寄方法进行的旅游调查，一般多寄往经过考察后认为具有代表性的人流集中地。为了提高回收率，问卷内容设计要力求简明。

即兴访谈是上述抽样调查形式的补充手段，访谈对象要有代表性，覆盖面要广。使用抽样调查法的关键在于问题表，即问卷的设计上。在设计问卷时应对以下 5 个问题进行研究：①打算采用哪种收集资料的方法，如访问、邮寄问卷、观察、查阅文献等；②决定接触被试者的方法(抽样之后)，包括说明组织或支持该项调查的机构、研究目的、替被试者保密、不必署名等；③决定问卷问题的顺序及其他有关事项；④决定每一变量的顺序；⑤是预先设计好答案，还是由被试者自由填答。

问卷类型一般可划分为结构型问卷和非结构型问卷两大类型。结构型问卷又可分为图画指示型和文字指示型，文字指示型又可分为开放式和限制式。生态旅游研究者可以根据自身情况，选择适宜的问卷类型。

4. 旅游图表法

生态旅游区的各类景物、景点、旅游路线和设施等，都可用不同符号表现于旅游图上，这就构成了类型繁多的旅游图件，其包括：导游图、交通图、资源图、综合图和各类专题图。这些旅游图是旅游开发者、管理者、欣赏者和研究者的必备工具，人们可以从中了解旅游资源地域分布的规律和差异、旅游资源开发程度以及旅游业的发展状况等。

第四节　生态旅游与可持续发展理论

一、可持续发展理论

可持续发展理论(sustainable development theory)是指既满足当代人的需要，又不对后代人满足其需要的能力构成危害的发展，以公平性、持续性、共同性为三大基本原则。

可持续发展最终目的是达到共同、协调、公平、高效、多维的发展。可持续发展概念包含两个基本要素或两个关键组成部分：“需要”和对需要的“限制”。满足需要，首先是要满足贫困人民的基本需要。对需要的限制主要是指对未来环境需要的能力构成危害的限制，这种能力一旦不被监督和约束，必将危及支持地球生命的自然系统中的大气、水体、土壤和生物。

（一）可持续发展内涵

可持续发展的内容涉及可持续经济、可持续生态和可持续社会三方面的协调统一，要求人类在发展中讲究经济效率、关注生态和谐和追求社会公平，最终达到人的全面发展。可持续发展理论虽然缘起于环境保护问题，但作为指导人类走向21世纪的发展理论，它已经超越了单纯的环境保护，将环境问题与发展问题有机地结合起来，已经成为一个有关社会经济发展的全面战略。具体内容包括：

1. 在经济可持续发展方面

可持续发展鼓励经济增长，而不是以环境保护为名取消经济增长，因为经济发展是国家实力和社会财富的基础。但可持续发展不仅重视经济增长的数量，更追求经济发展的质量。可持续发展要求改变传统的“高投入、高消耗、高污染”为特征的生产模式和消费模式，实施清洁生产和文明消费，以提高经济活动中的效益、节约资源和减少废物。从某种角度上，可以说集约型的经济增长方式就是可持续发展在经济方面的体现。

2. 在生态可持续发展方面

可持续发展要求经济建设和社会发展要与自然承载能力相协调。发展的同时必须保护和改善地球生态环境，保证以可持续的方式使用自然资源和环境，使人类的发展控制在地球承载能力之内。因此，可持续发展强调了发展是有限制的，没有限制就没有发展的持续。生态可持续发展同样强调环境保护，但不同于以往将环境保护与社会发展对立的做法，可持续发展要求通过转变发展模式，从人类发展的源头、从根本上解决环境问题。

3. 在社会可持续发展方面

可持续发展强调社会公平是环境保护得以实现的机制和目标。可持续发展指出世界各国的发展阶段可以不同，发展的具体目标也各不相同，但发展的本质应包括改善人类生活质量，提高人类健康水平，创造一个保障人们平等、自由、教育、人权和免受暴力的社会环境。这就是说，在人类可持续发展系统中，生态可持续是基础，经济可持续是条件，社会可持续才是目的。下一世纪人类应该共同追求的是以人为本位的自然—经济—社会复合系统的持续、稳定、健康发展。

（二）可持续发展原则

在过去的数百年里，人类社会为了追求经济效益的最大化，不惜以牺牲环境为代价，导致了人类的生存环境急剧恶化：全球气候变暖、森林资源减少、空气污染、能源消耗加速、自然灾害频繁等。面对这一系列严重问题与矛盾，人类不得不重新审视人与自然的关系。美国海洋生物学家蕾切尔·卡逊在《寂静的春天》一书里揭示了环境污染对地球生态影响的广度和深度，强调人与自然之间必须建立起“合作与协调”的关系。因此，可持续发展必须考虑到以下三个基本原则：

1. 公平性原则

所谓公平是指机会选择的平等性。可持续发展的公平性原则包括两个方面：一方面是本代人的公平，即代内之间的横向公平；另一方面是指代际公平性，即世代之间的纵向公平性。可持续发展要满足当代所有人的基本需求，给他们机会以满足他们要求过美好生活的愿望。可持续发展不仅要实现当代人之间的公平，而且也要实现当代人与未来各代人之间的公平，因为人类赖以生存与发展的自然资源是有限的。从伦理上，未来各代人应与当代人有同样的权力来提出他们对资源与环境的需求。可持续发展要求当代人在考虑自己的需求与消费的同时，也要对未来各代人的需求与消费负起历史的责任，因为同后代人相比，当代人在资源开发和利用方面处于一种无竞争的主宰地位。各代人之间的公平要求任何一代都不能处于支配的地位，即各代人都应有同样选择的机会。

2. 持续性原则

持续性是指生态系统受到某种干扰时能保持其生产力的能力。资源环境是人类生存与发展的基础和条件，资源的持续利用和生态系统的可持续性是保持人类社会可持续发展的首要条件。这就要求人们根据可持续性的条件调整自己的生活方式，在生态环境可接受的范围内确定自己的消耗标准，要合理开发、合理利用自然资源，使再生性资源能保持其再生产的能力，不至过度消耗并能得到替代资源的补充，环境自净能力能得以维持。可持续发展的可持续性原则从某一个侧面反映了可持续发展的公平性原则。

3. 共同性原则

可持续发展关系到全球的发展，要实现可持续发展的总目标，必须争取全球共同的配合行动，这是由地球整体性和相互依存性所决定的。因此，致力于达成既尊重各方的利益，又保护全球环境与发展体系的国际协定至关重要。实现可持续发展就是人类要共同促进自身之间、自身与自然之间的协调，这是人类共同的道义和责任。

(三)可持续发展的基本思想

综上所述，可持续发展理论的基本思想主要体现在以下5个方面：

1. 可持续发展并不否定经济增长

经济发展是人类生存和进步所必需的，也是社会发展和保护、改善环境的物质保障。特别是对发展中国家来说，发展尤为重要。目前发展中国家正经受贫困和生态恶化的双重压力，贫困是导致环境恶化的根源，生态恶化更加剧了贫困。尤其是在不发达的国家和地区，必须正确选择使用能源和原料的方式，力求减少损失、杜绝浪费，减少经济活动造成的环境压力，从而达到具有可持续意义的经济增长。既然环境恶化的原因存在于经济过程之中，其解决办法也只能从经济过程中去寻找。目前急需解决的问题是扭转经济发展中存在的误区，并站在保护环境，特别是保护全部资本存量的立场上去纠正它们，使传统的经济增长模式逐步向可持续发展模式过渡。

2. 可持续发展以自然资源为基础，同环境承载能力相协调

可持续发展追求人与自然的和谐。可持续性可以通过适当的经济手段、技术措施和政府干预得以实现，目的是减缓自然资源的消耗速度，使之低于再生速度。如形成有效的利益驱动机制，引导企业采用清洁工艺和生产非污染物品，引导消费者采用可持续消费方式，并推动生产方式的改革。经济活动总会产生一定的污染和废物，但每单位经济活动所产生的废物数量是可以减少的。如果经济决策中能够将环境影响全面、系统地进行考虑，可持续发展是可以实现的。“一流的环境政策就是一流的经济政策”的主张正在被越来越多的国家所接受，这是可持续发展区别于传统发展的一个重要标志。相反，如果处理不当，环境退化的成本将不可估量，甚至会抵消经济增长的成果。

3. 可持续发展以提高生活质量为目标，同社会进步相适应

单纯追求产值的增长不能体现发展的内涵。若不能使社会经济结构发生变化，不能使一系列社会发展目标得以实现，就不能承认其为“发展”，而只是没有发展的阶段性经济增长。

4. 可持续发展承认自然环境的价值

这种价值不仅体现在环境对经济系统的支撑和服务，也体现在环境对生命支持系统的支持，应当把生产中环境资源的投入计入生产成本和产品价格之中，逐步修改和完善国民经济核算体系，也称之为绿色 GDP。为了全面反映自然资源的价值，产品价格应当完整地反映三部分成本：资源开采或资源获取成本；与开采、获取、使用有关的环境成本，如环境净化成本和环境损害成本；由于当代人使用了某项资源导致后代人不能使用该资源的损失，即用户成本。产品销售价格应该是这些成本加上税费及流通费用的总和，由生产者和消费者承担，最终由消费者承担。

5. 可持续发展是培育新的经济增长点的有利因素

贯彻可持续发展要治理污染、保护环境、限制乱采滥伐和资源浪费，对经济发展是一种制约、一种限制。而实际上，贯彻可持续发展所限制的是发展质量差、效益低的高污染、高资源消耗产业。在对这些产业进行限制的同时，正是为那些质优、效高、合理、持续、健康发展的绿色产业、环保产业、生态旅游产业、节能产业等提供良机，培育大批新的经济增长点。

二、生态旅游与可持续发展

生态旅游与环境的关系不可分割。一方面良好的生态环境是发展旅游的重要基础，而生态旅游活动的开展，又可以对环境保护产生积极影响，起到推动作用；另一方面旅游发展与环境保护又存在着相互矛盾或相互冲突的关系，这主要是指由于盲目发展旅游给生态环境带来巨大的负面冲击。生态旅游行业对自然环境和文化遗产的依赖性很强，所以旅游业是最需要贯彻和最能体现可持续发展理念的领域。可持续旅游就是可持续发展理念在旅游领域的具体运用。生态旅游和其他旅游形式相比是新的发展方向，它的发展顺应了可持续发展的潮流，得到了广泛而积极的响应。可持续发展理论还为生态旅游的兴起提供了理论基础，生态旅游作为可持续性旅游发展模式，可协调经济效益与环境保护，使旅游环境和资源得以永久持续利用，是实现旅游业可持续发展的必然选择。生态旅游的诞生与发展，很好地体现了可持续旅游发展的原则，代表了可持续旅游发展的方向。2000 年世界旅游组织确立的主题即为：“生态旅游：可持续发展的关键。”

生态旅游与旅游可持续发展是相互促进、不可分割的整体。生态旅游有助于实现旅游的可持续发展，同时生态旅游也需要旅游的可持续发展。

（一）生态旅游的可持续发展内核

1. 自然生态系统的可持续发展

生态旅游的对象主要是相对完整的自然生态系统，自然生态系统的可持续发展必然成为生态旅游可持续发展的重要内容。环境是旅游的前提，旅游在某种程度上可以说是依附环境而发展的。没有优质的环境，就不能吸引旅游者前来旅游。良好的环境是旅游业建立和发展的基础，是一个国家或地区旅游业赖以生存和发展的最基本条件。旅游环境既包括自然环境，也包括人文环境。生态旅游的开发取决于当地是否拥有旅游者所需要的优美的自然环境和适宜的人文环境。世界上著名的生态旅游景区，无论是肯尼亚的野生动物保护区、澳大利亚的土著部落，还是欧美、新西兰等国的国家公园，无一不是凭借其丰富的自然资源、独特的生态系统、生物多样性、迷人的自然风光等来吸引游客观光。可见，良好的自然生态环境是生态旅游的目的地。因此，生态旅游的可持续发展要求生态旅游的各个利益主体，无论经营开发者、管理决策者、旅游者，都须在生态旅游实践中认识自然、保护自然。

2. 生态旅游的可持续发展包含着促进旅游地的社会经济的可持续发展

衡量生态旅游的一个标准就是要求当地社区的参与。促进生态旅游地经济、社会可持续发展是开展生态旅游的重要目的，具体表现在旅游地居民个体层和旅游地社会、经济、文化整体层两个层次上。从经济方面看，生态旅游最明显的效应是增加当地经济收益，提供就业机会，帮助当地居民脱贫致富。生态旅游资源富集的地区，往往也是自然及社会文化相对原始的地区，也是社会经济的贫困地区。因此，通过旅游资源开发而促进贫困地区脱贫致富与提高生活质量是可持续发展的重要内容。从社会发展来看，生态旅游的开展可使当地居民开阔眼界、提高素质，更好地融入现代文明。总之，生态旅游的开展使得生态旅游地社会经济达到可持续发展的目的。

3. 生态旅游促进对历史古迹的保护及民族传统文化的发展

旅游业的发展如何与生态环境的保护、传统文化的发扬光大相促进和协调，是当前旅游业发展过程中日益被重视的课题。多年来，由于生态旅游的开展，国家旅游管理部门与地方政府帮助生态旅游区治理污染和修复破坏的旅游资源，例如，敦煌月牙泉，整修了包括山海关、八达岭、慕田峪、司马台、黄崖关、嘉峪关等万里长城上的许多景点，为改善我国生态环境质量和保护文物古迹做出了重要贡献，使一些濒于毁坏的文物古迹得以拯救。

民族文化是生态旅游资源中重要的组成部分，也是国家和地区重要的旅游资源。我国目前很多民族传统文化也正面临着衰退变迁的困境，如云南有丰富多彩的传统文化，但经过长时期的历史文化变迁，云南各民族的生活方式和文化都在发生着重大的变化。由于过去对各民族的传统文化重视不够，各民族文化中最有特色、最吸引游客的传统文化习俗正在衰落消失和变化，如纳西族东巴文化多年来吸引了无数的中外学者和游客到丽江来探奇访胜，甚至有的旅游投资者也是因倾慕这一人文奇观之名而来。目前，丽江这一重要的文化遗产和人文资源正面临着消亡的危机，熟谙东巴经典和古风民俗的老东巴已所剩无几。向老东巴学习民族传统文化知识的青年人亦寥寥可数，作为纳西族民俗重要组成部分的东巴教活动，在民间也已不多见，如不采取措施抢救和振兴，纳西族地区将只剩下一些东巴古籍和文物，而没有活生生的东巴民俗活动及其传承者，一个事关旅游兴衰的重要人文资源也将丧失。而生态旅游活动的开展，为这类民俗文化提供了延续的可能。

生态旅游可以提供一条保护民族传统文化的有效途径。因为要吸引旅游者，除自然景观外，还需要提供保护良好的人文环境，尤其是保持着原始古朴民风的、原汁原味的人文资源，这就需要发掘、整理和提炼那些最具民族特色的风俗习惯、历史掌故、神话传说、民间艺术、舞蹈戏曲、音乐美术、民间技艺、服饰饮食、接待礼仪等民族旅游资源，使这些民族文化的瑰宝得以永世流芳。随着旅游的发展，那些原先几乎被人们遗忘的传统习俗和文化活动重新得到开发和恢复，传统的手工艺品因市场需求的扩大得到发展，传统的音乐、舞蹈、戏剧等受到重视和发掘，长期濒临湮灭的历史建筑得到维护和管理。

4. 生态旅游能发挥环境教育作用

生态旅游为旅游者提供了亲近自然、认识自然的好机会。伴随着生态旅游活动的开展，旅游者可以了解更多的自然知识、生态知识和环境知识，可引发旅游者对人与环境之间相互关系的进一步思考，增强环境保护意识。世界上有许多著名的国家公园，其经营的目的是以社会公益为主，强化人们的自然环境保护意识。目前遍及全球的生态旅游是最能发挥环境教育功能的特殊旅游形式。而且随着生态旅游实践的进一步开展，生态旅游的环境教育功能的内涵也不断得以充实，具体表现在三个方面：一是教育对象的扩大，从只针对游客教育发展到对所有旅游受益者进行教育，如开发者、决策者、管理者等；二是教育手段的提高，从单纯的游客用心去感应的教育方式，发展为充分利用现代科学、技术、艺术等手段展示自然，使人能够更为直观形象地接受教育，教育的效果大大提高；三是教育意义更大，教育的目的不仅仅是个人的环境素养提高，更为重要的是全民环境素养的提高，这将是人类解决生存环境危机的希望所在。

(二)生态旅游可持续发展的要求

第一，政府作为经济发展和环境保护的主要责任者，应该就当地生态旅游发展进行规划，并制定相应的政策、法律。应用市场机制，积极协调监督，促进社区参与和公平分配，积极开展教育培训活动，促进当地生态旅游的可持续发展。

第二，生态旅游经营者作为生态旅游的直接参与者，在开展业务过程中应当注意以下要点：自觉保护当地的环境和文化遗产；节约利用资源；尊重当地社区和居民，特别是要注意尊重当地土著或少数民族的文化传统习惯；在开发生态旅游产品时，要保证当地生态环境的完整；同时还要加强对导游人员的培训和管理，使他们具备一定的自然科学和人文科学知识，并要求他们主动向生态旅游者宣传和普及环境保护的知识，确保做到生态旅游的可持续发展。

第三，生态旅游者作为生态旅游活动的主体，应当积极了解自己所访问地区的旅游资源和自然环境特征等相关信息，充分认知自己开展的活动对当地环境和资源可能产生的影响，自觉地维护当地生态环境和自然资源的原状，做到“除了照片，什么也不带走；除了脚印，什么也不留下”。

第四，当地居民是生态旅游接待地的真正主人，应从社区的根本利益出发，积极参与本地旅游发展的规划和开发，在分享旅游收益的同时更要以身作则，切实履行维护当地环境和旅游资源的责任。

除了上述各参与主体的要求之外，实现生态旅游的可持续发展，还要求生态旅游接待地所有相关各方，尤其是政府各有关行政部门之间应做到共同配合与协作。特别是在环境与资源的开发、环境与资源的保护这些重要问题上达成共识，能够在有效推进当地生态旅游业顺利发展的同时，共同承担起对当地环境和资源的保护责任。

(三)构建生态旅游可持续发展指标体系

依据生态旅游可持续发展的各个相关利益主体，可以从以下几方面构建生态旅游可持续发展的指标体系：

1. 生态旅游环境系统

地表水环境质量、景区空气质量、噪声达标区覆盖率、生物多样性、建设面积占景区面积比、安全性、可持续性能力、社会影响、当地居民的经济文化背景、景区对旅游活动的承载力、环境监测与分析等。

2. 生态旅游服务与基础设施

管理者环境意识、旅游计划制订及路线安排、导游聘用、教育职能、建筑风格、建筑材料和装饰的类型、能源使用结构等。

3. 生态旅游者

旅游的目的、旅游者文化素质、环境行为、稳定性、行程及活动安排等。

4. 生态旅游企业

运作目标及营销手段、从业人员的来源与结构、生态旅游企业与地方的关系状况、员工素质及培训状况等。

5. 财政投入与收益分配

项目拨款情况及投资来源、生态环境保护投入、社区利益分配、社区居民人均收入等。

案例　日本乡村生态旅游发展经验

日本为应对东京一极化和乡村人口持续外流而引起的乡村地区人口过疏化问题，开展了各种社会活动和建设事业。在此进程中，乡村地区的区域资源特性日益被重视，生态旅游则被视为城乡沟通的桥梁而不断被推进。生态博物馆因能够发挥区域资源优势的作用而从法国引入了日本，其旨在守护原生态、培育特色农作物和传承“生活生产”技能与文化。

一、日本生态旅游的背景

1. 过去的人口增长与今后的人口减少

日本的人口从19世纪后半叶开始急剧增加，2008年到达顶峰(1.28亿)，而在今后的100年中将急剧减少(预计到2100年减少至0.5亿)。2015年与2008年相比已经减少了100万。少子高龄是人口减少的主要因素，这点在乡村地区尤为显著。

另一方面，目前虽然日本50%左右的人口聚集在三大都市圈，但名古屋都市圈和关西都市圈的人口有减少的趋势，只有东京都市圈(含东京都、神奈川县、埼玉县、千叶县)的人口是增长的。这也说明人口向首都东京一极聚集的现象还在持续，目前东京都市圈的人口占全国总人口的比例已达到历史上最高值，为27.7%。

日本1945年的乡村地区人口约占全国总人口的70%，而之后为了促进经济发展和工业化，政府通过政策引导人口流向东京地区，这个人口流动趋势一直持续到今天。由此导致的结果是，在仅占3.4%国土面积的东京都市聚集了全国67.3%的人口，人口密度大于4000人/km^2，而在国土面积中占有很大比例的乡村地区则出现了过疏化现象。

2. 从聚集到分散的时代

在1996年7月实施的第四次“全国人口迁徙调查”(每5年实施一次)中，有一项是关于过去5年间居民迁徙情况和今后5年间迁徙意向的调查。该项调查数据显示，过去5年间从乡村地区(非大都市圈)向大都市圈迁徙的人口约为210万，从大都市圈向乡村地区迁徙的约为140万，从而大都市圈人口在增加；而今后5年希望从乡村地区向大都市圈迁徙的人口数量约有110万，希望从大都市圈向乡村地区迁徙的人口数量约有240万，从而显示出有更多的人希望今后能在乡村地区生活。此外，在之后的几次调查中，有向乡村地区迁徙意愿的人数进一步增加。

人口向大城市聚集可以依靠国家政策来推进，而要实现“向乡村地区迁徙（分散居住）”，地方自治体的政策支持是关键。为此，以地方分权为基础的地方自治的灵活施政很重要。针对城市过密化和乡村地区过疏化的问题，各种社会活动的概念已经被提出和实施，从最开始的“城市与乡村的交流”到“地方振兴”“地方活化”“地方再生”，再到如今的“地方创生”，在这一系列的演进中，生态旅游作为一个乡村地区的重要项目不断地在被推动着。

二、日本生态旅游开展及多样化

1. 日本生态旅游发展

在日本，随着《旅游景区法（综合保养地域整备法）》的实施（1987年6月），全国各地纷纷在自然条件较好的乡村地区开发旅游景区，进行了大量的相关设施建设。而其中称得上成功的屈指可数，大部分项目或是停留在方案，或是在建成后因运营困难而关闭，给乡村地区留下了很大的创伤。

同时部分乡村妇女却以个体的方式探索新的旅游模式。她们学习欧洲的农家民宿、农家餐厅等，迈出了日本生态旅游的第一步。这些农家民宿和农家餐厅项目促进了家庭农业的发展，同时也使人们认识到了女性在家庭农业经营中的重要性。特别是2000年以后，随着政府大规模放宽对农家民宿的管制，仅2008年新开业的农家（渔家）民宿就有1740家，当年接待人数约100万人。

在欧洲的旅游通常是指“带住宿的停留”，其生态旅游包括在农家住宿（带早餐），在周边的农家餐厅用餐或自助式料理等，这些都有赖于本土食品的供应及相关农户的经营，进而促进区域协作和旅游特色，这也被称为“区域经营型”的生态旅游。而与之相对应的“日式生态游”则是为了促进城乡交流，以民宿为中心，借此体验本土的农业和林业的生产活动过程。近年来，日本开始普及从农家餐厅扩展到整个村落旅游的项目，说明日本的生态旅游也开始谋求“区域经营型”的模式，这同时也是为了应对乡村地区的衰退。

2. 生态旅游与民宿

政府放宽对“农家民宿”的管制是“日式生态游”得以发展的主要原因。在旅游业相关的法律中，农家民宿被称作“简易旅居营业场所”，这在一定程度上降低了开设农家民宿的门槛。虽然农家民宿在游客接待（农业体验，住宿）规模上有限制，但对于农家来说取得民宿营业许可更容易。农家民宿只是农家经营的一部分，接待游客并非农家的主要业务，所以有必要针对农家民宿制定新的制度。农家民宿具有正规宾馆所没有的魅力，如果农家民宿照搬宾馆的模式，就失去自身最大的特点和优势。将宾馆与民宿进行比较，认为农家经营民宿不能遵循统一的模式，而应该发挥各自农业资源的优势，从而形成具有个性的适合自家的模式（表3-2）。

表 3-2 宾馆与民宿比较表

项目	旅馆、宾馆、酒店等	农家民宿
收入	住宿费为主	不应超过农业收入(理想状态)
收益	以盈利为目的	客观上产生利益(赚钱)
建筑物	新建、改建	利用储藏室或仓库(修复、保全)
空间	非日常性	日常生活的延伸
设备	现代化	传统防火窗、围炉、浴室等
料理	职业厨师(菜单决定食材)	非职业厨师(食材决定菜单)
食材	外购(成本高)	自制(新鲜)
接待	服务业(收取服务费)	便装，自然的神态与体态
来客	不确定	特定(回头客，家庭定制)

3. 生态旅游与区域发展的“蜜罐理论”

英国生态旅游项目促进组织曾提出生态旅游的“蜜罐理论”：“餐桌上的罐子里有我们每天早晨吃的蜂蜜，蜂蜜的质量越好，就自然会引来更多的虫子。而生态旅游就好比是这个“蜜罐”。普通观光旅游项目的主要手段是召集更多的游客，而生态旅游却不是。生态旅游的原则是不主动招揽游客，而是要做好“蜂蜜”。上乘的“蜂蜜”不仅仅是指舒适的农家民宿，还包括民宿所在村落整体环境的质量。在某渔村，经营渔家民宿的人普遍认为在住客到来的时候一定要升起当地标志性的黄旗，见到不认识的人就立刻热情地打招呼，傍晚大家一定要在海边举办烤鱼欢迎活动。还有，住在附近的人会去山里采集当季新鲜的蔬菜和蘑菇等食材准备晚餐，本土村民都自发地与游客交流，进而出现根植于本土，具有独特地方魅力的农家民宿。

欧洲有句格言是“乡村是神造的，城市是人造的(God made the country, man made the town)”。乡村不能只有规划，不能过度开发，不能简单照搬城市规划的技术和方法，而应该采用与自然共生的、源于乡村固有的“生产生活”的规划方式来构筑乡村。乡村要完成从“振兴”走向“活化”，到“再生”，再到“创生”的过程，而生态旅游是必须以促进城乡交流和走向乡村自立为目的的“地方创生”。

法国的亨·格鲁(Henry Grolleau)提出了 5 点非常关键的生态旅游理念：本土居民要保持积极主动性；本土居民要有自律性；要挖掘和提高本土文化的价值；运营方式要扎根于本土；旅游业的利润直接或间接地留在本土。总之，就是要把生态旅游看成涉及整个区域的经营活动。这种观点将整体区域升级为品牌进行经营，生态旅游在此影响下将成为区域性特征被大众接受，实现新型城乡关系，使“城市让乡村再生，乡村让城市复生”的理念成为现实。

资料来源：井原满明，2018

复习思考题

1. 生态旅游如何发挥环境教育作用？
2. 在推行可持续发展的今天，你认为日本的哪些经验值得我们学习？
3. 请结合具体的生态旅游景区谈谈生态旅游理论对其实践的指导性意义。

课外阅读书籍

1. 刘琼英. 生态旅游理论与实践. 中国旅游出版社，2009.
2. 陈玲玲，严伟，潘鸿雷. 生态旅游：理论与实践. 复旦大学出版社，2012.
3. 冯凌，梁晶. 生态旅游与可持续发展. 旅游教育出版社，2010.

第四章
生态旅游资源

第一节　生态旅游资源的概念与内涵

一、旅游资源的概念

旅游资源是一个国家或地区发展旅游业的基础，旅游资源的研究从一开始就是旅游学研究的重要组成部分。虽然对旅游资源的概念尚无公认的说法，但综合分析各种各样对旅游资源的定义发现，学者们在某些方面对旅游资源有着较为一致的理解，例如，强调旅游资源的吸引功能，强调旅游资源的作用对象，指明旅游资源的基本内容，说明旅游资源与旅游业的联系等。综合业界对旅游资源概念的共识，旅游资源的概念可以表述为：旅游资源是指存在于一定地域空间，具有审美、愉悦价值和旅游功能，能够吸引人们产生旅游动机并实施旅游行为因素的总和。旅游资源能够产生社会效益、环境效益和经济效益，又被称作“旅游吸引物”。

二、生态旅游资源的概念类型

生态旅游学界通过对生态旅游资源的争议，使学者对于生态旅游资源概念的内涵和外延的认识不断深入。人们对于生态旅游资源概念的界定也呈阶段性，出现了自然型、自然与人文型和综合型 3 种生态旅游资源概念。

1. 自然型

生态旅游传至中国后，我国有一部分学者在生态旅游资源概念最初的界定也严格按生态旅游的最初要点即生态旅游的对象——生态旅游资源是“自然景物”来思考，认为只有自然的生态系统才是生态旅游资源，出现了只有自然保护区、森林才算生态旅游资源地，才能作为生态旅游资源的局面。由此引出了自然型生态旅游资源概念：生态旅游资源主要是指可供游人开展生态旅游活动的自然生态系统，其包括各类自然保护区、各级森林公园、自然动植物园、复合生态区和人工模拟生态区等。

2. 自然与人文型

基于我国生态旅游的具体情况，我国悠久的历史文化已经将自然的山水叠加了浓浓的文化气息。这些附着在物质景观上的文化不仅是生态旅游资源，而且还是其灵魂，是旅游开发时需要发掘的，是深层次吸引生态旅游者的精髓。因此，我国生态旅游学者认识到我国的生态旅游资源不仅包括具有“自然美”的大自然，还应该包括与自然和谐、充满生态美的文化景观，从而出现了自然与人文型生态旅游资源概念，其表述为：生态旅游资源是以自然生态景观和人文生态景观为吸引物，满足生态旅游者生态体验的，具有生态化物质的总称。

3. 综合型

业界在研究自然型、自然与人文型概念时认为，部分学者过于重视生态旅游资源中的自然和人文景观而忽视生态旅游作为一项产业与旅游业和生态旅游效益的关系。因此，这些学者在定义的过程中参照了旅游资源的定义，提出了生态旅游资源与旅游业和生态旅游效益之间关系的综合型概念，表述为：生态旅游资源是指以生态美吸引游客前来进行生态旅游活动，为旅游业所利用，在保护的前提下，能够产生可持续的生态旅游综合效益的客体。

三、生态旅游资源概念的误区和争议

1. 生态旅游资源的认识误区

误区一：生态旅游资源就是“自然景物”。在生态旅游的最初概念的界定中，明确了生态旅游的对象即生态旅游资源是“自然景物”，西方不少国家也严格按此认定生态旅游的对象，尤其是美国、加拿大、澳大利亚等几个生态旅游发展走在前面的国家，更是把生态旅游的对象限制在“国家公园”“野生动物园”“热带丛林”等纯自然区域。但是许多国家的自然山水也充溢着浓厚的文化底蕴，如我国“五岳”名山、佛教名山、道教名山等，自然和文化和谐、统一、浑然一体。可见，生态旅游资源不仅只局限于自然生态旅游资源，还应该包括与自然和谐、充满生态美的人文生态旅游资源，即文化景观。

误区二：生态旅游就是到自然保护区的旅游

业界对“自然”生态旅游资源的认识也没有完全统一。认为只有自然保护区才算生态旅游资源地的看法成为很多人的共识。西方国家的国家公园实质上是自然保护区。中国的自然保护区因环境质量好，得到生态旅游者的青睐，自然地就将生态旅游开发对象定位在自然保护区。近年来，中国生态旅游研究和开发也都把自然保护区作为聚焦点，这就造成了人们认识上的误区，认为生态旅游就是到自然保护区的旅游。事实上，自然保护区只是生态旅游资源的主要内容之一，它还应包括国家公园、国家森林公园、风景名胜区、地质公园以及山川、湖泊、河流、社会风情、人文文化等。可以说，一切具有生态美感的旅游资源都是生态旅游资源，都可以用来发展生态旅游。

误区三：生态旅游资源主要指森林旅游资源

造成这种认识误区的原因就在于森林旅游的巨大魅力。众所周知，大自然中最具自然韵味的首推森林，森林是自然界中物质最丰富、功能最完备、多样性最复杂、层次结构最错综复杂、生产力最大的陆地主体生态系统，也是自然界最重要的生物库、能源库，基因库、碳储库和蓄水库。森林及其环境所构成的生态景观是任何景观都不可替代的。由于森林所具有的生态美，在回归大自然的生态旅游中，人类很自然地就将森林作为自己回归的对象。过去我国许多森林公园发展不佳，但随着生态旅游的兴起，森林公园获得了发展的良机。所以说，虽然森林生态旅游并不等于生态旅游的全部。但森林是生态旅游的主要对象物之一。

2. 生态旅游资源概念的争议

由于对生态旅游资源是否仅仅为“自然景物”存在争议。在实际操作中，有学者将生态旅游资源的范畴进行拓展，认为生态旅游资源包括了与自然和谐、充满生态美的文化景观。后来又有学者认为生态旅游资源还应该包括多种“生态现象”，即各种生态因子(物质、能量，空间、时间等)和生态现象(如大自然中的食物链、生物多样性、季相的变化等旅游吸引物)，如森林或自然保护区里的动物与天敌、环境所呈现的生态系统动态现象，使游客真正体验到大自然的奥秘、受到环境教育。此外，还有一些人工恢复的生态景观能够吸引游客前来观赏并对游客起到教育作用，也有学者认为也应该将其纳入生态旅游资源的范畴。

(1)物质和精神的争论

物质性的自然保护区、森林公园等是重要的生态旅游资源，对此争论不大。但“精神”是不是生态旅游资源却存在争议。普遍认为，附着在物质景观上的精神，不仅是生态旅游资源，而且还是其灵魂，是旅游资源开发时需要深层次发掘，以吸引游客的景观精髓。只是和物质相比，它是无形的。据此，可以将生态旅游资源的物质部分视为“有形生态旅游资源”、精神部分视为“无形生态旅游资源”。其中无形生态旅游资源的内涵隐藏在有形生态旅游资源中的美学内涵、科学内涵、文化内涵以及环境教育内涵当中。

(2)旅游设施与服务的争论

生态旅游接待设施从大的方面看应归为旅游业，但一些具有地方特色的旅游交通设施对游客有特别的吸引力，如骑马、溜索、吊桥、羊皮筏子等，从其对游客的吸引力这一点看，不能否认它的资源性。因此，凡是具有地方特色、能烘托旅游气氛、具有当地生态特色的旅游接待设施都应被视为生态旅游资源。一些民风民俗中的民族歌舞，例如，藏族迎宾献哈达、羌族迎宾献红绸、彝族迎宾喝竿竿酒等。还有少数民族的歌舞伴餐，如云南大理的“三道茶”等是一种旅游服务，也有学者认为这种民俗风情对游客具有吸引力，能够体现当地生态旅游气氛，也应视为生态旅游资源。

(3)天然和开发的争论

生态旅游业界有一种观点认为，“资源”应解释为“生产资源和生产资料”的天然来源，即资源是指未经开发的天然的物质条件。也就是说，只有原始的生态系统才能算是生态旅游资源，而已经进行开发的就不能列入生态旅游资源的范畴。也有学者持相反的意见，认为只要对游客有吸引力，经生态旅游业利用以后能够产生效益的客体均可视为旅游资源。同时，根据对生态旅游多种定义的概括，重点均集中于具有环境教育功能、具有保护性、带动周边居民共同发展这三个方面。那么，同时具有此三个方面功能的任何地域的旅游都可称为生态旅游，其发生地也理应成为生态旅游目的地，其游览对象亦为生态旅游资源。

四、生态旅游资源的概念与内涵

生态旅游资源可定义为：具有生态美的吸引功能与生态功能，能够吸引游客进行生态旅游活动，能够对游客起到环境教育作用，能够被生态旅游业利用，并促进旅游地生态、经济、社会三大效益良性循环的自然事物和与人文资源相伴相生具有生态文化内涵的人文事物等旅游活动对象。

就我国生态环境现状与生态旅游发展现状而言，生态旅游资源应该具有以下内涵：

①生态旅游资源包括多个方面，既包括自然形成的，也包括人与自然共同作用的和人工恢复的生态旅游资源，既包括生态现象，也包括生态环境。

②具有地方特色、能烘托吸引游客的生态旅游气氛的旅游接待设施和旅游服务均可视为旅游资源。

③生态旅游资源包括物质的“有形的生态旅游资源”，也包括精神的“无形的生态旅游资源”。只要对游客有吸引力、旅游业开发和利用后能产生效益的生态资源均可视为生态旅游资源。

④生态旅游资源的开发除了满足生态旅游者回归自然、认知自然、体验自然的需求，促进旅游地的生态环境保护外，还应促进旅游地的社会和经济的发展，使生态效益、经济效益和社会效益能够得到有机的统一与协调。

⑤被生态旅游资源吸引的旅游者是具有环保意识、生态文明和较强社会责任感的群体。因此，生态旅游资源的概念也不宜过分泛化，应该突出生态旅游资源与其他旅游资源相区别的环境教育功能。

第二节　生态旅游资源类别

一、自然生态旅游资源

（一）地质地貌旅游资源

地质地貌旅游资源是指地球表面地势高低起伏的变化，即地表的形态，也是构成自然森林生态旅游资源的基本条件，是自然生态旅游景观存在的地理基础。不同的地形地貌也会让自然景观产生完全不同的美感。因此，大自然的鬼斧神工所造就的独特的地形地貌是在大自然旅行中最值得期待的看点。这些不同的地质地貌旅游资源要素往往又相生相伴。

1. 丹霞地貌

丹霞地貌即以陆相为主的红层发育的具有陡崖坡的地貌，也可表述为“以陡崖坡为特征的红层地貌”。它是由巨厚的红色砂岩、砾岩组成的方山、奇峰、峭壁、岩洞和石柱等特殊地貌的总称，主要发育于侏罗纪到第三纪，是岩石地貌类型之一。丹霞地貌以中国广东省韶关市仁化县境内的丹霞山最为典型，具顶平、坡陡、麓缓的形态特点。丹霞地貌的发育，始于第三纪晚期的喜马拉雅运动，它使部分红层变形，并将盆地抬升。红色地层沿着垂直节理受到流水冲刷、重力作用、风力作用等侵蚀，形成深沟、残峰、石墙、石柱、崩积锥以及石芽、溶洞、漏斗、石钟乳等地貌形态。主要山体呈方山状、堡垒状、宝塔状、单斜状峰群等。丹霞地貌区奇峰林立、景色瑰丽，旅游资源吸引力大，有的早已成为风景区，如丹霞山、金鸡岭、武夷山等。丹霞地貌在我国广泛分布，目前已查明丹霞地貌1005处，分布于全国28个省（自治区、直辖市、特别行政区）。在热带、亚热带湿润区、温带湿润半湿润区、半干旱干旱区和青藏高原高寒区均有分布。最低海拔可以形成于东部的海岸带，最高海拔可以出现在4000 m以上的青藏高原上。但相对集中分布在东南、西南和西北三个地区。除中国外，在中欧和澳大利亚等地均有分布，其中中国分布最广。

2. 喀斯特地貌

喀斯特地貌是指具有溶蚀力的水对可溶性岩石进行溶蚀等作用所形成的地表和地下形态的总称，又称岩溶地貌。水对可溶性岩石所进行的作用，统称为喀斯特作用。它以溶蚀作用为主，还包括流水的冲蚀、潜蚀，以及坍陷等机械侵蚀过程。这种作用及其产生的现象统称为喀斯特。喀斯特是克罗地亚西北部伊斯特拉半岛碳酸盐岩高原的地名，当地称为Karst，意为岩石裸露的地方，近代喀斯特研究初始于该地而得名。喀斯特地貌分布在世界各地的可溶性岩石地区。可溶性岩石有3类：①碳酸盐类岩石(石灰岩、白云岩、泥灰岩等)；②硫酸盐类岩石(石膏、硬石膏和芒硝)；③卤盐类岩石(钾、钠、镁盐岩石等)。总面积约占地球总面积的10%。从热带到寒带、由大陆到海岛都有喀斯特地貌发育。较著名的区域有中国广西、云南和贵州等省(自治区)，越南北部，斯洛文尼亚阿尔卑斯山区，意大利和奥地利交界的阿尔卑斯山区，法国中央高原，俄罗斯乌拉尔山，澳大利亚南部，美国肯塔基州和印第安纳州，古巴及牙买加等地。中国喀斯特地貌分布广、面积大。主要分布在碳酸盐岩出露地区，面积约 91×10^{4}~130×10^{4} km^{2}。其中以广西、贵州和云南东部所占的面积最大，是世界上最大的喀斯特区域之一，西藏和北方一些地区也有分布。喀斯特可划分许多不同的类型：按出露条件分为裸露型喀斯特、覆盖型喀斯特、埋藏型喀斯特；按气候带分为热带喀斯特、亚热带喀斯特、温带喀斯特、寒带喀斯特、干旱区喀斯特；按岩性分为石灰岩喀斯特、白云岩喀斯特、石膏喀斯特、盐喀斯特。此外，还有按海拔高度、发育程度、水文特征、形成时期等不同的划分。由其他不同成因而产生形态上类似喀斯特的现象，统称为假喀斯特，包括碎屑喀斯特、黄土和黏土喀斯特、热融喀斯特和火山岩区的熔岩喀斯特等。它们不是由可溶性岩石所构成，在本质上不同于喀斯特。喀斯特地貌在碳酸盐岩地层分布区最为发育。该区岩石突露、奇峰林立，常见的地表喀斯特地貌有石芽、石林、峰林、喀斯特丘陵等喀斯特正地形，溶沟、落水洞、盲谷、干谷、喀斯特洼地等喀斯特负地形；地下喀斯特地貌有溶洞、地下河、地下湖等以及与地表和地下密切相关联的竖井、芽洞、天生桥等喀斯特地貌。喀斯特研究在理论和生产实践上都有重要意义。喀斯特地区有许多不利于生产的因素，需要克服和预防，也有大量有利于生产的因素可以开发利用。喀斯特矿泉、温泉富含有益元素和气体，有医疗价值。喀斯特洞穴和古喀斯特面上各种沉积矿产较为丰富，古喀斯特潜山是良好的储油气构造。喀斯特地区的奇峰异洞、明暗相间的河流、清澈的喀斯特泉等，是很好的旅游资源。

3. 海岸地貌

海岸地貌是海岸在构造运动、海水动力、生物作用和气候因素等共同作用下所形成的各种地貌的总称。第四纪时期冰期和间冰期的更迭，引起海平面大幅度的升降和海进、海退，导致海岸处于不断地变化之中。距今6000~7000年前，海平面上升到相当于现代海平面的高度，构成现代海岸的基本轮廓，形成了各种海岸地貌。在海岸地貌的塑造过程中，构造运动奠定了基础。在这基础上，波浪作用、潮汐作用、生物作用及气候因素等塑造出众多复杂的海岸形态。波浪作用是塑造海岸地貌最活跃的动力因素。近岸波浪具有巨大的能量，据理论计算，1 m波高、8 s周期的波浪，每秒传递在绵延1 km海岸上的能量为 8×10^{6} J。海岸在海浪作用下不断地被侵蚀，发育着各种海蚀地貌。被海浪侵蚀的碎屑物质由沿岸流携带，输入波能较弱的地段堆积，塑造出多种堆积地貌。潮流是泥沙运移的主要营力。当潮流的实际含沙量低于其挟沙能力时，可对海底继续侵蚀；当实际含沙量超过挟沙能力时，部分泥沙便发生堆积。在热带和亚热带海域，有珊瑚礁海岸，在盐沼植物广布的海湾和潮滩上，可形成红树林海岸。生物的繁殖和新陈代谢，对海岸岩石有一定的分解和破坏作用。在不同的气候带，温度、降水、蒸发、风速不同，海岸风化作用的形式和强度各异，使海岸地貌具有一定的地带性。根据海岸地貌的基本特征，可分为海岸侵蚀地貌和海岸堆积地貌两大类。侵蚀地貌是岩石海岸在波浪、潮流等不断侵蚀下所形成的各种地貌，主要有海蚀洞、海蚀崖、海蚀平台、海蚀柱等。这类地貌又因海岸物质的组成不同，被侵蚀的速率及地貌发育的程度也有差异。堆积地貌是近岸物质在波浪、潮流和风的搬运下，沉积形成的各种地貌。按堆积体形态与海岸的关系及其成因，可分为毗连地貌、自由地貌、封闭地貌、环绕地貌和隔岸地貌。按海岸的物质组成及其形态，可分为砂砾质海岸、淤泥质海岸、三角洲海岸、生物海岸等。世界海岸线长约440 000 km。中国海岸线长18 000 km，岛屿岸线14 000 km。海岸带蕴藏有极为丰富的矿产、生物、能源、土地等自然资源，是人类活动的重要地区，这里遍布工业城市和海港，不仅是国防前哨，而且是海陆交通的枢纽、经济发展的重要基地。进行海岸地貌的研究，预测海岸的变化趋势，对港口建设、围垦、养殖、旅游和海岸能源等自然资源的合理开发利用，有着十分重要的意义。

4. 风积地貌

风积地貌是风力堆积作用形成的地表形态。在干旱与半干旱气候及风沙来源丰富的条件下，经风力搬运作用后堆积形成的。风积地貌的物源多来自于古河流冲积物、现代河流冲积物、冲积湖积物、洪积冲积物、冰水堆积物、基岩风化后的坡积物等。影响风积地貌发育的因素很多，主要是含沙气流结构、风运动的方向和含沙量的多少，例如，风的类型，有单风向、双风向与多风向；风速度的大小、起沙风的合成方向；地面起伏程度；地面组成物质的粗细与多少；地面的水分与植被分布状况等。风积地貌的基本类型是沙丘，沙丘的主要类型有新月形沙丘、新月形沙丘链、复合新月形沙丘和沙丘链、抛物线沙丘、纵向沙垄、新月形沙垄、复合型纵向沙垄、金字塔沙丘、蜂窝状沙丘、沙地等。

5. 风蚀地貌

风蚀地貌是指在风力作用下地表物质被吹蚀、侵蚀、磨蚀并被带走后所形成的地表形态。干燥的土壤和地表上空相对稳定的风力是发生严重风蚀的主要条件。风蚀地貌的主要类型有：

①风蚀石窝：陡峭的迎风岩壁上风蚀形成的圆形或不规则椭圆形的小洞穴和凹坑。大的石窝称为风蚀壁龛。

②风蚀蘑菇：孤立突起的岩石经风蚀作用而成的蘑菇状岩体，又称石蘑菇、风蘑菇。

③风蚀雅丹：河湖相土状堆积物地区发育的风蚀土墩和风蚀凹地相间的地貌形态。雅丹是中国维吾尔语，意为陡峭的土丘，因中国新疆孔雀河下游雅丹地区发育最为典型而命名。其发育过程是：挟沙气流磨蚀地面，地面出现风蚀沟槽。磨蚀作用进一步发展，沟槽扩展为风蚀洼地；洼地之间的地面相对高起，成为风蚀土墩。

④风蚀城堡：水平岩层经风蚀形成的城堡式山丘，又称为风城。多见于岩性软硬不一（如砂岩与泥岩互层）的地层，中国新疆东部十三间房一带和三堡、哈密一线以南的第三纪地层形成了许多风城。

⑤风蚀垅岗：软硬互层的岩层中经风蚀形成的垅岗状细长形态。一般发育在泥岩、粉砂岩和砂岩地区。

⑥风蚀谷：风蚀加宽加深冲沟所成的谷地。谷无一定的形状。风蚀谷不断扩大，原始地不断缩小，最后仅残留下一些孤立的小丘，即风蚀残丘。

⑦风蚀洼地：松散物质组成的地面经风蚀所形成椭圆形的成排分布的洼地。较深的风

蚀洼地如以后有地下水溢出或存储雨水即可成为干燥区的湖泊，如中国呼伦贝尔沙地中的乌兰湖等。

6. 河流地貌

河流作用于地球表面，经侵蚀、搬运和堆积过程所形成的各种侵蚀、堆积地貌的总称。河流作用是地球表面最经常、最活跃的地貌作用，它贯穿于河流地貌的全过程。无论什么样的河流均有侵蚀、搬运和堆积作用，并形成形态各异的地貌类型。河流一般可分为上游、中游与下游三个部分。由上游向下游侵蚀能力减弱，堆积作用逐渐增强。河流根据平面形态、河型动态和分布区域的不同，有不同的类型。依平面形态可分为顺直型、弯曲型、分汊型和游荡型；按河型动态主要分为相对稳定和游荡型两类。山区与平原的河流地貌有着各自不同的发育演化规律与特点。山区河流谷地多呈 V 或 U 形，纵坡降较大，谷底与谷坡间无明显界限，河岸与河底常有基岩出露，多为顺直河型；平原河流的河谷中多厚层冲积物，有完好宽平的河漫滩，河谷横断面为宽 U 或 W 形，河床纵剖面较平缓，常为一光滑曲线，比降较小，多为弯曲、分汊与游荡河型。河流地貌类型中包括侵蚀与堆积地貌两类：前者有侵蚀河床、侵蚀阶地、谷地、谷坡；后者含河漫滩、堆积阶地、冲积平原、河口三角洲等。河流阶地是河流地貌中重要的地貌类型，可以分为侵蚀阶地、堆积阶地(分上叠与内叠阶地)、基座阶地和埋藏阶地。对河流阶地的类型及其河谷的结构的研究，可以分析河流地貌的过去，了解现在，预测河流发育的未来。

7. 冰川地貌

冰川地貌是由冰川作用塑造的地貌。属于气候地貌范畴。地球陆地表面有 11% 的面积为现代冰川覆盖，主要分布在极地、中低纬度的高山和高原地区。第四纪冰期，欧洲、亚洲、北美洲的大陆冰盖连绵分布，曾波及比今日更为宽广的地域，给地表留下了大量冰川遗迹。冰川是准塑性体，冰川的运动包含内部的运动和底部的滑动两部分，是进行侵蚀、搬运、堆积并塑造各种冰川地貌的动力。但它不是塑造冰川地貌的唯一动力，是与寒冻、雪蚀、雪崩、流水等各种营力共同作用，才形成了冰川地区的地貌景观。冰川地貌可分为冰川侵蚀地貌和冰川堆积地貌。冰川侵蚀地貌是冰川冰中含有不等量的碎屑岩块，在运动过程中对谷底、谷坡的岩石进行压碎、磨蚀、拔蚀等作用，形成一系列冰蚀地貌形态，如形成冰川擦痕、磨光面、羊背石、冰斗、角峰、槽谷、峡湾、岩盆等。冰川堆积地貌是冰川运动中或者消退后的冰碛物堆积形成的地貌，如终碛垄、侧碛垄、冰碛丘陵、槽碛、鼓丘、蛇形丘、冰砾阜、冰水外冲平原和冰水阶地等。

现代冰川作用区的冰体部分按形态可分为以下 3 种：

①大陆冰盖：面积大于 5×10^4 km 的陆地冰体，如南极冰盖和格陵兰冰盖。

②冰帽：数千千米至 5×10^4 km 的陆地冰体，规模巨大的山麓冰川和平顶冰川都可发育为冰帽。

③山地冰川：又分为冰斗冰川、悬冰川、谷冰川、平顶冰川和山麓冰川等。

冰川消融可形成冰面河流、冰塔林和表碛丘陵等冰川融蚀地貌。

8. 冰碛地貌

冰碛物堆积的各种地形总称冰碛地貌，它是研究古冰川和恢复古地理环境的重要依据。主要的冰碛地貌有冰碛丘陵、侧碛堤、终碛堤、鼓丘等。冰碛丘陵是冰川消融后，原来的表碛、内碛、中碛都沉落到底碛之上，合称基碛。是大陆冰川地区分布最广的冰碛，多成片分布，低洼处沉积较厚，高地很薄，呈波状起伏，相对高度数十米到数百米，洼地往往积水成湖，又称冰碛湖。侧碛堤是由侧碛堆积而成的，侧碛是冰舌两旁表碛不断由冰面滚落到冰川与山坡之间堆积起来的，有一部分则是山坡上的碎屑滚落到冰川边缘堆积而成的。冰川退缩后，在原山岳冰川两侧形成条状高地、即侧碛堤。终碛堤由终碛堆积而成。终碛是冰舌末端较长时期停留在同一位置，即冰川活动处于平衡状态时逐渐堆积起来的。多呈半环状。大陆冰川的终碛堤比较低，高约30~50 m，但可长达几百千米，弧形曲率小，山岳冰川的终碛堤比较高，可达数百米，但长度较小。鼓丘是一种主要由冰碛物组成的流线形丘陵，通常高数十米、长数百米长轴与冰流方向平行，迎冰面陡而背冰面缓。

9. 冰缘地貌

由寒冻风化和冻融作用形成的地表形态。冰缘原意为冰川边缘地区，今一般指无冰川覆盖的气候严寒地区，范围相当于冻土分布区，部分季节冻土区也发育冰缘地貌。因而冰缘地貌又称冻土地貌。地表由于气温的年、日变化及相态变化所产生的一系列冻结和融化过程称冰缘作用。主要有冻胀作用、热融蠕流作用、热融作用、雪蚀作用、风力作用。冰缘作用形成的主要地貌类型有：石海、石河，多边形土和石环，冰丘和冰锥，热融地貌、雪蚀洼地。冰川地貌组合有一定的分布规律，从冰川中心到外围由侵蚀地貌过渡到堆积地貌。山岳冰川地貌按海拔高度可分为：雪线以上为冰斗、角峰、刃脊分布的冰川冰缘作用带；雪线以下至终碛垄为冰川侵蚀堆积地貌交错带；最下部为终碛垄、冰川槽谷和冰水平原地带。

10. 湖泊地貌

由湖水作用(包括湖浪侵蚀、搬运和堆积作用)而形成的各种地表形态。湖浪是风力在湖泊表面引起水质点振动的现象。湖浪可以改造河流携带的、湖岸边坡被剥蚀下来的物质，在岸边形成湖泊滨岸地貌。湖浪冲击边岸，形成的激浪流拍击湖岸，形成了以侵蚀作用为主的湖蚀地貌，如湖蚀崖、湖蚀穴、湖蚀阶地等。湖积地貌有：湖积阶地、湖积平原、湖积沙坝等。入湖河流所携带的物质，在湖口地区可形成湖滨三角洲。由于风、气压、山崩、滑坡、地震等可以引起湖水位围绕一定位置发生有节奏垂直升降变化的定振波，从而形成水下崩塌、滑坡、浊流谷地、浊流扇等。当湖泊不断填充淤塞，湖水变浅，逐渐向沼泽方向演化形成沼泽。

11. 构造地貌

由地质构造作用形成的地貌。包括地质时期的构造和新第三纪以来形成的新构造。构造地貌的主要类型有：板块构造地貌、断层构造地貌、褶曲构造地貌、火山构造地貌、熔岩构造地貌和岩石构造地貌。地质时期形成的各种构造受外力侵蚀作用后形成的地貌，如背斜山、背斜谷、向斜山、向斜谷、断层崖、断层线崖等。由新构造运动形成的褶曲、断层等遗迹称为新构造。新构造运动可以分为垂直运动和水平运动。地壳垂直运动形成的地貌，如上升的山地、丘陵、台地，下降的平原、盆地，间歇上升的阶地等。大范围的地壳水平运动使地壳产生挤压或拉张，可以形成大规模的大陆褶皱山系高原、大陆裂谷、断陷盆地、大陆边缘的岛弧、海沟、大陆波；洋底中脊、火山等地貌类型。

12. 人工地貌

人类作用在地球表面塑造的地貌体的总称，称人工地貌。人类对地球表面地貌的作用是全面的，既有建设性也有破坏性；既有直接改变地貌过程和地貌类型，也有通过人类各种社会的、生产的、科学的实践活动间接地改变地貌。随着人类经济社会的发展，对地球表面地貌的作用也日益增强，由此引起的对人类生存环境的反馈和影响也更频繁，这已引起世界各国的关注。例如，由于工业革命，城市人口的高度密集等增强了温室效应、全球气候的变暖和海平面的上升，危及到人类的生产和生活。人为地貌可以分为4个方面：

①人类活动直接对地表的改造所形成的地貌。它可以有建设性的，如挖渠引水、平坡修田，也可以有破坏性的，如边坡堆放矿渣引起人为崩塌与滑坡。

②人类通过农业生产利用与改造土地，促进农业区域各种(优劣)地貌系统的形成，如乱开垦土地引起严重的水土流失，而农田林网化则可减轻沙漠化。

③人类通过发展城市，建立新的城市地貌系统。

④人类通过大量的工程、技术活动改变了地貌的过程和类型。如大坝的建设改变了河流的侵蚀、搬运、堆积过程，过度的地下水的开采则引起地面下沉等。

13. 重力地貌

重力地貌主要受坡地重力作用和风化重力作用影响。

①坡地重力作用：指坡地上的岩体或土体在自身重力的作用下，发生位移所形成的形象。由于坡地重力所移动的物质多为块体形式，故又将这种移动称为块体运动。按运动方式分为：崩落、滑动、蠕动三类。形成的重力地貌类型有：崩塌，又可分为山崩、塌岸和散落而形成的不同形式的崩塌地貌；滑坡；蠕动土屑；土溜，又分为冻融土溜、热带土溜。有时也将山地沟谷中的泥石流列入重力地貌。实际上，它是重力地貌与流水地貌之间的过渡性地貌类型。

②风化重力作用：指地表风化松动的岩块和碎屑物，主要在重力作用下，通过块体运动过程而产生的现象。其过程分两类，一是突发性过程，时常造成灾害；一是非灾变性缓慢过程。产生的地貌现象有：上部山坡物质不断被迁移，使山坡逐渐后退；山麓就近接受缺乏分选的碎屑堆积，减缓坡度；整体山坡形态随以上两者不断变化。

重力地貌类型分为侵蚀类型和堆积类型，前者以陡崖为主；后者主要有倒石堆、石流坡(岩屑坡)、滑坡台阶、滑坡鼓丘、泥石流扇、泥流阶地和石冰川等。其原因包括自然因素和人为因素。自然因素指各种风化作用生成松散的风化层和岩石风化裂隙、岩体结构面发育程度、地形形态、水活动浸润作用降低岩土强度与休止角、侵蚀与溶蚀作用产生临空面而增加岩土剪力与震动等，它们随各地自然条件变化而不同，故重力地貌有一定的区域性。人为因素指各种经济活动破坏斜坡自然稳定态。

14. 黄土地貌

发育在黄土地层中的地形。黄土是第四纪陆相黄色粉砂质土状堆积物，占陆地面积的1/10。

(1)黄土地貌特征

典型的黄土地貌具有以下特征：

①沟谷纵横、地面破碎：中国黄土高原沟谷密度达3000~5000 m/km^2，最大10 000 m/km^2。沟谷下切深度为50~100 m。沟谷面积占流域面积的30%~50%，有的达60%以上。地面坡度大于15°的约占黄土面积的60%~70%，小于10°不超过10%。

②侵蚀方式独特、过程迅速：侵蚀营力有水、风、重力和人为作用。作用方式有面状侵蚀、沟蚀、潜蚀、泥流、块体运动和挖掘、运移土体，其中潜蚀作用可造成陷穴、盲

沟、天然桥、土柱、碟形洼地等“假喀斯特”地貌。黄土抗蚀力极低，侵蚀速率为1~5 cm/年，个别沟头可达30~40 m/年，甚至一次暴雨冲刷成一条数百米长的侵蚀沟。

③沟道流域内有多级地面：各流域的最高分水岭为第一级；降低60~80 m为第二级；再降低40~60 m为第三级。一般第一级地形面的黄土地层层序较完整；第二级地形面离黄土上部地层较薄，以致消失；第三级地形面多只有马兰黄土堆积。第二、三级地形面分别构成谷地，第三级地形面以下为现代河谷。沟道流域黄土地貌层状结构是黄土地貌发育历史过程的记录。

（2）黄土地貌主要类型

黄土地貌类型主要有以下几种：

①黄土沟间地：包括黄土塬、梁、峁、墹地、坪地、涨地等。顶面平坦宽阔的黄土高地称塬。长条状的黄土丘陵为梁。沟谷分割的穹状黄土丘为峁。老沟谷（距今约10万年形成）中由黄土堆积成的平坦谷地称黄土墹。为沟谷分割后的平地称黄土坪。沿沟呈条状分布的破墹地称地（有的称壕地）。

②黄土沟谷：有细沟、浅沟、切沟、悬沟、冲沟、坳沟（干沟）、河沟等。

③黄土潜蚀地貌：地表水下渗对黄土进行潜蚀，使土粒流失（包括机械与化学作用），引起地面崩塌，形成黄土碟、黄土陷穴（有漏斗状、竖井状、串珠状）、黄土桥、黄土柱等。黄土地貌是黄土堆积过程中遭受强烈侵蚀的产物。有纯自然过程的侵蚀（即古代侵蚀）和人为因素参与的侵蚀（称现代侵蚀）。

15. 断层地貌

断层地貌是指岩层受力发生破裂并有相对位移所形成的地表形态。断层位移有的以垂直方向为主，有的以水平方向为主，它们形成各种断层地貌。断层垂直位移能形成断层崖、断块山地、断陷盆地和断裂谷等地貌。

①断层崖是断层错动所形成的陡崖：断层崖受横穿崖的一些河流的侵蚀，被分割成许多三角形崖，称为断层三角面。断层三角面是残留的断层崖面，其底线就是断层线。

②断块山地为断层上升所抬起的山地。有地垒式山地和掀斜式山地。地垒式断块山的两侧山坡坡度和坡长较一致；掀斜式断块山抬起的一坡短而陡，另一坡长而缓，山体主脊偏居抬起的一侧。

③断陷盆地是断层围限的陷落盆地：平面形状呈长条形、菱形或三角形，剖面呈地堑式槽状或半地堑式簸箕状。断陷盆地有较厚的沉积层，在垂直方向上常为湖泊沉积和河流沉积的互层，或为河流冲积和洪积的互层；在水平方向上，由盆地边缘的山麓洪积物向盆地中心过渡为河流或湖泊沉积物。

④断裂谷是沿断裂发育的河谷：其走向受断层走向和排列方式控制，常呈宽狭相间的串珠状分布。在断裂谷中，断裂再次活动会使河流改道，废弃河道一般分布在较高的部位。断层水平位移还能错断原有的各种地貌，或在断层带附近派生出若干构造地貌。

派生构造地貌有断层弯曲处构造地貌、斜列断层首尾相接处构造地貌、断层端点附近构造地貌和断层收敛或撒开处构造地貌。

①两个相邻地块沿着一条走向弯曲的平移断层发生位移时，断层弯曲处出现两种构造地貌：一是拉张应力使地壳下陷成凹地或盆地；二是挤压应力使地壳隆起成高地。

②斜列断层，首尾相接处，若受挤压则地壳隆起为高地，若受拉张则地壳下陷成

凹地。

③平直断层作水平运动时，断块运动前方的断层端点附近因受挤压而隆起为台地或丘陵；断块运动后方的端点附近因受拉张而凹陷。结果在断层两侧形成两个隆起区和两个凹陷区。

④主干断层和分支断层交汇时，断层运动便有收敛方向和撒开方向。两断层相收敛时，断层间的楔形地块将受挤压而抬升成高地；两断层相撒开时，则楔形地块受拉张而下降为低地。

16. 雅丹地貌

中国内陆荒漠里，有一种奇特的地理景观，它是一列列断断续续延伸的长条形土墩与凹地沟槽间隔分布的地貌组合，被称为雅丹地貌。“雅丹”在维吾尔语中的意思是“具有陡壁的小山包”。20 世纪初中外学者进行罗布泊联合考察时，在罗布泊西北部的古楼兰附近，发现这种奇特的地貌，并根据维吾尔族人对此的称呼来命名，再译回中文就成了“雅丹”。雅丹地貌是风蚀性地貌的一种，也是非常典型的风蚀性地貌，因为它的发现和主要分布都与我国有关，因此，单独作为一个分类列出来。

雅丹地貌现泛指干燥地区一种风蚀地貌，河湖相土状沉积物所形成的地面，经风化作用、间歇性流水冲刷和风蚀作用，形成与盛行风向平行、相间排列的风蚀土墩和风蚀凹地（沟槽）地貌组合。雅丹在世界上许多的干旱区都可以找到，在中国也并不仅限于新疆。从青海的鱼卡向西通往南疆的公路沿途非常荒凉，在南八仙到一里平公路道班之间都可以看到雅丹，是西北内陆的最大一片雅丹分布区；但新疆的雅丹地形分布最多，除了罗布泊和古楼兰一带的雅丹外，克拉玛依的“魔鬼城”、奇台的“风城”等也都是典型的雅丹地貌。雅丹的形成有两个关键因素。一是发育这种地貌的地质基础，即湖相沉积地层；二是外力侵蚀，即荒漠中强大的定向风的吹蚀和流水的侵蚀。干旱区的湖泊，在形成历史中往往包括反反复复的水进水退，因而发育了上下叠加的泥岩层和沙土层。风和流水可以带走疏松的沙土层，对坚硬的泥岩层和石膏胶结层却作用有限。不过致密的泥岩层也并非坚不可摧，荒漠区变化剧烈的温差产生的胀缩效应将导致泥岩层最终发生崩裂，暴露出来的沙土层被风和流水带走，演变为凹槽状；依然有泥岩层覆盖的部分相对稳固，形成或大或小的长条形土墩，雅丹地貌的形态逐渐凸显出来。形成雅丹的外力因素，一般认为是强大的盛行风在起主导作用，但这并不是单一的主导因素。

例如，在阿奇克谷地东段的三陇沙雅丹，其走向是南偏东，与盛行的西北风向垂直，而与山地洪水流的方向一致，这就说明在这一片雅丹中，洪水起了主导作用；另外有的雅丹，由风和流水共同作用形成，如龙城雅丹。

（二）森林旅游资源

原林业部颁发的《森林公园总体设计规范》附录 A 中对森林旅游资源的定义是：“森林旅游资源，系指以森林景观为主体，其他自然景观为依托，人文景观为陪衬的一定森林旅游环境中，具有游览价值与旅游功能，并能够吸引旅游者的自然与社会、有形与无形的一切因素。”所以森林旅游资源就是在林区内一切可供游憩、观赏的森林环境。

1. 森林旅游的价值

森林旅游已逐渐成为人们现代生活方式的一个重要组成部分，是人们回归自然的心理需求的主要表现方式。人们对森林旅游的需求在日益增长，森林资源游憩功能的开发确实有着广阔的发展前景和巨大的发展潜力，可归结如下四点：

(1)审美价值

审美价值是森林旅游资源所具有的最基本的游憩价值，虽然在许多情况下，审美价值不是森林旅游资源的核心价值，但几乎在所有情况下，良好而独特的审美价值是森林发挥其游憩价值的基本体现，是森林旅游资源不可或缺的基本价值之一。赏心悦目的林相、林景，千姿百态的林内植物，充满野趣的林中动物，变幻无穷的林中天象、气象，清凝纯净的林内水体，无不让人心旷神怡，流连忘返。这些充满生机，极富灵性的美景，大自然鬼斧神工般的杰作，任何能工巧匠面对她们美的特质都只能叹为观止。

(2)休闲娱乐价值

森林为人类提供了一个生机盎然，清新纯净的优美环境，人们可以在森林内开展多种游憩休闲娱乐活动，对弈、散步、品茗、小憩、听蝉鸣鸟叫和松涛泉音、呼吸迷人芳香，与其他生命交流。在这里可以静心地平复原本浮躁的心绪，可以涤荡世俗玷污的灵魂，可以平等地用心与人、与各类生命真诚交流。这种环境有益于人格的完善，有益于心智的充实，是人们紧张、繁忙、身心俱疲后的理想的“放松”“充电”福地。

(3)康体价值

森林为人们提供了空气新鲜，绿荫浓郁的理想锻炼场所，人们可以在其间锻炼身体，修身养性。如在林内漫步、跑步、登山、舞剑、打太极拳等。其空气富氧、环境清新等优越之处，是其他健身场所都无法比拟的。

(4)疗养保健价值

自古以来，人类都幻想“长生不老”，人不可能长生不老，但却可以延年益寿。对延长人寿命的方法众说纷纭，但有一点却是可以肯定的，人的寿命与人的生活环境有着极为密切的关系。阳光、空气、水是人类生命的三大要素，特别是空气，我们每一分钟也离不了。空气的状况如何，对人的寿命影响最大。据统计，在同样的条件下，居住在乡村的人要比居住在城市的人增加5年寿命，特别是在山林旷野地区的人寿命更长。世界上有3个著名的长寿村：一个是巴基斯坦东部的芬扎，那里高山环绕，绿树成荫，鸟语花香，终年都是蓝天绿树，空气非常新鲜，环境极为优美，所以这个村竟有90岁以上老人数百名。另一个长寿地区是俄罗斯的高加索，这里有百岁以上老人5000多名，当地山上主要种植茶叶和柑橘，每年秋季粮食和水果成熟的季节，村里的老人和青壮年人一起生产劳动，收获粮食和水果，共享丰收之乐。第三个长寿村是拉丁美洲厄瓜多尔南部与秘鲁交界处的毕路卡祁巴，这个长寿村的内外，全是树干通直高大，树冠茂密，树叶扶疏的维尔柯树，当地人称这些树为长寿的“神木”。因为这种树光合作用特别强，能制造大量的氧气，使山区空气特别新鲜，所以，在这里生活的人，几乎不患肺病与心脏病。据称一些患了肺病、心脏病的外来人，只要在这里住一段时间，病情就会自然好转。

由于森林环境的休闲、疗养、保健价值日益受到人们的青睐，森林浴和森林医院便应运而生。

1982年，日本提出了“森林浴”这一概念，指的是人沐浴在森林内的空气中，充分吸收树木释放出的挥发性物质，使游憩者的身心得到综合休养的一种养生活动。因为森林植物可散发出某些能抑制或杀灭部分病菌、毒素的化学物质和其他有益于人体的芳香物质，沐浴在这样的环境中，有利于调节人的情绪和增强人的体质。森林浴是保健三浴（日光浴、空气浴、水浴）中空气浴的一种。空气浴包括海洋空气浴、山岳空气浴和森林空气浴。

森林浴的基本方法是在林荫下娱乐、漫步、小憩等，而在林内步行则是养生的基本活动，所以森林浴也叫林内步行运动，是一种新兴的保健活动。森林浴从本质上讲，就是通过人的肺部吸收森林中散发的具有药理效果的芳香物质，使内分泌增加，改善身体状态，清醒大脑，增加运动能力，促进身心健康。森林浴对于维持和恢复人们健康的作用，在人口越来越稠密的大城市更加明显。工作繁忙，运动不足，饮食习惯不良，尘埃、噪声困扰着城市生活，常给人们带来生活韵律的紊乱，引起各种各样的疾病。森林浴已成为当今世界非常普遍的一种游憩活动。

“森林医院”是人们把“森林浴”同医疗科学结合起来的一种特殊医院。森林环境在疗养学上占有举足轻重的地位。近年来，在德国、日本等国的林区，出现了为数不少的这种风格独特的“森林医院”。这种被广泛建立起来的以森林为中心的康复医院，以森林所独具的特殊性质作为医疗保健资源加以利用，多设在泉水叮咚的森林中，既没有医生、护士，又没有药品、器械，也没有门诊和病房，病人也不须服药，不用打针，只要在密林浓荫中设置病床，病人躺在床上，用音乐和新鲜空气为处方内容，或让病人在人工精修的林间曲径上散步，在绿树下、泉水边设置的长椅上休息，以这种特殊手段的“绿茵疗法”，达到防病、治病和疗养的目的。人们把这种医疗手段称作“森林疗法”或“森林医院”。也有一些“森林医院”，病人是在医生的指导下定期检查身体，进行营养配餐，听音乐、做体操或按不同病情，利用树木释放的杀菌素，将病人置于各种不同的树丛之间治疗。

2. 森林的主要功能

森林有益于健康的原因主要依赖于以下几种功能的发挥：

（1）调节气候

森林依靠其庞大而浓密的树冠，对太阳辐射有再分配的作用。太阳辐射是光和热的来源。投射到林冠上的太阳辐射有 10%~20% 被树冠反射，36%~80% 被树冠吸收，透入林内的光照只有 10%~20%。另外，森林的蒸腾作用需要吸收大量的热，每公顷生长旺盛的森林，每年要向空中蒸腾 8000 t 水，这势必会降低林内和森林上空的温度，改善局部地区的小气候。所以，在夏天和白天，林内温度就低。夜间和冬季由于林木和林冠之间的阻隔，林内风速小，湿度大，热容量也大，寒气不易侵入，温暖的空气也不容易消散，使整个林内形成一个保温罩。适宜的温度，非常有益于人体的散热和血液循环。

由森林和其他绿色植物所创造的这种弱光、适温、凉爽、湿度大、无污染的特殊环境，通过空气流动与附近城市上空的高温、干燥、污浊空气形成对流，使新鲜的空气流向人们居住的城市闹区，使城市上空的空气清洁度得以改善。这就是城市和大地要园林化的根本原因，也是久居城市的人们想去山林村野居住、游憩的原因所在。

（2）吸收二氧化碳制氧

所谓新鲜空气，就是氧气多，二氧化碳少的无污染空气，O_2在大气中的自然含量为21%左右，CO_2含量的多少，是衡量空气是否新鲜的主要标志之一。由于工业化的发展，人为因素使城市大气中的空气成分发生了比较大的变化。如果这种情况继续下去，人类将无法生存。解决这一问题的有效途径，除控制工业污染外，保护好现有森林资源，并大力植树造林，是最根本的一条出路。据测定，全球绿色植物每年通过光合作用可吸收 2300×10^8 tCO_2，其中森林的吸碳量约占70%，空气中 O_2 有 60% 来源于森林。据推测，每人平均需要 30~40 m^2的森林绿地，才可维持空气中 O_2和 CO_2的正常比例，保证人人都可以呼吸到新鲜空气。

(3)消烟除尘

由于风起沙扬及工业的迅速发展，大气中的烟、尘大量增加。消除烟尘、粉尘的办法，除了禁止开垦森林、草原，保护国土，改进工业设施，减少粉尘、烟尘外，大量造林种草则是消烟除尘的根本措施。据测定，1 hm^2高大的森林，其叶面积的总和比所占土地面积要大 75 倍。吸附了大量粉尘的树叶，经过雨水的淋洗以后，又能恢复吸附粉尘的价值。说森林是天然的“吸尘器”不无道理。森林可吸附各种灰尘的量达 13 320~39 960 kg/(hm^2·a)。云杉林的滞尘总量为 32 t/(hm^2·a)，松树林为 36 t/(hm^2·a)，阔叶树的吸尘量更大，如栎类林或阔叶混交林的吸尘能力高达 68 t/(hm^2·a)。在林木葱茏的公园内，空气中的灰尘只有街道上空气灰尘的 1/3 左右。而大森林里的空气则几乎没有灰尘。由于森林的消烟除尘作用，也就自然减少了由于煤粉尘、灰尘给人类带来的许多疾病。

(4)吸收毒气

由于工业的发展空气中对人类有害的气体种类越来越多，数量越来越大。减少空气中的有毒气体，除了改进工业设施外，同样可以求救于森林和一切绿色植物，因为许多树木都能够通过叶子张开的气孔吸收有毒气体。据测定，每公顷柳杉林，按 20 t 树叶计算，每年可吸收二氧化硫 720 kg。5 m 高的松树林可以使空气中的臭氧浓度减少 1/3。许多树木都有极强的吸氟能力，特别是女贞比一般树木的吸氟能力高 160 倍。刺槐林可吸收氯气 42 kg/(hm^2·a)，银桦林可吸收 35 kg/(hm^2·a)。加拿大杨、槭树、桂香柳等，能吸收醛、酮、醚等有机物。所以人们称森林树木是空气有害气体的“净化器”，是防止大气污染的“卫士”。

(5)杀灭细菌

在城市空气中，通常存在着大量的各种细菌。据调查，在城市居民庭院中，每立方米空气中有细菌 1.2 万多个，在城市一般街道为 5.4 万多个，而在闹市区的街道上则为数百万个。这些各种各样的细菌和病毒，散布并悬浮于空气中，有的被吸附于尘埃，随风飘动，然后被人吸入，引起各种疾病。但在森林里，空气中的病菌和病毒却非常少。有资料显示，林区空气中细菌的含量仅为闹市区商城的 1/80000。这一方面是由于林木枝叶滤尘、吸尘后，随着细菌、病菌载体——灰尘的减少，空气中病菌、病毒的含量也自然减少。另一方面，更重要的是许多树木，例如，香樟、桉树、松树、圆柏、冷杉、榆树等树木的芽、叶、花、果，都能分泌出一种具有强烈芳香气味的挥发性物质，如丁香酚、桉油、松脂等，这些物质都有杀菌作用，称之为“植物杀菌素”。据报道，1 hm^2的松柏林，一昼夜能分泌出 60 kg 的杀菌素。有的森林还能散发出薄荷醇等物质，这种物质可作用于人体植物神经，起到安神、镇静的作用，并能协调神经反射运动。

(6)隔音消声

噪声是指环境中不协调的声音，人们感到吵闹的声音。噪声不仅影响人们的工作、学习和生活，并且对人体会产生不良影响。长时间接触噪声，一是听觉器官会引起特异性病变，造成听觉器官的损伤。二是噪声作用于全身系统，特别是对中枢神经系统、心血管系统和内分泌系统非常有害。

然而，林木有阻隔、减弱噪声的作用。森林或林带，就像一堵隔音墙，能吸收声音的

26%，可以降低噪声20~25 dB。实验证明，40 m宽的林带可使噪声减弱15~20 dB。没有树木的大街上，噪声要比林荫大道上高5倍。正因为森林能隔音消声，所以，使人感到幽静，紧张的神经系统立即松弛下来，疲劳也会随之解除。

(7)富含负离子

森林空气中含有较多的负离子。从电场角度说，人的机体是一种生物电场的运动，人在疲劳或得了疾病之后，机体的电化代谢和传导系统就会产生障碍，这时需要补充负离子，以保持人体生物电场的平衡。空气中各种分子和原子在不断受到放射线、紫外线作用及气流、水流的撞击、树叶花草的摩擦下将失去外层电子而成为正离子，游离的电子附着在另一个中性质子上成为负离子。负离子在运动中遇到空气中的灰尘、烟雾时，即被凝聚而失去活力。由于森林表面起伏大，加上枝、干、叶的摩擦使得空气中能产生较多的负离子，同时由于森林空气的清洁度较高，能够保存下较多的负离子，一定浓度的负离子能改善人体神经功能，促进新陈代谢，可使血压和心率下降，使人感觉神清气爽、精神振奋，并且还能增强人体的免疫功能，增强人体的抵抗力。

(8)美化环境

人人都有爱美、审美的情趣。美，能给人以享受，给人以精神，给人以力量。古往今来，文人墨客在描写和歌颂大自然的环境美时，都离不开青山绿水、树木花草。森林、绿色是优美环境所不可缺少的物质条件。山清水秀、碧叶绿荫、青天白云、清新空气，构成了大自然美好的秀丽风光和怡人的环境。身临其境，令人赏心悦目，心旷神怡，流连忘返，疲劳顿消。环境是人类改善生活质量、提高生活品质的重要条件，对美好环境的向往和追求，是人们的天性和愿望。大自然的美景是对人们进行生态教育的最好教材，她有利于培养人们良好的性格和高尚的情操。

3. 森林旅游的资源特点

森林旅游资源相较于其他类型自然旅游资源有明显的自身特点，综合而言可归纳为如下七点：

(1)可持续性与脆弱性

绝大多数森林景观资源具有无限重复使用的价值。除少数景观资源会被旅游者消耗掉，需要人工培育补充外，多数景观资源是不会被游客消耗的。但是旅游活动也常产生污染环境的副作用。只有加强森林景观资源的保护，科学合理地开发利用，合理经营景观资源，才能使这种资源永续性地发挥效益。

森林旅游资源虽然具有永续利用的特点，但大多数资源承载能力有限，再生能力有限。因此，在其承载能力范围内进行合理开发利用，即指森林旅游资源有一定的脆弱性特征。

(2)自然景观与人文景观紧密结合

许多森林景观是未经人工雕琢的自然景观。属于一种自然客体，是由各种外界因素组合而成的景观效果，因而具有明确的自然属性。我国名山僧侣多，佛道等宗教活动场所多在山上，而山上又正是森林植被、森林资源丰富的地方，两者紧密结合使自然景观和人文景观互相烘托，提高了旅游资源资产质量，例如：黄山、庐山、武夷山、雁荡山被称为“四大风景名山”；泰山、华山、嵩山、衡山、恒山被称为“五岳”；峨眉山、五台山、普陀山、九华山号称“四大佛教圣地”；青城山、武当山、龙虎山、崂山号称“四大道教名山”，均是人文古迹与自然山林地貌紧密结成一体的代表。另外，一些少数民族与大森林和谐共处，爱林护林，无论是村寨建筑，生活习惯，民俗节庆都与森林密不可分，创造出独具特色的森林文化，极大地丰富了森林旅游资源的内容，提高了旅游价值和社会经济效益。

(3)森林环境与珍稀野生动植物物种多样性

组成森林环境的种类多样、结构复杂、分布广泛。不仅包括了丰富的森林植被景观和野生动物资源，还包括了构成森林景观的地理环境和人文景观环境资源，它们以不同形式相互渗透，广泛分布于森林公园的地域空间里。在森林旅游资源集中的森林公园和自然保护区内，一般森林覆盖率相对较高，野生动植物种类丰富，成为物种基因库。自然保护区范围内物种的数量就更多了，例如，湖南桃源洞国家森林公园就有种子植物 1518 种，陆生脊椎动物 211 种；广东象头山国家自然保护区内有维管束植物 1627 种，珍稀保护植物 56 种，野生动物 305 种，其中属国家保护的、有益的或有重要经济、科学研究价值的野生动物就达 210 种。

(4)功能多重性

对于面积较大的森林旅游资源，不可能每一块林地都用于旅游开发，而是强调大片林地上的所有资源合理的利用，在不干扰生态环境的条件下，有一定的灵活性。可进行少量的木材生产和多种经营。

(5)广泛的适应性

森林旅游资源优越的地方，往往集雄、奇、险、秀等自然风光和灿烂的历史文化、淳朴的民俗风情及得天独厚的气候资源于一体。因此，森林游憩的形式可以多种多样，可融合休闲、猎奇、求知、求新、健身、陶冶情操和激发艺术灵感等诸多内容，在很大程度上满足现代旅游者多样化的心理需求。

(6)地域性

森林旅游资源是以活的有机体为主组成的，其正常生活受到环境条件的制约，具有鲜明的地域性，主要体现在区域性和民族特色上。

(7)增智性

森林旅游资源具有文化属性，游人通过浏览观光可以获得丰富的知识。许多森林公园内的野生动物、植物、独特的地质构造、奇妙的自然现象、悠久的历史文化、重要的革命旧址等都是进行科学考察、教学实践和爱国主义教育的良好基地。

(三)草原旅游资源

1. 草原的形成及分布

草原的含义有广义与狭义之分：广义的草原包括在较干旱环境下形成的以草本植物为主的植被，主要包括两大类型：热带草原和温带草原。狭义的草原是指温带草原。因为热带草原上有着相当多而广泛的树木。

草原是一种植被类型，通常分布在年降水量 200~300 mm 的栗钙土、黑钙土地区，由旱生或中旱生草本植物组成的草本植物群落，其优势植物是多年生丛生或根茎型禾草和一些或多或少具有耐旱能力的各种杂草。根据生物学和生态学特点，可划分为四个类型：①草甸草原；②平草原(典型草原)；③荒漠草原；④高寒草原。

《中华人民共和国草原法》第二条第二款规定：草原是指天然草原和人工草地。天然草原是指一种土地类型，它是草本和木本饲用植物与其所着生的土地构成的具有多种功能的自然综合体。人工草地是指选择适宜的草种，通过人工措施而建植或改良的草地。

草原是地球生态系统的一种，分为热带草原、温带草原等多种类型，是地球上分布最广的植被类型。中国是世界上草原资源最丰富的国家之一，草原总面积将近 4×10^{8} hm^{2}，占全国土地总面积的40%。从东北的完达山开始，越过长城，沿吕梁山，经延安，一直向西南到青藏高原的东麓为止，可以把中国分为两大地理区：东南部分是丘陵平原区，离海洋较近，气候温湿，大部分为农业区；西北部分多为高山峻岭，离海洋远，气候干旱，风沙较多，是主要的草原区。

草原的形成原因是土壤层薄或降水量少导致木本植物无法广泛生长。草原最早出现的年代因地而异。在多个地区，可在新生代化石中发现一系列植被类型，当时的气候逐步变迁。如在过去5000万年里，澳大利亚中部热带雨林相继被莽原、草原，最后为沙漠所取代。在某些地方，草原扩展到接近现代规模的情况仅出现于200万年前极度干冷时期，在北方温带区称为“冰期”。草原与相关植被类型之间通常会出现一种动态平衡。有时候，干旱、火灾或密集放牧的时段有利于草原形成；其他时候，湿季和没有重大干扰时有利于木本植被生长。这些因素在频率和程度方面的改变可造成植被类型整个转变。其他草原类型出现于太冷而乔木无法生长的地方，也就是高山或高处林木线以上。南半球湿冷部分的典型草原是丛生草原，以丛生或群集的禾草为主，这些禾草发展出盘根错节的根茎草垫，让植被有高低不平的外表。丛生草原出现于不同的纬度。然而，并非所有的天然草原都源于与气候相关的环境。木本植物可能因其他原因而无法在某些地区生长，禾草便大肆蔓延。原因之一是季节性泛滥或浸水，使季节明显的亚热带部分地区和其他地方较小地区产生并维持大型草原。季节性泛滥亚热带草原最典型的例子之一是巴西马托格罗索的潘特纳尔。由气候干旱所造成的最大片天然草原区可分为热带草原和温带草原两大类，热带草原通常位于沙漠和热带森林之间，温带草原通常位于沙漠和温带森林之间。热带草原与稀树草原出现于相同地区，这两个植被类型之间的差异见仁见智，视乔木多少而定。同样，温带草原可能散布着一些灌木或乔木，在接近灌丛或温带森林的地方出现时，界线可能较模糊。热带草原主要见于东非洲撒哈拉沙漠以南的萨赫勒，还有澳大利亚。温带草原主要出现在北美洲、阿根廷和横跨乌克兰到中国的一条宽大区带，但在这些地区草原大致已因农业活动而大幅改观。许多原本被视为天然的草原如今被认定是先前生长于干燥气候的森林，因早期人类的干扰使它们转化。例如，人们相信：新西兰南岛东部几乎整个大型低地草原是18世纪由玻利尼西亚人焚烧所造成的。

世界草原分布：在欧亚大陆，草原植被西自欧洲多瑙河下游起，呈连续的带状往东延伸，经罗马尼亚、俄罗斯、蒙古，直达我国境内，形成世界最宽广的草原带；在北美洲，草原主要位于拉布拉多高原、阿巴拉契亚山和落基山之间的北美洲中部平原。在南半球，因为海洋面积大，陆地面积小，草原面积不及北半球大，而且比较零星，带状分布不明显；在南美洲，主要分布在阿根廷及乌拉圭境内；在非洲，主要分布在南部，但面积很小。

2. 中国主要草原

(1)若尔盖大草原

若尔盖大草原地处四川、甘肃、青海三省结合部的中国西北大草原，是由若尔盖、阿坝、红原、壤塘4县组成，为中国五大草原之一，面积约35 600 km^2，系以畜牧为主的藏族聚居地，由草甸草原和沼泽组成。草原地势平坦，一望无际。海拔3500~4000 m，属典型的丘状高原。冬季严寒，夏季凉爽，春秋短，日照充足，昼夜温差大，年平均气温7℃、7月最热，月平均气温10~12.7 ℃。若尔盖大草原水草丰茂，原始生态环境保护良好，形成了山水秀丽、景色迷人的草原风光。著名的有热尔坝大草原、松潘草原和红原草原几处。小河如藤蔓把大大小小的湖泊串联起来，河水清澈见底，游鱼可数。草地游览内容丰富，可赏草地风光，听牧歌悠扬，可垂钓黄河鱼，可骑马驰骋草原，可观梅花鹿牧场，可去黄河九曲第一弯览胜，可住帐篷宾馆，可去森林采撷野菇，也可去寺庙参观朝拜。

(2)空中草原

空中草原位于河北省涞源盆地和蔚县盆地之间，涞源县城西北26 km。分南北两块，中间由一道山梁相连，总面积29 km^2，分别隶属于蔚县、涞源县、灵丘县。草原在一个巨大的平顶山的山顶，海拔2158 m，山体四周是陡峻的山坡，山顶面积却达3.6万亩，坦荡如砥，绿草如茵。野花遍地的大草原，习习凉风吹碧海花浪，朵朵白云抚地游走，可“手摸白云天，脚踏花草地”，是蜚声中外的旅游胜地。

(3)呼伦贝尔草原

呼伦贝尔市位于内蒙古自治区的东部，地处东经115°31′~126°04′，北纬47°05′~53°20′，辖世界著名大草原——呼伦贝尔大草原和富有森林自然宝库之称的大兴安岭于一体，北以额尔古纳河为界与俄罗斯接壤，西同蒙古国交界。总面积25×10^4 km^2，国境线长达1723 km。以牧草为主的植物多达1300余种，形成了不同特色的植被群落景观。呼伦贝尔盟总人口约269万人，是中国北方少数民族和游牧民族的发祥地之一，是多民族聚居区。蒙古、达斡尔、鄂温克、鄂伦春、汉等35个民族在这里和睦聚居，这里的许多少数民族仍继承和保留着各自的文化遗风和生活习俗。

(4)那拉提草原

那拉提草原位于新疆伊犁新源县那拉镇东部。那拉提意为“最先见到太阳的地方”。那拉提年降水量可达800 mm，有利于牧草的生长，载畜量很高。在历史上，那拉提草原就有“鹿苑”之称。这里也是巩乃斯草原的重要夏牧场。那拉提草原系亚高山草甸。中生杂草与禾草构成植株高达50~60 cm，覆盖度可达75%~90%。仲春时节，草高花旺，碧茵似锦，极为美丽。这里还生长着茂盛的细茎鸢尾群系山地草甸。那拉提草原地处楚鲁特山北坡，发育于第三纪古洪积层上的中山地草场，东南接那拉提高岭，势如屏障。

(5)鄂尔多斯大草原

鄂尔多斯草原旅游区地处鄂尔多斯市杭锦旗境内，距杭锦旗人民政府所在地锡尼镇9 km，被银川市、乌海市、临河市、包头市、呼和浩特市、榆林市和鄂尔多斯市所拥抱。控制面积30 km^2，核心区由一个蒙古大营和100多个蒙古包组成的蒙古包群：设计独特，别具一格。鄂尔多斯草原最吸引人的当属独特的自然风光，同时并存有大面积的草原和沙漠，以及上千个大小湖泊。在零星散落的蒙古包映衬下，天空纯净明亮、草地辽阔壮丽、空气清新、牛羊成群，对久居都市的人来说，这一切都是那么遥远而亲切。鄂尔多斯草原，正是镶嵌在这片广阔而神奇的土地上的一颗璀璨明珠。鄂尔多斯以其独特的地理位置、神奇的传说和一句“鄂尔多斯温暖全世界”的广告语而誉满全球。鄂尔多斯草原以其宽阔的胸怀、一望无际的自然属性和蓝天、绿草、白云、羊群的优美意境吸引了无数中外游客。“天苍苍，野茫茫，风吹草低见牛羊”是鄂尔多斯草原的真实写照。

(6)川西高寒草原

川西高原与成都平原的分界线便是今雅安的邛崃山脉，山脉以西便是川西高原，地理与气候原因促成了这一方土地独特的景观和复杂的高原气候，一山有四季，十里不同天。二郎山两边虽相隔数十千米却有着大相径庭的气候，很多时候东面阴雨绵绵而二郎山以西却是丽日晴天。川西高原的主体民族除雅安有大量的汉族外，其余大部分居民是康巴藏族。藏族在形成过程中历经数百年的岁月，至松赞干布统一青藏高原，藏族人们也就是在那时成为一个有共同文字与信仰的民族。民间流传着一句著名的话：“康巴人能走路就会跳舞，能说话就会唱歌。”走进川西高原将会是一次歌舞之旅。

(7)那曲高寒草原

那曲地区位于西藏自治区北部，北与新疆维吾尔自治区和青海省交界，东邻昌都地区，南接拉萨、林芝、日喀则三地市，西与阿里地区相连。那曲藏语意为“黑河”，整个地区在唐古拉山脉、念青唐古拉山脉和冈底斯山脉怀抱之中，总面积达 40×10^4 km^2。整个地形呈西高东低倾斜，西高，中平，东低，平均海拔在 4500 m 以上。中西部地形辽阔平坦，多丘陵盆地，湖泊星罗棋布，河流纵横其间。东部属河谷地带，多高山峡谷，是藏北仅有的农作物产区，并有少量的森林资源和灌木草场，其海拔在 3500～4500 m，气候好于中西部。那曲地区属亚寒带气候区，高寒缺氧，气候干燥，多大风天气，年平均气温为 -0.9～3.3 ℃，年相对湿度为 48%～51%，年降水量 380 mm，年日照时数为 2852.6～2881.7 h，全年无绝对无霜期。每年的 11 月至翌年的 3 月间，是干旱的刮风期，这期间气候干燥，温度低下，缺氧，风沙大，延续时间又长，5～9 月相对温暖，是草原的黄金季节，这期间气候温和，风和日丽，降水量占全年的 80%，绿色植物生长期全年约为 100 d。那曲是青藏公路的必经之路，每年 8 月（藏历 6 月）举办的赛马节是藏北草原的盛会，届时，旅游观光的游客、四面八方的牧民、各地的商贩等云集此处。一望无际的无人区，栖息着野牦牛、藏羚、野驴等许多国家一级保护动物。

(8)祁连山草原

祁连山自然保护区地处甘肃、青海两省交界处，东起乌鞘岭的松山，西到当金山口，北临河西走廊，南靠柴达木盆地，是由一系列平行排列的山岭和谷地组成，一般海拔 3000～5000 m，主峰海拔 5547 m。祁连山自然保护区位于武威、张掖两地区和金昌市部分地区，东西长 1200 多千米，南北宽 120 km，总面积 265.3×10^4 hm^2。主要保护对象是祁连山水源涵养林、草原植被。区内有高等植物 1044 种，水源涵养林主要树种是青海云杉、祁连圆柏，以及零星的山杨和桦木；灌木主要有金缕梅、箭叶锦鸡儿、吉拉柳等。其森林覆盖率较低，在整个干旱区域内，由于祁连山森林的存在，才使得冰川融水及降雨存蓄下来，缓慢地补给江河，起到调节径流、削减山洪、保证年径流量相对稳定的作用。祁连山自然保护区的野生动物有兽类 58 种，鸟类 140 多种，两栖、爬行类 13 种。属国家重点保护的野生动物有白唇鹿、野驴、野牦牛、盘羊、雪豹、斑尾榛鸡等几十种。这里还是中国珍贵动物麝的重要产地之一。

(9)科尔沁草原

科尔沁草原又称科尔沁沙地，位于北纬 42°5′～43°5′，东经 117°30′～123°30′，海拔 250～650 m，处于西拉木伦河西岸和老哈河之间的三角地带，西高东低，长约 400 km，面

积约 4.23×10^4 km^2。科尔沁草原是以蒙古族为主体，汉族为多数的多民族聚居区。科尔沁草原水利资源非常丰富，有绰尔河、洮儿河、归流河、霍林河等 240 条大小河流和莫力庙、翰嘎利、察尔森等 20 多座大中型水库。科尔沁草原有着悠久的历史和深厚的人文文化，不仅地域辽阔，其地貌特征多样化和蒙古民族传统民俗文化，草原风光美丽神奇，丹枫秋叶多姿多彩，春花雪域绚丽圣洁。

（四）山地旅游资源

山地旅游资源是以山地自然环境为主要的旅游环境载体，以复杂多变的山体景观，各种山地水体，丰富的动植物景观，山地立体气候，区域小气候等自然资源和山地居民适应山地环境所形成的社会文化生活习俗，传统人文活动流传至今形成的特定文化底蕴等人文资源为主要的旅游资源。地理学上把山岳和丘陵统称为山，山体包括的整个隆起范围及直接坡积的外围，通称为山地。它们或险峻高大，或淑秀清丽，阳刚之气与阴柔之姿并存，高低参差，奇形怪状，美不胜收。山的特点与地质地貌直接相关：黄山、华山、九华山、衡山、崂山、普陀山、天台山、莫干山、罗浮山等，皆由花岗岩构成；雁荡山、天目山等属流纹岩山地；武夷山、张家界等属砂页岩山地；桂林山水、织金胜景、兴文石林、肇庆七星岩等属石灰岩；五大连池、长白山的白头山、云南腾冲火山群、台湾大屯火山群、湖南雷虎岭等，为玄武岩山地；泰山、嵩山、苍山、五台山等则为变质岩山地。我国是多山国家，有许多名山风景胜地驰名中外。如雄伟的泰山，虽然绝对高度并不算高，却因其突兀于华北大平原，凌驾于齐鲁群山岳陵之上，相对高差超过 1300 m，与周围平原、丘陵形成高低、大小的强烈对比。

（五）荒漠旅游资源

根据地理学上的定义，荒漠是“降水稀少，植物很稀疏，因此限制了人类活动的干旱区”。生态学上将荒漠定义为“由旱生、强旱生低矮木本植物，包括半乔木、灌木、半灌木和小半灌木为主组成的稀疏不郁闭的群落”。世界上的大荒漠有的寒冷，有的灼热，有的有很深的峡谷，有的覆盖着沙子，世界上的荒漠千姿百态，千奇百怪，荒漠占地球土地面积的 30%。荒漠通常指由于降水稀少或者蒸发量大而引起的气候干燥、植被贫乏、环境荒凉的地区。其地面温度变化大，物理风化强烈，风力作用活跃，地表水则显得极端贫乏，大多数地方有盐碱土。在这样的自然环境里，植物的生长条件极差，只有少量的株矮、小叶或无叶、耐旱、耐盐及生长期短的植物才能存活。荒漠地面常是一片荒凉的景象，大部分分布在亚热带和温带无水外泄的地区。根据组成物质不同，荒漠可分为岩漠、砾漠、沙漠、泥漠、盐漠等多种类型。在高山上部和高纬度地带，由于气温低而植物贫乏，是荒漠的特殊类型，称作“寒漠”。荒漠以其生物数量稀少而著称，但是实际上沙漠的生物多样性很高。沙漠的植物种群主要包括：灌木丛、仙人掌属、滨藜和沙漠毒菊。大多数荒漠植物都耐旱耐盐，被称为旱生植物。

沙漠是较典型的荒漠景观。千姿百态的沙丘，细沙随风如流水般涌动，沙漠的潮海风光以及”海市蜃楼”都充满了神秘的色彩。沙漠里还有在风力吹拂作用下或人从沙山向下滑动时发出各种声响而得名的鸣沙山。沙漠地区极富吸引力的景观有：“鬼斧神工”的雅丹景观、独特的旱生植物、荒漠地区人类最主要的聚居地荒漠绿洲以及荒漠遗址等。

（六）湿地旅游资源

湿地是指地表过湿或经常积水，生长湿地生物的地区。湿地具有多种功能：保护生物多样性、调节径流、改善水质、调节小气候、提供食物及工业原料以及提供旅游资源。湿地覆盖地球表面6%的面积，却为地球上20%的已知物种提供了生存环境，具有不可替代的生态功能，因此享有“地球之肾”的美誉。湿地的功能是多方面的，它可作为直接利用的水源或补充地下水，又能有效控制洪水和防止土壤沙化，还能滞留沉积物、有毒物、营养物质，从而改善水体污染；它能以有机质的形式储存碳元素，减少温室效应。湿地是众多植物、动物特别是水禽生长的乐园，同时又向人类提供食物(水产品、禽畜产品、谷物)、能源(水能、泥炭、薪柴)、原材料(芦苇、木材、药用植物)和旅游场所，是人类赖以生存和可持续发展的重要基础。

(七)水体旅游资源

水体旅游资源按水体性质，及自然界水色的基本形态，可分河川、湖泊、瀑布、山泉、海洋等旅游资源。水体旅游资源是自然地理环境的重要组成部分，也是声响构成要素之一，也是最活跃、最引人入胜的物质要素之一。从世界范围来看，自从有旅游活动开始，人们的旅游活动就云集于海滨、温泉、湖畔等地区，进行游泳、沐浴、滑水、水球、垂钓、舢板、帆船等的活动。这些都说明了水对旅游活动的重要意义。

1. 河川类旅游资源

河川即河流，乃沿地表浅形低凹部分集中的经常性或周期性水流，较大的叫河或江，较小的叫溪。河流的补给来源主要是雨水，也有冰雪融水和地下水。河流发源地叫河源，流注海洋、湖泊或另一河流的入口叫河口，流路通常根据其特征分为上游、中游和下游，这些河段各自都有其独特的形态和景观。江河水景多分布在大河上中游区。河流水面窄，多同两岸山崖构成山水综合景，河道迂回曲折，两岸奇峰罗列，山水比例适宜，山光水影，景物成双，富有意境美。例如，我国著名的长江三峡景观是处于长江上游；漓江上游河段的“几程漓江水，万点挂山尖”的“人间仙境”；钱塘江上游的富春江，江水清澈、澄碧，峰插云、怪石凌空、景色奇秀。江河下游，河流展宽，河水平静流淌，时而贴近山麓，时而展延平川，两岸山势和缓或呈现冲积平面景观，经济文化发达，人文景观丰富，特别是在江河入海口景观开阔壮丽，河海景观皆引人入胜。在干旱区有些河流，最后没于沙漠；石灰岩地区有些河流经溶洞和裂隙而没于地下，成为地下河流。

世界上许多河流本身都富含旅游资源，都可以或已经成为世界著名的旅游胜地。例如，印度河、恒河、幼发拉底河、底格里斯河、顿河等。而我国是一个山高水长，河流众多，河川旅游资源十分丰富的国家。我国河流按水系来分可划分为外流河和内流河两大类：流域面积在1000 km^2 以上的河流有1500多条，若把中国大小河流流线加在一起，总长度超过 42×10^4 km，主要的河流旅游资源有：中国第一大河——长江，其干流流经我国10个省、自治区、直辖市，沿河旅游资源丰富，景点星罗棋布，交通便利，是我国著名的“黄金水道”和“黄金旅游线”；其最典型的景观资源集中于三峡区，它由长江切穿上升的巫山山系而形成的。中国第二大河——黄河。黄河流域为中华民族的摇篮之一，它哺育了中华民族的文明，但黄河泥沙含量过大，进入华北平原后，两岸大堤相夹，成为“悬河”或“地上河”奇观。黄河流域文化古迹众多，高原风光，塞上江南，黄土风貌，千里平野等，都对游客有吸引作用。此外，还有黑龙江、珠江、塔里木河、淮河、湘江、钱塘江、闽江、澜沧江等，都蕴藏着丰富的旅游资源。

2. 湖泊旅游资源

湖泊是在自然地理因素综合作用下形成的，地球的内力作用和外力作用都可以形成湖盆。湖盆的积水部分叫湖泊，湖泊的体积大小不一，大的如内陆咸海，小的如池塘。其类型多种多样，从成因来看可分为：由地壳运动产生断裂拗陷形成构造湖，如云南昆明滇池等；火山口及熔岩高原的喷口可以形成火口湖，典型的如长白山天池，云南腾冲大龙潭火口湖等；冰川作用形成冰蚀(碛)湖，著名的有波兰的希尼亚尔德湖，我国西藏地区的诸多湖泊，如帕桑措、布托措等；山崩、熔岩流或冰川阻塞河谷可形成堰塞湖，如我国东北的镜泊湖、五大连池，藏东南的易贡措、古乡措等；干旱地区风蚀盆地积水可形成风潟湖；浅水海湾或海港被沙堤或沙嘴分开形成潟湖，典型的如杭州西湖；石灰岩地区由岩溶作用形成的溶蚀洼地或岩溶漏斗积水而成岩溶湖，如云南中甸的那帕海、丽江拉石坝海等；人类经济活动所建造的湖泊——人工湖，大的叫水库，小的称堰塘。按盐分高低还可把湖泊分为淡水湖、微咸水湖、咸水湖、盐湖等。

人们常用“湖光山色”来形容自然风光的幽美静谧，妩媚诱人。湖泊是水文旅游资源中一个重要的组成部分，作为旅游资源它具备了形、影、声、色、奇等吸引要素。我国湖泊分布相当广泛，但又相对集中，主要集中在青藏高原湖区，东部平原湖区，东北平原湖区，云贵高原湖区，蒙新湖泊区五个区域，大小湖泊 2 万多个，以及大大小小的上万个人工湖遍布全国。这些湖泊都富含丰富的旅游资源。著名的旅游湖泊区有：杭州西湖、鄱阳湖、洞庭湖、太湖、滇池、洱海、五大连池、青海湖等。

湖泊是在长期的自然演变中形成的，它是一个完整的生态系统。但湖泊的水体与河流不同，流动性差，水体循环较慢，一旦污染，很难治理，所以，在开发利用湖泊资源时，应特别注意防止湖水污染，以便湖泊为人类提供更多的物质财富，更长久地为人类精神文明服务。

3. 瀑布旅游资源

瀑布的成因多种多样，有地层抬升，断裂或沉降拗陷而成；有火山爆发、熔岩流堰塞河道而成；有山体崩塌，泥石流滑动，堵塞河床，形成了堆石土坝而成；有地层岩石软硬不一，长期流水侵蚀，使河床断裂面发生明显的高差变化所致；有泉水从山中涌出，越过断崖山洞，飞流直下的结果；有冰川侵蚀和堆积等形成小型瀑布。这些成因中最主要的还是因流水对河底软硬岩层侵蚀差别式形成的瀑布。我国著名的黄果树瀑布群，发育在石灰岩构成的悬岩上，主瀑高 67 m，宽约 84 m，即因构成河床岩石性质的差异，在河流的侵蚀作用下而形成的。自然界的瀑布随地区年内降水状况而不同。既有降水丰沛地区的常年瀑布；也有只在雨季呈现而在少雨或干旱时消失的间歇性瀑布；还有多雨季节气势壮观，随着雨季衰退而泻流有所逊色的节律性变化的瀑布。

瀑布旅游资源有着重要的旅游价值。瀑布是山水结合，别具风格(形、声、动三态)的旅游资源，它常常形成千岩竞秀、万峰争流、飞泻千仞、银花四溅、蔚为壮观的旅游胜地，自古就为无数人所折服。我国幅员辽阔，地质构造复杂，南北各地分布有众多的、举世闻名的、不同类型的瀑布。世界著名的瀑布旅游资源有：位于北美洲尼亚加拉河上的尼亚加拉大瀑布；南美洲的泡卢——阿针苏瀑布、伊瓜苏瀑布和安赫尔瀑布；非洲刚果河上的基桑加尼瀑布和赞比亚河上的莫西瓦托恩贾瀑布(原名维多利亚瀑布)等。

4. 泉水旅游资源

泉水是地下水的天然露头。当潜水面为地面切断时，地下水即可出露于地面，此种渗出的水常称为渗出水，如果渗出的水源源不断地流走，又具有固定的出口，在地质上就叫泉。泉水中具有特种化学成分和气体成分，矿化度在 1 g/L 以上，对人类肌体显示良好生物生理作用的叫矿泉。泉水中水温高于当地年平均气温的泉称温泉。据其水温高低又可分为沸泉、热泉、温泉三种。有的泉水既是矿泉又是温泉，但温泉并非都是矿泉，矿泉也并非全为温泉。

泉既可供旅游者饮用，又作为水源，为河流和湖泊的补给者。矿泉是优良的泉水旅游资源。既是河、湖之源，又可供饮用和戏水、观赏，还具有治病、防病的功效，这在我国已具有悠久的历史和丰富的经验。世界上其他国家如法国、日本，罗马尼亚、保加利亚等国都很重视泉的旅游功能。如果水温在 34℃以上者(即温泉)，除具有一般泉水功能外，还可作为旅游者沐浴、戏水、游泳之用，发挥其疗养保健功效。此外，泉水还与我国传统的茶文化、酒文化有着密不可分的关系。“西湖双绝”的龙井茶、虎跑泉久负盛名，“泉井酒醇”为世人所公认。

我国以泉为主体资源、以泉闻名的旅游地很多，最具代表性的有：“泉城”(山东济南，有名可考的泉水就有 108 处，最著名的为趵突泉、珍珠泉、黑龙泉、玉龙潭四大泉群)，邢台百泉，太原晋祠难老泉，平定娘子关泉，绍兴半月泉，敦煌月牙泉，大理蝴蝶泉，昆明黑龙潭，安宁“天下第一汤”，南京汤山温泉，西安骊山华清池，阿尔山温泉，承德热河泉，青岛崂山矿泉，黑龙江五大连池矿泉等。另外，我国还有一些观赏及科研价值较高的奇泉。如安徽寿县的喊泉，人对泉喊叫，就有泉水涌出，大喊泉水大涌，小喊小涌，不喊不涌。国外著名的泉水旅游资源有：美国的黄石公园，园内广布间歇泉(喷泉和温泉)，最著名的间歇喷泉为“老忠实喷泉”，温泉 1 万多处；瑞士洛迦若温泉，苏黎世喷泉等。

5. 海岸带旅游资源

海岸带是海洋与陆地的接触带，处于水、陆，生物和大气相互作用之中。海岸带旅游指在海岸带以内包括海洋，海滨、海滩等进行观赏、游览、休憩及各种海上娱乐活动。

海岸地带作为旅游资源是从海水浴的普及开始的。18 世纪英国人最早开始海水浴，以后逐渐向欧洲大陆发展，并从海水浴发展到海岸景观欣赏和以海岸为舞台的形形色色的旅游活动，海岸带旅游资源包括浅滩、沙滩、奇岩巨石、断崖绝壁海岸、众多的岛屿、海底景观、海洋生物以及海上观日出、海上观潮等海岸自然风光；又包括作为人文景观的灯塔、渔港、渔村、码头等，以海岸为旅游活动舞台的海水浴、帆船、游艇、舢板、冲浪、滑水、垂钓以及在海滩上拣蛤蜊、贝壳等活动，游人到了海滨会忘却工作中的烦恼、闹市中的喧哗，犹如走进了一个令人赏心悦目的美好天地。海滨气候温暖湿润、夏季凉爽，空气中含有碘、大量的负氧离子，空气清新，可促进人的血液循环，增进身体健康。现在以海滨疗养为中心的休养娱乐活动已风靡世界，海岸带旅游资源也越来越被世人所瞩目。

我国著名的海岸带旅游区有：大连、北戴河、南戴河、青岛、烟台、威海、普陀山、厦门、汕头、海南、台湾基隆等。世界其他国家海岸带旅游资源也极为丰富，较为典型的有：泰国的宋卡，日本的镰仓，比利时的奥斯坦德，法国的尼斯、加莱、布伦，西班牙的巴塞罗那，意大利的斯培西亚和利古里亚海滨，美国的火奴鲁鲁、长岛、新泽西州海滨、尼加拉瓜的科林托海岛等，这些都是当今世界著名的海滨游览地。

(八)天象旅游资源

由千变万化的气象景观、天气现象以及不同地区的气候资源与岩石圈、水圈、生物圈旅游景观相结合，加上人文景观旅游资源的点缀，即构成丰富多彩的天象气候类旅游资源。包括可用来避暑或避寒，并能满足身心需要，使游客心情愉悦、身体健康的宜人气候资源；由大气降水形成的雨景、雾景、冰雪等大气降水景观；具有偶然性、神秘性、独特性等特征的极光、佛光、海市蜃楼、奇特日月景观等天象奇观资源。这些奇特的风、云、雨、雪、霜、雾、霞、光等天象景观，常是生态旅游地的特有美景，使生态旅游者获得无限的遐想和震撼的体验。

(九)生物旅游资源

生物景观资源是指以生物群体构成的总体景观和个别的具有珍稀品种和奇异形态的个体。生态旅游资源因为生态条件较为优越，动植物资源十分丰富，独具观赏动植物景观无比优越的条件。动植物是构成生态旅游景观独特佳景中最具特色的资源。生物旅游景观具体可以分为植物旅游资源和动物旅游资源两大类。

1. 植物旅游资源

珍稀植物指以单体存在的珍贵而稀少的植物，例如，中国四大长寿观赏植物：松、柏、槐、银杏就是极为珍贵的植物；观赏植物主要可分为观花植物、观果植物、观叶植物、观形植物。主要观花植物有许多，例如，福建漳州水仙、苏州吴县赏梅、洛阳牡丹、杭州玉帛玉兰林、云南奇花异卉、贵州“百里杜鹃”林、日本樱花、荷兰郁金香等。奇特植物不止具有奇异的形态，而且具有奇特的寓意，如岁寒三友——松、竹、梅等；风韵植物，如中国十大名花：“花王”牡丹、“花相”芍药、“花后”月季、“空谷佳人”兰花、“花中君子”荷花、“花中隐士”菊花、“空中高士”梅花、“花中仙女”海棠花、“花中妃子”山茶花、“凌波仙子”水仙花。这些植物旅游资源具有极高的观赏与科学研究价值。婀娜多姿的森林植物，五彩斑斓、争奇斗艳的花卉等，构成了植物旅游资源美妙而富于变化的天然旅游吸引力，为生态旅游者所喜爱。

2. 动物旅游资源

动物地理学把全球陆地划分为六个动物区系(界)，即古北界、新北界、旧热带界、新热带界、东洋界和澳大利亚界。我国东南部属东洋界，其他地区属古北界。由于地跨两大区系，因此，动物种类繁多。我国土地面积仅占全球陆地总面积的6.5%，但兽类种类有420种，约占全世界总数的11.2%；鸟类1166种，约占15.3%；两栖、爬行类有510种，约占8%，野生动物资源十分丰富。东北地区森林茂密，生长多种耐寒的动物，如珍贵的毛皮兽紫貂、黄鼬、白鼬，冬眠兽类黑熊、棕熊；在小兴安岭和长白山区，产有我国一级保护动物——东北虎；嫩江中下游沼泽地带栖息着珍禽——丹顶鹤；长白山区溪流草丛中，生长着药用蛙类动物——哈士蟆。此外，东北林海中还生长着羽毛随季节更换的柳雷鸟和各种鹿类动物。西北和青藏高原的广大草原和沙漠地带，动物以耐寒耐旱为特色，如内蒙古草原的黄羊，新疆戈壁的鹅喉羚羊，和西藏高原上的藏原羚，三者形态类似，但分布却各居一地。在动物地理学上称为系统替代现象。半沙漠地带的野马、野骆驼等大型动物(全球仅见于我国的新疆和内蒙古)，西藏的牦牛等，成为高原风光的一大特色。西藏高原东沿的横断山区，地形起伏大，气候和植被的垂直分布十分明显。这里是世界著名的珍贵动物大熊猫、金丝猴，白唇鹿、扭角羚等的原产地。为保护这些珍贵动物，已在四川等省建立了一系列的自然保护区，其中以汶川县的卧龙保护区面积最大。南方热带、亚热带地区动物种类多而个体数少。最珍贵的热带典型动物是仅存在于云南西双版纳地区的长臂猿和亚洲象，热带森林中居有众多的猴子。热带鸟类大都有美丽浓艳的羽毛，如绿孔雀，雄鸟尾屏径长达 1m，开屏时色彩缤纷。原鸡分布在西双版纳和海南岛，是家鸡的祖先。这里还产有巨嘴的犀鸟，是珍贵的热带鸟类。我国所产 4 种犀鸟，有 3 种仅见于西双版纳。热带森林中还有大量的美丽鹦鹉和画眉，是百花齐放、百鸟争鸣的地方。热带两栖动物和爬行动物种类繁多，如双带鱼螈、飞蛙、巨蜥、巨蟒、眼镜蛇和鹰嘴龟等。长江中下游地带。气候温和，雨量充沛，河湖密布，水域面积广大，产有我国特有的珍贵动物白鳍豚、扬子鳄。扬子鳄分布范围仅限于长江中下游诸省少数地区，特别是安徽青弋江沿岸及太湖流域，是一种古老的爬行动物。白鳍豚产于洞庭湖和长江中下游至钱塘江一带，是稀有的小型淡水鲸类，属哺乳动物，这两种动物都属国家一级保护动物。动物旅游资源是生态旅游资源中动态构景的重要要素之一，它们使森林游憩活动更为情趣盎然、倍添风采。

二、人文生态旅游资源

在生态旅游资源中，蕴藏着丰富的人文景观资源。归纳起来，主要有以下几类。

(一) 观光农业

观光农业是指以农业生产为基础开展的现代旅游活动。1865 年，意大利“农业旅游全国协会”开始组织城市居民开展观光农业。目前德国、奥地利、英国、法国、西班牙、日本和我国台湾发展较为成熟。而日本是亚洲最早开展观光农业的国家，主要开展综合性观光农场、观光农园、教育农园、民俗农庄、农业公园等活动。法国农场开展观光农业主要有三大类型：美食品尝、休闲、住宿。分别包括了农场客栈、点心农场、农产品农场、骑马农场、教学农场、探索农场、狩猎农场、暂住农场、露营农场等活动。如法国葡萄园每年秋天获得丰收时，葡萄园主们望着一串串沉甸甸的葡萄都直发愁，采摘葡萄是一件苦活，工人们都被更轻松，更赚钱的工作吸引走了。现在，法国的葡萄园来了一群干活热情高昂，宁愿掏钱也要采摘葡萄的“英国工人”。他们已经不满足于走马观花式的参观，品尝几口葡萄酒，他们更愿参与到酿酒的过程中。这些渡过英吉利海峡远道而来的旅游者如此乐此不疲，就为了带回一瓶自己参与酿造的法国葡萄酒。美国的观光休闲农场则集观光旅游和推广科普知识，常规与特色结合，如绿色食品展、榨果菜汁、乡村音乐会、钓鱼比赛等，饲养小动物放养到果园里，欢迎小朋友去亲近、喂食。政府进行大力支持的同时也制定了严格的管理法规，如要求农场必须设置流动厕所和饮用水源，露天厕所则需提供消毒水等。马来西亚在 1985 年就建立了农林旅游区，科技示范和生态保护样板，区内设有鱼池、果园、菇房、稻田、花园、植物园、禽场、畜场、野餐区、四季馆、灌木林区和雨林区等，突出自然属性。

在我国，观光农业是伴随着农业旅游的发展而逐渐兴起，20 世纪 80 年代农业与旅游相结合产生的新业态，首先由深圳荔枝采摘园开始在城市周边兴起，带动了观光农园的旅游休闲模式，随后发展成为旅游者观光、休闲、度假的主要旅游形式之一。目前，北京、上海和广州等大城市的近郊，珠江三角洲地区的观光农庄最为发达。观光农业的特征主要表现在：

1. 综合性

农业观光园的综合性主要体现在其功能的复合性，随着生态观光园发展的不断完善，其不仅仅局限于采摘等农家乐，也不只是科技农业的展示，而是集多种功能于一体的综合型园区，具体表现在以下三个方面：①生产与服务的复合性。观光农业源于第一产业的农业，以第三产业服务业中的旅游业形式展现出来，因此具有复合结构的产业属性。②游赏和体验的结合性。农业观光园不仅具有供游客观赏、游玩的功能，还通过乡村休闲度假以及农事活动让游客真正参与其中，感受田园乐趣，体验农家生活。③娱乐性和教育性的综合体现。游客在体验观光农业园时，不仅可以从中获得乐趣，学习先进科技农业的栽培方式，了解农产品的加工过程，并熟悉我国农业文化底蕴，是寓教于乐的典型体现。

2. 景观多样性

景观多样性主要源于以下几个方面：首先，得益于观光农业内容的丰富性，可以是蔬菜、鲜花等农作物种植的多样性展示，也可以是牛、羊、闸蟹等动物养殖的展示，还可以是农家野菜等特色风味的呈现；其次，得益于地域差异性，不同区域条件形成了多元化的生产方式和传统习俗，从而造就了丰富多彩的观光农业内容。

3. 收益多元性以及可持续发展性

观光农业的综合性决定了其获取收益途径的多元性，可以从其所依托的农业种植、养殖产品本身，生产过程展示、科技会展以及旅游服务等多个环节获得利益。并且观光农业园区在获取收益的同时，也是依托高新科学技术建设和发展农业等产业，在经济、生态、生产、社会文化等多方面形成可持续发展模式，符合现阶段新农村、新农业发展建设的要求。

观光农业按功能分类：可分为观赏型（蔬菜观赏园、瓜果观赏园、花卉观赏园、观赏林区、珍稀水产观赏馆、编造工艺观赏中心、生态农业观赏园等）；品尝型（野菜品尝中心、瓜果品尝园、山珍品尝中心、奶制品品尝中心、水产品品尝中心等）；购物型（新鲜农产品购物中心、山珍野果购物中心、牧产品销售中心、水产品购物站、工艺品购物中心等）；务农型（自摘瓜果园、挤奶场、垂钓场、捕捞场、渔船驾驶中心、自编自赏中心、生态农业研究场等）；娱乐型（森林野营地、跑马场、斗马场、斗牛场、斗鸡场、狩猎场等）；疗养型（森林浴疗场、海滨浴疗场等）；度假型（森林避暑营地、生态农业休养地等）；综合型（观光＋度假、度假＋娱乐等）等农业观光园。

（二）园林旅游资源

园林，指特定培养的自然环境和游憩境域。在一定的地域运用工程技术和艺术手段，通过改造地形（或进一步筑山、叠石、理水）、种植树木花草、营造建筑和布置园路等途径创作而成的美的自然环境和游憩境域，就称为园林。在中国传统建筑中独树一帜，有重大成就的是古典园林建筑。传统中国文化中的一种艺术形式，受到传统"礼乐"文化影响很深。通过地形、山水、建筑群、花木等作为载体衬托出人类主体的精神文化。园林包括庭园、宅园、小游园、花园、公园、植物园、动物园等，园林建设与人们的审美观念、社会的科学技术水平相适应，它更多地凝聚了当时当地人们对当时或将来生存空间的一种向往。在当代，园林选址已不拘泥于名山大川、深宅大院，而广泛建置于街头、交通枢纽、住宅区、工业区以及大型建筑的屋顶，使用的材料也从传统的建筑用材与植物扩展到了水体、灯光、音响等综合性的技术手段。

园林旅游资源大体可分为两种类型：一是中式园林，另一种是欧洲园林。

中式园林的特点有：①取材于自然，高于自然，园林以自然的山、水、地貌为基础，但不是简单地利用，而是有意识、有目的地加以改造加工，再现一个高度概括、提炼、典型化的自然；追求与自然的完美结合，力求达到人与自然的高度和谐，即“天人合一”的理想境界。②高雅的文化意境。中式造园除了凭借山水、花草、建筑所构成的景致传达意境的信息外，还将中国特有的书法艺术形式，如匾额、楹联、碑刻艺术等融入造园之中，深化园林的意境。中式园林中按照所属的地理位置与风格，通常分为北方园林、江南园林和岭南园林。其中北方园林因地域宽广，所以范围较大；又因大多为白郡所在，所以建筑富丽堂皇。因自然气象条件所局限，河川湖泊、园石和常绿树木都较少。因而风格粗犷，秀丽媚美则显得不足。北方园林代表大多集中于北京、洛阳、西安、开封，其中以北京为代表。江南园林因南方人口较密集，所以园林地域范围小，又因河湖、园石、常绿树较多，所以园林景致较细腻精美。因上述条件，其特点明媚秀丽、淡雅朴素、曲折幽深，但究竟面积小，略感局促。南方园林代表大多集中于南京、上海、无锡、苏州、杭州、绍兴等地，其中尤以苏州为代表。岭南园林因岭南地处亚热带，终年常绿，又多河川，所以造园条件比北方、南方都好。其明显的特点是具有热带风光，建筑物都较高而宽敞。现存岭南类型园林著名的有广东顺德的清晖园、东莞的可园、番禺的余荫山房等。

欧洲园林的特点是：①建筑统帅园林。在欧洲古典园林中，在园林中轴线位置总会矗立一座庞大的建筑物(城堡、宫殿)，园林的整体布局必须服从建筑的构图原则，并以此建筑物为基准，确立园林的主轴线。经主轴再划分出相对应的副轴线，置以宽阔的林荫道、花坛、水池、喷泉、雕塑等。②园林整体布局呈现严格的几何图形。园路处理成笔直的通道，在道路交叉处处理成小广场形式，点状分布具有几何造型的水池、喷泉等；园林树木则精心修剪成锥形、球形、圆柱形等，草坪、花圃必须以严格的几何图案栽植、修剪。③大面积草坪处理。园林中种植大面积草坪具有室外地毯的美誉。④追求整体布局的对称性。建筑、水池、草坪、花坛等的布局无一不讲究整体性，并以几何的比例关系组合达到数的和谐。⑤追求形式与写实。欧洲人的审美意识与中国人的审美意识截然不同，他们认为艺术的真谛和价值在于将自然真实地表现出来，事物的美“完全建立在各部分之间神圣的比例关系上”。

(三)宗教旅游资源

宗教旅游资源是一种以宗教朝觐为主要吸引力的旅游资源。自古以来世界上三大宗教(佛教、基督教和伊斯兰教)的信徒都有朝圣的历史传统。凡宗教创始者的诞生地、墓葬地及其遗迹，都可成为教徒们的朝拜圣地。如耶路撒冷，由于基督徒认为是救世主耶稣的圣殿，犹太人认为是大卫王的故乡、第一座犹太教圣殿所在地，穆斯林认为“安拉的使者”穆罕默德曾在此“登霄”升天，故成为基督教、犹太教和伊斯兰教的共同圣地，吸引了大批的海外朝圣者。现代比较著名的基督教圣地有罗马教廷梵蒂冈、德国的奥柏拉格尔高和法国的卢尔德、佛教圣地集中在东南亚和中国，如斯里兰卡的佛牙寺和克拉尼亚大佛寺，中国的佛教四大名山(峨眉山、九华山、五台山和普陀山)。伊斯兰教有四大圣地：麦加、麦地那、耶路撒冷和凯鲁万。其中麦加是所有宗教旅游中规模最大、朝觐人数最多的圣地。

（四）民俗旅游资源

民俗文化作为一个地区、一个民族悠久历史文化发展的结晶，蕴含着极其丰富的社会内容，具有独特性与不可替代性。旅游者通过开展民俗旅游活动，亲身体验当地民众生活事项，实现参与、了解的旅游目的。目前民俗旅游的内容主要包括生活文化、婚姻家庭和人生礼仪文化、口头传承文化、民间歌舞娱乐文化、节日文化、信仰文化等，它满足了游客“求新、求异、求乐、求知”的心理需求，已经成为旅游行为和旅游开发的重要内容之一。抽样调查表明，来华的美国游客中主要目标是欣赏名胜古迹的占26%，而对中国人的生活方式、风土人情最感兴趣的却高达56.7%。

（五）科普旅游资源

旨在科学研究、科普教育及休闲旅游的植物园、动物园、世界园艺博览园及自然博物馆，既是提高游客自然科学知识、增长环境意识的课堂，也是人们获得高层次愉悦的场所，是开展生态旅游活动的优良场所。

1. 植物园

植物园种植的植物主要为研究和普及植物科学知识。植物园的科研及科普双重功能决定了其在科普活动中的重要价值。英国1759年建立的英国皇家植物园、美国的阿诺德树木园、加拿大的蒙特利尔植物园都是世界闻名的植物园。我国的中山植物园、庐山植物园、北京植物园、华南植物园、西双版纳热带植物园等，均是对游客有强烈吸引力的科普旅游园地。

2. 野生动物园

野生动物园将几十种乃至上百种的野生动物集养于动物园，根据野生动物活动受限的差异又可分为两类：第一类是动物活动空间受限的“动物园”，如北京动物园；第二类是动物散居于园中的“天然野生动物园”，如肯尼亚的马赛马拉国家保护区。后者对生态旅游者有巨大的吸引力。

3. 世界园艺博览会

世界园艺博览会是最高级别的专业性国际博览会，也叫世界园艺节。它是世界各国园林园艺精品、奇花异草的大联展，是以增进各国的相互交流，集文化成就与科技成果于一体的规模最大的A1级世界园艺博览会。世界园艺博览园是举办汇集各国园林精品、奇花异草大联展后留下的永久性园地。目前世界上共举办过30余次世界园艺博览会，基本在欧美、日本等经济发达国家举办。中国于1993年申请加入国际园艺生产者协会，并在昆明、西安、沈阳、青岛、唐山等多个城市举办过世界园艺博览会。最新一期世界园艺博览会于2019年4~10月在北京举行，主题为：绿色生活，美丽家园。传导了以园艺为媒介，提升人们尊重自然、融入自然，牢固树立绿色、低碳、环保的生产、生活理念，共同建设多姿多彩的美好家园。

4. 自然博物馆

自然博物馆是浓缩的大自然百科全书，主要展览自然界和人类认识自然、利用自然和保护自然的知识，按其展览内容性质区分为一般性自然博物馆和专业性自然博物馆。例如，美国自然历史博物馆、中国北京自然博物馆是一般性的自然博物馆，而英国格林威治博物馆、北京地质博物馆、四川自贡恐龙博物馆是专门性的自然博物馆。

5. 古迹旅游资源

生态旅游资源中的古迹与建筑类景观，主要有历史遗存，如古陵寝陵园、宗教的寺院建筑、石窟、佛塔及亭台楼阁等；以林木为主的现代景观建筑和园林；生态旅游区域里的碑碣、牌坊、摩崖石刻、字画等。这些是先人智慧的留存，是民族文化的积淀和传承。中国五千年的文明史和灿烂的古代文化是独一无二的旅游资源，历史古迹遍布中华大地，如北京周口店遗迹、秦陵兵马俑和半坡遗址等。随着考古事业的发展，这类古迹旅游资源数量还在不断增加。

第三节　生态旅游审美

一、生态旅游审美概念

生态旅游审美是指生态旅游主体在生态旅游活动中在精神上追求享受的需求。生态旅游审美文化包括自然审美文化、社会审美文化和艺术审美文化三种类型。中西传统文化的差异决定了中西生态旅游审美文化的差异，生态旅游审美主体的差异决定了生态旅游审美实质和生态旅游审美价值的差异。生态旅游审美具有以下几个特点：①生态旅游审美主题与审美观的差异；②生态旅游审美客体的复杂性；③生态旅游审美过程的直接性和短暂性。

二、生态旅游与审美的关系

(1)愉悦感相似

生态旅游是一种高境界的旅游，具有丰富的文化内涵。生态旅游活动的最终目的是获得愉悦感，即从悦耳悦目上升到悦志悦神。生态旅游的愉悦感与美学上所谓的审美感是大致相同的。

(2)皆具文化底蕴

生态旅游是一种特殊的旅游形式，除具有一般旅游活动的特征外，还有自己独特的风格。生态旅游活动与审美有更紧密的联系，无论是从审美的主体生态旅游者，还是从审美的客体生态旅游资源，都具有丰富的文化底蕴。

(3)主观与客观和谐统一

在生态旅游活动中，生态旅游者作为审美主体，是主观进行者，生态旅游资源作为审美对象，是客观受赏因子。生态旅游者在对生态旅游资源进行欣赏的过程，也就是主观对客观进行审美的过程。在这个审美过程中，主观与客观如果产生了和谐，生态旅游的消费需求就得到满足，旅游者会感到旅游支出物有所值。因此，开发生态旅游市场，改善旅游经营，离不开对旅游与审美关系的研究。在审美对象与审美主体这对相互对立统一的矛盾中，审美对象起着决定作用，因为审美对象本身体现着人类文化审美观的积淀，审美主体反作用于审美对象，因为人的认识是不断发展的，人们的审美倾向也是在变化着的，这种变化着的审美倾向最终影响审美对象加以适应。因此，二者的关系决定了旅游资源必须是能够使人产生美感的存在形态。对于旅游经营者来说，旅游资源就是经济资源。在旅游经营者的经营活动中，旅游经营者除了采用各种经济手段如投资、管理等来实现自己的经营目标外，还需要具有一定的美学素养，正确认清旅游活动中审美主体与审美对象的辩证关系，运用美学原理，付诸实践、合理地开发和利用旅游资源，这样才有可能使旅游业立于不败之地。

三、生态旅游资源美感形态

(1) 自然美

自然美即自然事物、自然界的美。如波光粼粼的湖面、清澈的河水、苍劲的大山等。自然美常分为两大类：天然形态的美和“人化自然”的美。自然美通常具备以下三个特点：①自然美贵在自然；②自然美贵在多姿多彩；③自然美还贵在有启发性、寓意性。

(2) 社会美

社会美是人类在长期的生产与生活发展过程中，创造出来的反映人类社会文化和智慧的精华所在。社会美的审美价值体现在：①可以净化生态旅游地的社会风气，它能以美克丑、以正压邪，从而使生态旅游地的社会风气健康、积极向上；②可以净化人的灵魂，提升人的品格和情操，尤其是人的精神，伴随着社会美的熏陶，使得旅游活动中人与人之间时时充满和谐、高尚的人情味；③可以美化旅游环境空间。

(3) 艺术美

艺术美是历代劳动人民和艺术家在生活基础上，经过提炼、构思和加工而创造出来的理想化的精品。艺术美具有鲜明的主体性特点，形象性是艺术美的另一特点。

四、生态旅游审美需求

生态旅游审美需求是指促使旅游者从事生态旅游审美活动的内驱力。审美需求是人的精神性需求。社会心理学家托马斯·马斯洛在“需求层次理论”中，把审美需求看作人类较高层次的、超越性的需求。生态旅游活动的载体是生态旅游资源，它与一般资源最根本的区别，就在于它具有审美的特质，具有观赏性等旅游价值。产生生态旅游审美需求大致有四个方面的原因。

(1) 生态旅游是一项综合性的审美活动

生态旅游集自然美、艺术美、社会美和生活美为一体，除了能最大限度地满足人们的审美需求之外，还能满足人们的其他各种需求，如生理保健、心理调适、性情陶冶等需求。

(2) 社会闲暇时间的增多

随着科学技术的发展，人们的生活水平得到提高，闲暇时间和可支配收入的增多，生态旅游这种具有精神和物质双重性质的高级消费形式，不断深入人心，日益泛化为人们生活方式的一个重要组成部分，从而大大刺激了人们的生态旅游审美需求。

(3) 社会环境和自然环境的不良影响

科学技术发展给人类带来的负效应，如生活节奏加快使人身心疲惫，物质财富增多反感到精神世界的贫乏，都市经济的繁荣亦使环境不断恶化，这一切必然使人们增加崇尚自然、渴望更换生活环境的心理需求。人们一旦回到自然中去，自然就可以发挥其医疗的妙用，恢复身心的本来真知。这是生态旅游审美需求动机产生的重要刺激因素。

(4)未来的世界是审美的世界

人本身要审美化，客观事物要审美化，劳动生活要审美化。一切都以美的名义，一切都应合乎美的标准。审美化已成为未来世界发展的根本趋势，而旅游作为全社会审美化运动的特定产物和有力手段，必将更大程度地激发人们的审美热情。

五、审美动机

审美动机泛指决定审美行为的心理趋向。或者说是旅游审美需求过渡到旅游审美行为的心理中介。对前者来说，审美动机是其在外界因素(信息流程、社会环境、文化氛围等)和内在情态(情趣、判断、心态等)的交替作用下而产生的，它具有一定的指向性，对旅游目的地有着明确的偏爱与选择。但对后者而言，审美动机还只是一种心理刺激，因为，行为的实现与否，通常涉及主客观条件等多种变量。例如，主观的身体条件，经济上的个人可支配收入水平以及闲暇时间的长短和集中程度等；客观条件方面的交通运输、膳食住宿和接待等都会或多或少、或大或小地影响着审美动机的形成。

旅游动机多种多样，生态旅游动机也不例外，到林区的旅游者有的是为游览观光，有的是为休闲享受，有的是为疗养保健等，不一而足。审美动机是诸多旅游动机中的优势动机，审美型的旅游者是旅游队伍的主力军。旅游审美动机具有多重特征，主要包括以寻访景观名胜为导向的景观审美型、以赏析各类艺术表现形式为导向的艺术审美型、以审视社会劳动创造和风情民俗为导向的社会审美型和以品尝欣赏佳肴美食为导向的饮食审美型等。其实，在旅游者的旅游活动中，并不单单只有某一种审美类型，而往往是在以某种审美动机为主导的同时，也兼容并包地产生其他类型的审美动机。因此，不同的审美动机各有侧重，但对同一个旅游者而言，各种审美动机集于一身，并不相互排斥，也就是说，一个旅游者的旅游审美动机常常是多重的。这也正是旅游者获得复合的审美感受，得到综合审美情趣感染和陶冶的一个重要原因。

六、审美个性

客观存在着的人与人之间的个体差异，有多种表现形态，如爱好差异，能力差异，气质差异等，各种差异的集合便构成个性差异。个性差异的形成是因每个人的生理素质、气质禀性、成长背景、生活阅历、心理特征、价值观念等先天和后天要素的相同及相异所至。然而，任何审美个性，总是以某种方式体现和受制于客观的社会审美意识。在现实审美实践活动中，它往往表现为一定时代、一定民族与一定阶级的共同审美标准。这充分体现了人类社会中人们的审美个性衍生为社会的审美共性，且审美共性寓于审美个性之中。

从变异性角度看，审美个性似乎是一个开放的、动态的结构，易受偶然因素的影响，会由于一时的情趣、心境、意愿、景况而发生变异。就人的审美个性而论，其形成与发展是一个极为复杂的动态过程，不仅涉及先天因素，而且涉及后天训练。其中，先天因素是审美个性形成的自然条件，后天训练对审美个性的形成具有决定性的意义。尤其是社会实践所牵引的内在自然的人化，以及情感的社会化与理性化，会逐步形成群体性的审美心理结构，通过教育等形式内化到个体的身上，便会构筑起个体的审美心理结构。这种结构一旦在个人的各种社会活动中与其审美意识耦合，就形成审美个性。可见，审美个性在很大程度上是个体社会实践，特别是审美实践活动与先天条件的耦合物。

审美个性的意义从审美意识发展的角度看，审美个性的特殊价值在于体现和融合着审美共性，使积极而又健康的审美传统得以代代相继流传，不断弘扬光大。从现代的审美角度看，审美个性的意义在于以其丰富多样性创造着多样化的美的生活、美的环境、美的产品、美的人格。从旅游审美活动的规律看，审美个性意味着旅游主体在审美情趣上的主观偏爱倾向。

七、生态旅游观赏方法

旅游者个人的特征(年龄、性情、爱好等)、成长阅历、学识水平、文化道德素养、生活工作境遇等都会左右其对生态旅游景致的赏析及审美满足的层次和程度。生态旅游观赏与一般旅游观赏一样，也是有规律可循、有方法可依。

1. 进入观赏状态

无论什么样的旅游者，无论面对怎样的美景佳遇，若想获得理想的审美效果，都需要审美主体建立良好的审美心境，进入与审美对象交流融合观赏状态，以达物神同游、物我同一的精神境界。只有当审美主体创造了一个渐入佳境的审美场，进入非功利的审美状态，才能获得充分的审美享受。

2. 调节观赏节奏

生理节奏正常，人体的内部机能才会处于稳态；心理节奏适度，人的内心活动才会趋于平和；观赏节奏恰当，人的审美需求才会得到满足。旅游活动，特别是生态旅游活动需要一定的身体和心理条件作支撑。因而，游人在旅游活动中要注重节奏的调节，做到张弛并济，快慢相宜，缓急有度，动静结合。过分的快节奏，容易导致体力透支，观赏不细不深，走马观花，审美体验肤浅。

3. 调整观赏距离

旅游活动中，审美主体与审美对象应保持适当的距离，距离不当，难见其美。赏局部美景须近观细品；赏全景、远景须远视玩味。旅游审美活动中观赏距离的调节，有四个方面的内容。

(1)旅游者与观赏物间的实体距离，即审美主体与对象之间的空间距离

观赏者与对象之间，需要一定的空间上的间隔。空间距离与审美效果直接相关，距离不适当往往看不到美。观远景，宜选择适当远一些的距离。远景、全景的观览，没有恰当的实体之间的距离，审美主体是无法领略其全貌或整体的美，也就“不识庐山真面目”。北京的西山红叶“漫山红遍，层林尽染”之感是观其全景所获得的审美享受。但如近看一树一叶，就不一定有美妙绝伦的感受了。观牡丹，若不一枝一叶一花地近审，则难以体味到其美之所在。

(2)审美主体与客体之间的时间距离

自然景观或人文景观，都有其形成的年代，一般形成时间愈是久远，其吸引力愈强。这就使其与观赏者之间形成了一定的时间上的距离。时间的距离，由对象本身决定，这是观赏者无法进行选择的，但却在旅游者的审美活动中起着不可忽视的作用。当旅游者走进神农架的原始森林，或在武夷山中遥望悬崖上先民们留下的悬棺时，思古之幽情油然而生。这种时间的距离会产生一种独特的审美感受，能引起人们无限的遐想。

(3)旅游者的习惯性心理距离

旅游者的心理习惯所造成的"心理距离"，这种心理距离体现为两种情况。第一种情况表现为视觉距离，指的是审美主体与审美对象相隔太远，因完全看不见，美就难以产生。只有在审美主体与观赏物之间存在适度的距离时，美感才会增强。"雾里看花"是因为一定的距离(不是远得完全看不见)使审美主体产生了朦胧美，"马上看壮士""月下看美人"，延长了视觉距离，对象之美变得更为含蓄，意境更为深远，也更耐人寻味。也是因为有了一定的距离，而使审美主体在赏析审美对象时，因为心理的审美创造所产生的种种意象，而获得更为深刻的审美体验和更为充分的审美享受。第二种情况是审美主体长期与审美对象相处，习以为常，"如入芝兰之室，久而不闻其香"即是如此。

(4)主体的心理距离

"心理距离"是指把审美对象与观赏者的某些实践的目的和需要分离开来，使对象与主体之间在心理上产生某种距离，也就是只把对象物作为一种纯粹的审美对象来加以审视。审美需要这种"心理距离"的插入。一个地质学家进入山中，若带着地质考察目的而去，他当然不可能作为审美主体去看待山之美景。只有当他撇开这类目的，以一个纯粹的美的欣赏者才能感受山之美韵时，生态旅游者才与审美对象构成审美关系，也才能进入审美状态，得到美的享受。

4. 把握观赏时机

天地万物充盈着各种美的信息，然而这些美的信息并不是每时每刻地等待着人们去撷取，它们或受季节的影响，或受时间的制约，只有在一定的时间里出现，只有在一定的观赏时机里才能为旅游者所领略。清代画家恽南田将山之四季描述为："春山如笑，夏山如怒，秋山如妆，冬山如睡"，恰如其分地点出了自然风景四季变幻的特点。如果赏景、观物的时间选择不当，就会影响审美效果，甚至无法观赏到想看的美景。

5. 选择观赏角度

观赏角度指的是旅游者在观赏自然景观时，常常需要选择特定的角度，使观赏者与景物之间构成特定的视角与方位，才能真正欣赏到景物特有的形态美，进而通过想象等审美心理活动，获得良好的审美效果。观赏美景的角度不同会产生不同的审美效果，角度不对，有可能看不到美。正如苏轼诗曰："横看成岭侧成峰，远近高低各不同。"近视、远眺、平视、仰望、俯瞰、正面看、侧面看，景色千变万化，所获美感也千差万别。所以观赏美，既要选择最佳角度，还须不断变换视角。后者既可以采取静观的方法，也可以采取在动态中观赏的方法。

6. 动态观赏与静态观赏

动态观赏与静态观赏是旅游活动中最常见的基本方法之一。动态观赏指旅游过程中，旅游者以或步行，或乘车船的方式观览景致。如游览"江作青罗带，山如碧玉篸"的桂林山水时，乘游船从桂林到阳朔的 80 km 水程，游人可以欣赏两岸变幻无穷，奇异优美的自然景色。雨天，云雾缭绕，烟雨迷蒙，群山若隐若现，像是披上一层薄纱，现出一种朦胧的美，好像置身于一幅幅绝妙的水墨山水画中。若逢阵雨放晴，彩虹映照，云雾拂面而过，则似置身于神山仙境之中。

静态观赏是指旅游者面对景物时，或停留在一定的位置上，或缓慢移动视线的一种观景方法，在静思默想中仔细玩味其中的奥妙。自然界的许多景物，要想观其美，必须选择适当的位置，静静地仔细欣赏。黄山有许多奇石使游人游兴颇浓。这些山石也必须在一定的位置上仔细审视、体味才能得其妙处。走马观花将无法获得深刻的审美体验。

旅游过程是一个综合运用各种观赏方法技巧的实践活动过程，美景的观赏方法也并非千人同一，而是因人而异。也不是每一个到过美景佳地的人都能充分领略其美韵所在。审美体验的差别，同游客的年龄、文化、鉴赏力等各种因素有关，也与掌握和运用观赏方法的技巧不无关系。可以说，一个真正懂得如何选择最佳时间、距离、角度的旅游者，才是能够最充分享受到自然美的人。

第四节 我国生态旅游资源条件

一、我国的地理区位

我国位于亚洲大陆的东南部，东临太平洋，西北深入亚洲大陆，是一个海陆兼备的国家。我国陆地面积约 960×10^4 km²，是亚洲面积最大的国家，世界排名第三。我国领土北起漠河以北的黑龙江江心（北纬 53°30′），南到南沙群岛南端的曾母暗沙（北纬 4°），跨纬度 49°多，南北相距约 5500 km；东起黑龙江与乌苏里江汇合处（东经 135°05′），西到帕米尔高原（东经 73°40′），跨经度 60°多，东西相距约 5000 km。

中国陆地边界长约 2.28×10^4 km，东邻朝鲜，北邻蒙古，东北邻俄罗斯，西北邻哈萨克斯坦、吉尔吉斯斯坦、塔吉克斯坦，西和西南与阿富汗、巴基斯坦、印度、尼泊尔、不丹等国家接壤，南与缅甸、老挝、越南相连。东部和东南部同韩国、日本、菲律宾、文莱、马来西亚、印度尼西亚隔海相望。

中国大陆海岸线，北起辽宁鸭绿江口，南达广西的北仑河口，长约 1.8×10^4 km。海岸地势平坦，多优良港湾，且大部分为终年不冻港。中国近海有渤海、黄海、东海、南海和台湾以东太平洋海区五大海区。其中，渤海是中国内海。台湾以东太平洋海区的位置，北起日本琉球群岛西南部的先岛群岛，南至巴士海峡。

中国的海域总面积超过 38×10^4 km²。在中国海域上，共有 5000 多个岛屿，总面积约 8×10^4 km²，岛屿海岸线约 1.4×10^4 km。

二、我国的地形地貌

我国是个多山的国家，包括山地、丘陵和高原。全国各类地形中，山地约 33%，高原约 26%，盆地约 19%，平原约 12%，丘陵约 10%。中国著名的大山脉有：喜马拉雅山、昆仑山、天山、唐古拉山、秦岭、大兴安岭、太行山、祁连山、横断山等。此外，还有黄山、泰山、华山、嵩山、衡山、恒山、峨眉山、庐山、武当山、雁荡山等名山。我国地形总的来说复杂多样，山区面积广大，山区面积占全国总面积的 2/3，平原面积仅占 10% 多一点。除此以外，还有广阔的高原、盆地等，地形种类齐全，地质构造复杂。地势西高东低，分三级阶梯状分布：第一级阶梯是我国西南部的青藏高原，平均海拔 4000 m 以上，号称“世界屋脊”；第二级阶梯是青藏高原向东、向北到大兴安岭、太行山、巫山、雪峰山一线，主要由盆地、高原组成，海拔在 1000~2000 m；第三级阶梯，位于我国东部，主要由平原和丘陵组成，大部分地区海拔在 500 m 以上。第三级阶梯向东，是我国大陆向海洋自然延伸的部分，是属于我国的近海大陆架。我国地势西高东低向海洋倾斜，对我国自然地理环境和经济有重大影响，这种地势有利于海洋湿润水汽深入大陆内地，形成降水；另一方面使我国许多大河滚滚东流，沟通了东西交通，方便了沿海与内地的联系。

中国境内河流众多，流域面积在 1000 km^2 以上者多达 1500 余条。河流分为外流河与内流河。注入海洋的外流河，流域面积约占中国陆地总面积的 64%。长江、黄河、黑龙江、珠江、辽河、海河、淮河等向东流入太平洋；西藏的雅鲁藏布江向东流出国境再向南注入印度洋，河流流经长 504.6 km、深 6009 m 的世界第一大峡谷——雅鲁藏布江大峡谷；新疆的额尔齐斯河则向北流出国境注入北冰洋。流入内陆湖或消失于沙漠、盐滩之中的内流河，流域面积约占中国陆地总面积的 36%。我国水力资源十分丰富，是世界上水能蕴藏量最丰富的国家。

三、我国的气候条件

由于所处地理位置的关系，我国具有典型的季风性气候。冬季盛行西北大陆性冷气团，寒冷而干燥，夏季盛行东南和西南海洋性热气团，炎热而多雨。东南季风不但影响东南沿海，而且可深入内陆。西南季风受青藏高原的阻碍，对内陆的影响大减，但也可延伸到长江中下游一带。降水量的分布：南部沿海地带约 1500~2000 mm，长江流域为 1000 mm，秦岭—淮河线大约在 750 mm，黄河上游，陕甘南部、华北平原约为 500~900 mm，西北内陆在 250 mm 以下。山地降水多于平原、迎风坡面多于背风坡面。

根据全年积温情况，又可以将我国划分为多个热量带，如寒温带、中温带、暖温带、北亚热带、中亚热带、南亚热带、热带等。又按其干燥度的差异分为区，如东南沿海湿润区；从伏牛山、太行山、燕山至大兴安岭线两侧的半湿润区；青海、甘肃、宁夏、内蒙古的半干旱区，以及半干旱区西北部的干旱区。

因此，我国是一个地形、地貌、气候带均多样化的国家，具有极其丰富的各类型的生态旅游资源，具备开展生态旅游得天独厚的资源优势和基础条件。

复习思考题

1. 你的家乡有哪些生态旅游资源？
2. 旅游活动对生态旅游资源和环境会产生哪些影响？
3. 森林资源有何生态旅游价值？

课外阅读书籍

严贤春，何廷美，杨志松．生态旅游资源与开发研究．中国林业出版社，2019.

第五章

生态旅游业

第一节　生态旅游业的概念及内涵

一、生态旅游业的概念

生态旅游业是指以生态旅游资源为基础，为生态旅游活动提供所需条件和服务的综合性行业，是一种新兴的旅游业。生态旅游资源、旅游设施和旅游服务是生态旅游经营管理的三大要素。生态旅游资源的开发利用为满足生态旅游者的需求提供了可能，是生态旅游业生存和发展的前提和依据，而旅游服务体系是旅游经营者借助旅游设施和一定手段向生态旅游者提供便利的活劳动，为利用和发挥生态旅游资源的效用创造了必要条件，并通过一定的旅游经济实体和生态旅游政策的实施，为生态旅游活动提供服务而实现其旅游、保护、扶贫及环境教育四大功能。

生态旅游业是在传统大众旅游业发展过程中出现环境问题的基础上兴起的，它与人类正在经历的生态时代相适应，是旅游发展的一个新阶段。其与传统大众旅游业相比，在追求目标、管理方式、受益者和影响方式等方面具有不同的特征，部分已形成如下共识：旅游地主要为生态环境良好、文化气息浓郁的地区，特别是生态环境有重要意义的自然保护区；旅游者、当地居民、旅游经营管理者等的环境意识很强；旅游对环境的负面影响很小；旅游能为环境保护提供资金；当地居民能参与旅游开发与管理并分享其经济利益，因而为环境保护提供支持；生态旅游对旅游者和当地社区等能起到环境教育作用；生态旅游是一种新型的、可持续的旅游活动。

二、生态旅游业的内涵

生态旅游是指旅游者基于回归自然、体验古朴文化、保护自然生态和传统文化等动机，在不损害生态环境可持续发展的前提下，到自然环境优美或人文气息浓郁的地区进行的以自然资源和传统文化为客体，并促进旅游地经济、社会、生态效益同步协调发展的一种新型的可持续性旅游活动。生态旅游依赖当地原生、和谐的生态系统，强调保护当地的旅游资源和社会利益。它由主体（生态旅游者）、客体（生态旅游资源）和介体（生态旅游业）等三大要素组成。这三个要素并不是孤立地存在，而是在一个有机整体中共存，并形成了一个相互依存、相互作用、相互促进的稳定关系。

（一）生态旅游与传统旅游的区别

生态旅游业在传统旅游业的基础上凸显了生态特性，其性质是包含了生态性、经济性、文化性的旅游产业。

1. 生态性

生态旅游作为一种以协调旅游开发和环境保护之间的关系为核心内容的新型旅游方式和经营理念，其产业具有生态的性质。生态学的思想是其产业运作和发展的指导思想，相关行业部门的管理与运行都要求生态化，如生态旅游区要实行功能分区管理和旅游容量限制原则；旅行社的导游要有专业知识、环保责任感；吃绿色食品，住宿设施的建设符合生态保护的原则等，生态性是生态旅游的关键性质。

2. 经济性

生态旅游业是一项高度分散的行业，它由各种大小不同、地点不同、组织类型不同、服务范围不同的企业组成，这些企业是以盈利为目的，并进行独立核算的经济组织。发展生态旅游业不仅能够增加外汇收入、回笼货币，而且能促进轻工业、手工业、交通运输业等有关部门和行业的发展，对繁荣地方经济，促进地区经济的发展具有重要意义。生态旅游业从根本上说是一项具有经济性质的服务行业。经济性是生态旅游业的根本性质。

3. 文化性

从生态旅游者的角度来看，在整个生态旅游过程中，他们在物质享受的同时得到精神享受，在精神追求中得到物质享受，精神活动和物质活动相互依存、互为条件。因此，生态旅游者所进行的一切活动实际上都是社会文化活动，生态旅游者在生态旅游过程中可以陶冶情操、丰富文化知识、增长见识。所以说文化性是生态旅游业的基本性质。

（二）生态旅游业的特点

生态旅游业是旅游行业中的一个分支，其具备了显著的自身特点：

1. 综合性

生态旅游业是综合性的产业，这是由其生产、产品及效益的综合性决定的。生态旅游业的生产具有综合性，需多个相关部门或相关因素协调配合、共同努力，既涉及旅游部门的旅行社、住宿业和交通客运业，又涉及国民经济中的一些物质资料生产部门，如轻工业、建筑业、农业、林业、畜牧业等。其还涉及一些非物质资料生产部门，如文化、宗教、园林、卫生、科技、邮电、教育、商业、金融、海关、公安、环保、保险等部门或环节。生态旅游业提供的生态旅游产品也是综合的，所凭借的资源包含人文、自然、历史遗留和现代人创造的；所需要的设施条件，既包括旅行社设施，又包括以饭店为代表的餐饮住宿设施和交通客运设施；所提供的服务不是某一单项服务，更不是某一具体物品，而是由吃、住、行、游、娱、购等多种服务项目构成的综合体。其产生的效益也是综合的，追求的是经济、社会、生态及游憩等四大效益的综合。

2. 动态性

生态旅游业的动态性表现在空间与时间的动态变化。空间的动态变化主要是指生态旅游者的生态旅游活动与旅游目的地生态环境之间的互动过程，即相互影响、相互关联、相互制约的动态关系，认识这种动态关系有利于更清楚地认识到生态旅游活动可能对环境造成的负面作用，以便及时调控。时间的动态变化是指生态旅游业的季节性，这是由生态旅游活动的季节性所决定的，而生态旅游活动的季节性主要是由旅游目的地的自然条件所造成的。旅游目的地的经纬度、地势、气候、海拔等自然条件会引起生态旅游资源的观赏利用价值随季节变化，形成生态旅游产业的旺季、淡季和平季，如滑雪运动一般在冬季才能进行，生态旅游者的增减，造成旺季旅游设施和服务人员不足而淡季却闲置。只有设法缩小淡旺季的差别，充分利用生态旅游资源和设施，才能有效地提高生态旅游业的效益。

3. 可持续性

随着"可持续发展"这一新观念受到世界范围的广泛重视，旅游可持续发展也成为受关注的命题，其目标是在为旅游者提供高质量的旅游环境的同时，改善当地居民的生活水平，并在发展过程中保持和增强环境、社会和经济的未来发展机会。由于生态旅游方式首先把生态环境的承受能力放在第一位考虑，重视旅游环境容量的研究和维持措施，强调生态旅游者、社区居民及从业人员对保护生态环境的奉献，注重旅游发展与社区经济发展、环境保护紧密结合，被认为是达到旅游持续发展目标的有效手段和途径，是一种与可持续发展原则相协调的旅游形式。因此，生态旅游产业具有可持续性。

第二节　生态旅游业的发展与影响因素

一、我国生态旅游业现状

现代旅游产业在第二次世界大战以后，获得了相对和平与稳定的发展环境，迅速成为一个新兴产业。全球旅游经济增速总体高于全球经济增速，旅游业逐渐发展成为全球最大的新兴产业，全球范围内参与旅游的群体不断扩大，旅游消费已然成为全球民众的重要生活方式。近年来，世界旅游业发展呈现出如下特点和趋势：随着经济发展和生活水平的提高，人们对精神文化的需求进一步上升，旅游成为人们的基本生活方式，是人们利用休闲时间的最佳选择之一；以新兴国家为代表的旅游目的地不断出现，世界区域重心正向东方转移。中国正是这一趋势的代表，目前中国已经成为继法国、美国之后的全球第三大旅游目的地国家；个性化、自由化成为新的趋势，传统观光旅游、度假旅游已不能满足旅游者的需求，各种内容丰富、新颖独特的旅游方式和旅游项目应运而生。

目前，世界经济形势对我国旅游市场，特别是入境旅游带来了一定的挑战，但是我国旅游业发展良好的基本面没有改变，有利条件和机遇仍然很多，我国旅游业仍处于黄金发展期。

首先，我国旅游业处于重要战略机遇期。随着全面建成小康社会深入推进，城乡居民收入稳步增长，消费结构加速升级，人民群众健康水平大幅提升，带薪休假制度逐步落实，假日制度不断完善，旅游消费得到快速释放，为旅游业发展奠定了良好基础。旅游业被确立为幸福产业，各级政府更加重视旅游业发展，旅游业发展环境将进一步优化。

其次，在国家加快推进供给侧结构性改革的大背景下，旅游业供给结构将不断优化，中国旅游业将加快由景点旅游发展模式向全域旅游发展模式转变，促进旅游发展阶段演进，实现旅游业发展战略提升。

再次，随着高速公路、高速铁路、机场、车站、码头等旅游交通基础设施加速发展，现代综合交通运输体系不断完善，"快进""慢游"的旅游交通基础设施网络逐步形成，宾馆饭店、景区(点)等旅游接待设施建设加快，旅游投资持续升温，旅游供给不断增加，将拉动旅游消费快速增长。同时，随着我国城市化发展进程加快和社会保障体系不断完善，中等收入人群规模不断扩大，旅游消费能力和旅游消费意愿不断提升，旅游消费习惯逐步优化，旅游已成为人们最重要的休闲方式之一，老年人、青少年、学生、农民等旅游消费人群快速扩大。

最后，作为文明古国、文化大国和新兴经济体，我国国际旅游吸引力仍然强劲，主要客源市场仍然有很大的拓展空间，入境旅游发展潜力仍然很大。

二、我国生态旅游业的发展趋势

(1)从消费主体来看，国内生态旅游从小众市场向大众市场转变，已拥有全球最大的国内旅游消费市场

改革开放以来，随着中国经济与国民收入的增长，旅游已经不再只是特定阶层和少数人的享受，逐步成为国民大众日常生活常态化的生活选项。国民人均出游次数从 1984 年的 0. 2 次增长到 2015 年的 3 次，增长了 14 倍，国内游客数量从 1984 年的约 2 亿人次扩大到 2016 年 44 亿人次，增长了 21 倍。特别是自 2000 年以来，国内游客数量呈现持续高位增长，推动中国步入了大众旅游时代和国民休闲新阶段，成为世界上拥有国内游客数量最多的国家。随着大众休闲度假需求快速增长，未来国内旅游人数和人均旅游消费将继续增长。

(2)从消费形式和消费需求来看，生态旅游消费由团队游客的半封闭形式变为零散游客和市民共享的消费形式

大众旅行经验的不断丰富以及 80 后、90 后为主体的游客数量增长和主体结构变化开启了自主旅游决策、自主行程安排的自助旅行时代。随着互联网和移动互联网在旅游业的广泛应用，一批服务于旅行前、旅行中、旅行后的信息、产品、服务等内容的在线旅游企业出现，使自主、自助旅行更加便利。散客旅游的消费空间从封闭走向开放，从游客和市民的空间隔离到游客和市民共享的生活空间，广泛涉及目的地生活的方方面面。与此同时，游客对基础设施、公共服务、生态环境的要求越来越高，对个性化、特色化旅游产品和服务的要求越来越高，旅游需求的品质化和中高端化趋势日益明显，对旅游目的地的城市建设、环境保护等方面起到了促进作用。

(3)从市场主体来看，生态旅游业经营模式将由单一旅游企业主体转变为日益多元化的跨行业商业主体

在旅游业专业化分工和市场细分程度加深的基础上，旅游业各细分子行业的业务板块融合以及旅游业与其他行业之间的产业融合，逐步成为现代旅游业发展的主要特征之一，旅游业的经营模式趋于多元化。伴随旅游业的快速发展，旅游业正在成为传统行业转型发展和互联网等新兴行业创新发展的重要领域。近年来，地产、煤炭等传统行业巨头纷纷投资建设文化旅游城、主题公园、酒店、旅游度假区等项目，BAT 等大型互联网企业也纷纷以多种方式介入在线旅游、旅行社领域，加快布局旅游业。

(4)从产业内容来看，生态旅游产业正在由狭义旅游商业范畴扩展到广义的大旅游商业领域

旅游行业的开放发展，云计算、互联网、大数据等现代信息技术在旅游业的广泛应用，大众旅游时代旅游消费形式的变化，共同推动旅游业内涵和外延的拓展。对于旅游景点，在传统景区依然有强大吸引力的同时，包括欢乐谷和世界之窗为早期代表的主题公园、乌镇为代表的休闲度假景区、北京 798 为代表的开放式文化创意产业园以及旅游综合

体等更多新类型景区或非景区也日益成为旅游的热点。对于旅游交通，在传统的飞机、火车、汽车等交通工具基础上，高铁、动车的开通为更多游客远距离出行带来了便利。与此同时，满足异地自驾的租车服务快速壮大，成为自助游游客常用的旅游交通形式，网络约车平台等也为来访的游客在目的地的出行提供了便利。对于旅行社，以标准化、批量化旅游产品为特征的传统旅行社商业模式难以满足自主、自助、自由的旅行方式下游客对个性化、便利化、多样化产品的需求，为游客提供签证、机票、酒店、景区门票等单项旅游产品订购和旅游线路订购的在线旅游(OTA)，为游客提供目的地综合服务评价的旅游社区，为旅客提供异国他乡当地导游、租车服务的在线旅游企业等，丰富并扩大了旅游服务的范畴，推动旅游服务提供商从旅行社向旅行服务企业的转变。对于住宿业，为满足散客为主体的游客个性化、多样化的住宿需求，旅游住宿业业态日益丰富，囊括了星级酒店、精品酒店、中档酒店、经济型酒店、汽车旅馆、乡村酒店、民宿、租赁房屋等不同商业形态。

(5)生态旅游业发展模式的转变

从生态旅游业发展模式来看，以景点旅游发展模式向区域资源整合、产业融合、共建共享的全域旅游发展模式加速转变，随着旅游业进入全民旅游和以个人游、自助游为主的新阶段，传统的景点旅游模式，已不能满足现代旅游发展的需要。

2016 年，国家旅游局提出将全域旅游作为新时期的旅游发展战略。全域旅游是指在一定区域内，以旅游业为优势产业，通过对区域内经济社会资源尤其是旅游资源、相关产业、生态环境、公共服务、体制机制、政策法规、文明素质等进行全方位、系统化的优化提升，实现区域资源有机整合、产业融合发展、社会共建共享，以旅游业带动和促进经济社会协调发展的一种新的区域协调发展理念和模式。从景点旅游向全域旅游转变，包括从单一景点景区建设和管理向综合目的地统筹发展转变、从粗放低效旅游向精细高效旅游转变、从封闭的旅游自循环向开放的“生态旅游”融合发展方式转变、从旅游企业单打独享到社会共建共享转变等方面。

三、生态旅游业发展的影响因素

1. 有利因素

(1)国民经济保持稳定增长

时至 2020 年，我国经济已由高速增长阶段转身高质量发展阶段，提高发展平衡性、包容性、可持续基础上，国民经济平稳发展。同时，我国消费升级的趋势将继续强化。这些都为中国生态旅游业的发展提供了良好的外部环境。

(2)行业扶持政策不断推出

我国近些年陆续发布了多项政策，支持生态旅游业发展，包括《国务院关于加快发展旅游业的意见》(国发〔2009〕41 号)、中国人民银行等七部门《关于金融支持旅游业加快发展的若干意见》(银发〔2012〕32 号)、《国民旅游休闲纲要(2013—2020 年)》(国办发〔2013〕10 号)、国务院《关于促进旅游业改革发展的若干意见》(国发〔2014〕31 号)、国务院办公厅《关于进一步促进旅游投资和消费的若干意见》(国办发〔2015〕62 号)、交通运输部等六部门《关于促进交通运输与旅游融合发展的若干意见》(交规划发〔2017〕24 号)等，为生态旅游业持续快速发展提供了良好的政策环境。

(3) 居民人均可支配收入的持续增长，消费结构逐步升级

我国居民收入的稳定增长是我国城乡居民国内旅游活动增加的物质基础。随着国民经济的快速发展，我国居民的生活总体上已进入小康水平，居民可支配收入大幅增长，购买力大大增强，消费观念加快与国际接轨，消费结构开始升级换代，正在从以基本生活品消费为主要特征的温饱型消费向以服务消费为主要特征的小康型、富裕型消费转变，一些发展性、享受性的服务消费正成为新的热点。作为发展性、享受性消费的重要组成部分，旅游消费是人们在基本生活需要得到保障之后而产生的一种高层次消费需求，具有增加阅历、陶冶情操、愉悦身心、发展智力和体力等功效，是一种物质性和精神性消费的综合体。近年来旅游消费正逐渐成为人们最普遍的休闲方式和消费行为。生态旅游行业整体的景气度继续高涨也有力地说明旅游业已经成为居民收入提高、消费结构升级的典型受益行业之一。另外，节假日改革和带薪休假制度的实施极大改善了旅游业节假日集中消费的结构，为我国居民的出游提供了更为灵活的闲暇时间和制度保障，成为旅游业发展的长期推动力，将进一步刺激旅游消费的发展与升级，并在一定程度上均衡旅游行业的季节性特征。

(4) 交通条件和基础设施持续改善

因为生态旅游景区存在较强的区域性特征，而且较多保持良好原貌的生态旅游风景名胜区一般开发较晚或者离大城市距离较远，地理位置较偏僻，因此生态旅游景区所在地区的交通条件的好坏直接影响了景区的客流量。随着国民经济的不断发展，近年来我国铁路、公路、民航等交通基础设施不断完善，尤其是生态旅游景区周边的交通设施不断完善，国内外航班不断增加，高速铁路日渐增多，高速公路遍布全国各地，生态旅游目的地的易达性不断提高，生态旅游活动更加便捷，极大地促进了区域性的同城效应。交通条件的改善，大大缩短了人们的出行时间，提高了旅行的舒适性，为国家生态旅游行业的发展打下了坚实的基础。

2. 不利因素

(1) 生态旅游行业受外部环境影响较大

生态旅游行业受外部环境影响较大，这是由行业自身特点所决定的。生态旅游行业的发展很难完全避免一些不确定性因素和突发事件的干扰，例如，经济危机、金融动荡等经济因素，地震、海啸等自然灾害，“非典”“新冠”、禽流感、甲流等流行性疾病，地区冲突、战争、动乱、恐怖活动等政治因素都会导致旅游需求下降，给生态旅游业发展带来负面影响。

(2) 季节性影响

我国幅员辽阔，南北方气候差异巨大。在一年中随着季节的变化，我国多数生态旅游目的地的客源状况会呈现出有规律的消长变化，因而生态旅游业在每年都会形成相对固定的旺季和淡季。我国大部分地区（尤其是北方省份）旅游目的地的客流集中于 4~10 月的“旅游旺季”，而每年的 11 月至翌年的 3 月这段时间属于“生态旅游淡季”（具体每个地区淡旺季分界的日期可能有所偏移，淡旺季的时间段长短比例也会有所差别）。

(3) 国内旅游市场管理还有待完善

目前，国内旅游市场秩序和人民群众的期待还有一定差距，主要表现在：现有的法律法规难以适应旅游业快速发展的要求；旅游活动缺乏全程监管，旅游经营和管理存在不规

范情形；部分市场诚信缺失，地区和行业壁垒依然存在；旅游部门执法力量不足等。

3. 旅游业与上、下游行业之间的关系

从旅游的一般过程来看，旅游者要完成从客源地到目的地、再从目的地返回客源地的全过程，涉及地理空间的转移、时间的变化、地理环境的差异、旅游信息的传递、旅游目的地各要素相互作用等，与旅游活动全过程直接相关的各个要素互为依托形成旅游系统的有机整体，包括旅游客源地系统、旅游目的地系统、旅游通道系统、旅游支持系统等 4 个子系统。

从整体旅游行业来看，其上游为各类旅游资源，下游直接面向消费者。从旅游资源供给角度来看，旅游资源包括地文景观、水域风光、生物景观、天象与气候景观、遗址遗迹、建筑与设施、旅游商品、人文活动等大类，我国幅员辽阔，各类旅游资源丰富，为旅游产业发展提供了坚实的基础。从下游消费者来看，随着经济社会的发展，收入水平的稳步提高，人们旅游度假休闲的需求不断增长，我国已进入大众旅游时代，为旅游业发展提供了巨大的发展机遇。旅游业的主要产品是依靠旅游资源为消费者提供的各类旅游服务。旅游产业非常广泛，涉及相关子行业众多，涵盖旅游消费的“食、住、行、游、购、娱”等 6 个方面，可满足旅游消费者各个层面的需求。

从细分行业来看，生态旅游行业涉及为游客提供出行、住宿、餐饮、游览、购物、娱乐以及旅游辅助服务等在内的众多行业，已逐渐发展成为一个庞大的旅游产业链，其中部分相关行业互为上下游，且关联度较高。

复习思考题

1. 除了民宿接待、卖特产等，当地居民还有哪些途径可以参与旅游业？
2. 在我国，生态旅游业的发展是否能离开政府的主导？

课外阅读书籍

1. 张建萍. 旅游经济与文化研究. 中国文联出版公司，2008.
2. 鄢斌. 绿色消费：生态旅游中的环境正义表达题名. 世界图书出版公司广东公司，2012.
3. 张建国，薛群慧，华雯著. 生态旅游·太湖源模式. 北京大学出版社，2010.

第六章
生态旅游者

第一节 生态旅游者的内涵

旅游者是旅游活动的主体，是旅游业赖以生存和发展的重要因素。生态旅游作为一项与可持续发展战略密切相关的旅游形式，其活动的主体——生态旅游者更是至关重要，应具备一定的素质，才能实现生态旅游活动。因此，生态旅游者可以说是生态旅游业的核心。

生态旅游兴起的时代背景是人类处于工业文明后期的物质财富和精神财富的极大丰富，资源问题、环境问题、生态问题等一系列全球性生存危机使人类的环境意识觉醒。人类对自身生存方式、发展模式的思考比以往任何时候都更多，于是可持续发展思想应运而生。而随着可持续发展思想的传播和渗透，旅游业的可持续发展也日渐成为人们关注的问题。最终人们慢慢从传统的旅游过渡成为生态旅游者。

由于人类居住环境的恶化及全球性环境问题的出现，人类环境意识的觉醒，对环境保护运动的发展，传统大众旅游机制的滞后及所面临的挑战等一连串问题，使人们认识到，生态旅游必然地肩负着保护环境的重任，涉及政府、经营者、旅游者和当地居民等组织与团体的行为。而生态旅游者作为生态旅游活动主体，其作用地位首当其冲，自觉保护环境，做负责任的生态旅游者成为必然和发展趋势。

一、生态旅游者的概念

生态旅游者是指不破坏大自然，完全融入自然生态环境中体验大自然的旅游者。

（一）生态旅游者的特点

1. 生态旅游者具有高度的环境责任感

生态旅游是针对环境恶化问题而产生的一种旅游方式，其基本特点之一是保护性。生态旅游代表了迅速扩展的旅游者细分市场，并特别吸引那些具有高度环保意识的旅游者。生态旅游者要具有生态意识，掌握生态环保知识，关注生态环境，在旅游活动中尽到保护生态环境的责任和义务。

2. 生态旅游者具有高素质和高品位

生态旅游是一种高素质、高知识和高层次的旅游。一般来讲，生态旅游者具有高度的生态意识，掌握专业的生态环保知识，在行动上体现环保，是具有高素质的特定人群。生态旅游者大多是为大自然的美丽与神秘所吸引，想亲近大自然，了解大自然，希望在与大自然的接触中交流，探索大自然的奥秘，学习新知识，开阔视野，增长见闻。他们大多是知识广博，人格独立，生活品位高，同时追求新知识和独特体验的自然爱好者。

3. 生态旅游者的消费水平高

相对于传统大众旅游者来说，生态旅游者对旅游环境的要求更高，可进入门槛高。生态旅游者除了具有生态意识和环保知识外，还要为保护环境而支付应该承担的费用。

生态旅游者的特点包括希望获得具有深度的“真正经历”，追求身体和精神享受，渴望与当地居民交流，乐于学习当地文化历史知识，对服务水平要求低，对居住条件要求不高，能适度忍受不适，愿意接受挑战以及追求对个人和社会都有益的经历等。

（二）生态旅游者的内涵辨析

生态旅游者是旅游者生态意识不断提高的产物，是生态旅游活动的主体，是生态旅游形成和发展的关键性因素。因此，生态旅游者的内涵有多种方式的理解，主要从三个角度辨析：

第一，从市场的角度看，生态旅游者是指到生态旅游区，以消费生态旅游产品为其旅游活动主要内容的旅游消费者。这种认定的优点在于方便统计生态旅游者的人数及相关指标，有利于旅游企业和生态旅游市场研究，为其市场分析及生产经营提供有利的数据。但是，该定义过于商业化，并不能准确定义真正的生态旅游者，只涉及生态旅游固定场所生态旅游区，生态旅游所提供的生态旅游产品，都是对生态旅游经营者活动的要求，不能确保旅游者是否具有生态意识和环保知识，其进入生态景区后的活动是否是生态活动，是否有保护环境的行动？所以，这种定义存在明显缺陷。

第二，从心理学角度出发，生态旅游者指那些具有一定生态和环保知识并能在旅游活动中随时体现出生态和环保意识的旅游者。该定义主要针对生态旅游者本身，其既强调生态旅游者具有生态和环保知识，又能指出生态旅游者在旅游活动中表现生态和环保的行动，是一名负责任的生态旅游者。但是，这种生态旅游者在景区的选择上十分被动，没有明确的要求，只是被动接受旅游市场上的安排，恪守其分，在自身上表现生态性，只能是大众化旅游活动中的生态者。

第三，第三种内涵是前两种的综合，认为生态旅游者是指那些具有生态和环保知识，愿意并能购买生态旅游产品的旅游者。这一定义的生态旅游者，既避免了第一种定义生态旅游者是否具有生态和环保知识的不足，又弥补了第二种定义生态旅游者被动进入生态旅游区的缺陷，属于严格意义上的生态旅游者。不过，该生态旅游者只有小规模的群体，可进入性要求过高，对生态旅游市场的发展存在一定的抑制作用。

总的来说，生态旅游者既不同于大众化旅游的传统旅游者，不注重生态意识和环保知识的学习，只追求较低层次的旅游体验；也不同于环保提倡者那样过分关注环境保护，而忽略了旅游本身和其所带来的旅游体验。目前大部分生态旅游者定义中，存在一定的共通性：生态旅游者必定是具有生态意识和环保知识，在生态旅游区消费生态旅游产品，同时主动与当地居民交流，对服务要求低，学习当地文化，并积极参加环境保护的旅游者。

二、生态旅游者与大众旅游者

1. 生态旅游是保护性旅游

生态旅游者行为是其旅游动机的具体实施，它以生态旅游者活动为中介，与周围环境发生相互作用，生态旅游是对环境保护负有责任的旅游形式之一，环保意识在旅游行为上的体现，即为保护性旅游行为。传统大众旅游者在旅游活动中，行为方式常表现为只重视游乐行为本身，而忽视对环境的保护，这类游客认为旅游就是游乐，跟环境没有关系，在这种认识的误导下，旅游行为导致了对大气、水体、土壤、社会文化等环境和各类旅游资源的破坏。

2. 保护性旅游的特点

生态旅游正是反映旅游与环境相互依存关系的旅游活动形式，主体是具有较强环境意识的生态旅游者，其行为被称之为保护性旅游行为，所谓生态旅游者保护性旅游行为就是指带有环境意识的旅游行为过程，这种行为在吃、住、行、游、娱、购 6 个环节中都很注意对环境的保护，强调的是旅游与保护的和谐统一，而不偏向某一方面。

生态旅游者的保护性旅游行为是全球资源与环境背景下，顺应现代人们旅游需求转变而选择的一种旅游生活形式，主要有环保性、知识性、参与性、替代性的特点：

①环保性　指的是保护性旅游行为是有益于环境保护的活动形式。无论是把生态旅游作为一种旅游形式，还是作为一种旅游思想，都强调生态旅游者对旅游资源及环境的保护，生态旅游者理解了保护大自然的重要意义并为之做出贡献，他们有较强的环保意识并将其贯穿到整个旅程，如尊重旅游目的地的自然与文化、不吃受保护的动植物、不买珍稀动植物的制品以及不惊吓野生动物等。

②知识性　指的是保护性旅游行为是具有较高知识信息含量的活动形式。

③参与性　指的是保护性旅游行为是生态旅游者广泛参与的活动形式。

④替代性　指的是旅游经历的可代替性，反映的是在旅游时间、交通工具、目的地及活动方式等方面。可替代性越容易，说明游客较容易接受旅游要素的改变，对旅游环境或服务的依赖性就越小，也就更能按照环境特点合理布局资源的游憩利用方式，这样有利于生态脆弱的地段受到保护。

第二节　生态旅游者的形成

生态旅游者的形成，既取决于其所具有的客观条件，又取决于本人的主观条件，同时其所受的教育培养也很重要。

一、客观条件

生态旅游者形成的客观条件涉及社会生活的各个方面，其中经济能力、休闲时间、社会经济环境、身体状况等四个方面是主要的客观条件，它们相互联系、相互作用，形成生态旅游者开展生态旅游的客观基础。

1. 经济能力

(1) 可自由支配收入

反映一个人的经济能力如何，主要是看其可自由支配收入的多少。可自由支配收入指的是居民在一定时期内的全部收入，在扣除社会花费（个人所得税、健康和人寿保险、子女教育、老年退休的预支、失业补贴的预支等）和日常生活必需消费（衣、食、住、行等）以及预防意外开支的储蓄之后，剩下的收入部分。这一收入的消费有两种选择：一是高档耐用消费品的消费；另一种是旅游消费。这两种消费往往是同步进行的，但当高档耐用消费品达到饱和状态时，人们就主要把这部分款项用于旅游消费。

(2)生态旅游消费

当一个国家或地区人均国民生产总值达到300美元时，居民将普遍产生国内旅游的动机；达到1000美元时，将产生跨国旅游的动机；超过3000美元时，将产生洲际旅游的动机。据有关调查表明，生态旅游由于管理与保护需要更多的人力、物力，总体来说生态旅游者的旅游消费比传统大众旅游者要高。以美国1980年的水平为例，一般性观光旅游，每人每天平均消费46~57美元，而以高层次科学文化考察为内容的生态旅游，每人每天平均消费80~100美元。

2. 可自由支配时间

人的生活可以分为两部分：一是约束性时间，其中又分为生物本能时间(如睡眠、饮食等)、谋生活动时间和家务与社会活动时间。二是休闲时间。所谓休闲时间就是个人从工作岗位、家庭、社会义务中解脱出来的时间，为了休息，为了消遣或为了培养与谋生无关的能力，以及为了自发地参加社会活动和自由发挥创造力，是随心所欲活动时间的总称。所以休闲时间是不受其他条件限制，完全可以根据自己的意愿去利用、享受或消磨的时间，是可自由支配的时间，主要包括：每日闲暇时间、周末、公共节假日、带薪假期等，它是决定人们能否参加生态旅游的必要条件。没有闲暇时间，就没有生态旅游活动。

休闲时间是社会给予人的一种补偿，是保持人的身心平衡的重要因素。劳动虽然保证了人们生存的物质需要，却约束着人们的生活节奏和时间安排。人们在繁忙、紧张的工作中，不仅会感到身体疲劳，更会感到精神上的疲倦。休闲时间把人们从紧张的工作环境中解放出来，给人们提供了松弛、娱乐和发展个性的可能。而由于现代人不满于日益严重的噪声、拥挤、水泥建筑等城市问题，他们愿意到环境质量优美的大自然中去参加生态旅游活动，这既能达到人们愉悦身心、增益知识、丰富阅历、开阔眼界、焕发精神的休闲目的，又能增强热爱自然、珍惜民族文化、保护环境等意识，这也成为一种生活时尚，成为人们周末、节假日休闲度假的一种新的方式。

3. 社会经济环境

世界和平状况、国家在国际上的政治地位和声誉、东道国社会治安、人民的社会道德水平、旅游政策、经济发达程度等，都会对生态旅游者的形成产生举足轻重的作用。这是因为旅游者有一个共同的心理需求，即追求安全、舒适和友善的旅游社会环境。旅游者愿意选择社会环境安定、生活方式相近、政治观点相似的国家去旅行。相反，社会、政治、经济制度不同的国家或是处于敌对状态的两国之间，民间往来就会减少甚至中断，即使一国的生态旅游资源再丰富再优美，其他国的生态旅游者也只能望洋兴叹。

社会政治经济发达程度影响到交通运输业与旅游住宿业的发展以及都市化进程，而这些因素对生态旅游者的产生也有一定的作用，因为外出旅行离不开吃、住、行，先进的交通运输工具，如性能良好、可靠的车辆，安全、发达的航空工具，能够让生态旅游者安全、迅捷、舒适地到达生态旅游目的地，有效利用闲暇时间。而大都市人口拥挤，喧闹，污染程度大，居民感到生活紧张，迫切要求通过旅游改变紧张单调的生活，解除身心的疲劳。

4. 身体状况

一个人的身体能力和健康状况如何，将直接影响其能否成为一名生态旅游者。由于生态旅游是在大自然中进行，对体力的要求比较高，对体能的消耗较大，身体状况成了能否出游的重要生理性因素，尤其是登山探险旅游、自行车旅游、滑雪旅游、海洋生态旅游等生态旅游活动形式对身体健康状况要求更高，身体状况是能否参加生态旅游的决定性因素。

二、主观条件

人们的经济能力增强、休闲时间增多、社会环境改善、身体状况良好，只表明他们具备了生态旅游的客观条件，人们参加生态旅游活动，还需要有强烈的主观旅游愿望，这就是旅游动机。旅游动机是直接推动人们进行旅游活动的内部动因。

1. 旅游动机

人的各种活动都由动机所引起，它支配着人的行为。所谓动机，就是激发和维持人的活动，并使活动指向一定目标的心理倾向。所以旅游动机指的是促使一个人出去旅游、驱使人们选择何种旅游方式的内在心理原因。

动机产生于人的某种需求，当人有某种旅游需求时心理上会产生紧张或不安的状态，成为一种内在的驱动力，这就产生了旅游动机，如为了健康的需求参加保健旅游，为了探索的需求参加海底旅行。有了旅游动机进而要选择或寻找旅游目的地。当目的地确定后，随之而来就是为满足需求而进行旅游活动，旅游活动结束后心理紧张也随之消除，但过一定时期又会重新产生旅游需求，又有新的旅游动机产生。因此，旅游动机的产生和满足过程是动态的、循环往复的。总之，有什么样的需求，便会有什么样的动机表现出来，要了解人们的旅游动机如何，必须充分理解人们的愿望、意向、兴趣及理想。

2. 影响旅游动机的因素

马斯洛需求理论把人类行为的动力从理论上和原则上作了系统的整理后提出了著名的需求层次论，该理论根据人的精神发展过程中所占支配地位的先后把需求分为五个层次：生理的需求、安全的需求、社交的需求、尊重的需求、自我实现的需求。它们是生态旅游者旅游动机的生理、心理基础，生态旅游正是满足此类需求在行动上的体现，因此这些需求是生态旅游者旅游动机的动因，这个动因主要受社会文化因素与社会群体因素的影响。

三、生态旅游者的养成

只要具备了生态旅游者形成的主客观条件，生态旅游者就可能产生到大自然中去的旅游行为，但作为一名合格的生态旅游者，还应具有较强的环境意识，这种意识不是与生俱来的，需要后天的教育和培养。生态旅游要旨之一是旅游资源与生态环境受到保护，除了制定相应的政策法令和规章制度，采取有效的技术措施外，还要大力加强环保知识在旅游者中的普及工作。

1. 生态旅游者培育的意义

一个人通过环境教育，从而成为向往大自然、自觉保护大自然的生态旅游者的过程就是生态旅游者的培养过程。其意义主要有：

(1) 生态教育是增强生态意识，塑造生态文明的根本途径

生态意识的提高和生态文明的塑造，依赖于生态教育。生态教育是以生态学为依据，传播生态知识和生态文化、提高人们的生态意识及生态素养、塑造生态文明的教育。开展

生态教育、增强生态意识和塑造生态文明，构建一个相互辐射、互利共生、协同发展的范例，为生态保护和生态文明建设夯实基础。保护和建设生态环境，走可持续发展的道路，离不开科学技术手段的支持和法律制度的保障，更离不开人们生态意识的强化和生态文明的完善，要全面地强化生态意识和提升生态文明，使每个公民自觉维护与其自身生存和发展休戚与共的生态环境，最行之有效的途径就是实现从“物的开发”向“心的开发”转换，进行全民生态教育。

（2）生态教育状况和质量是衡量一个国家文明程度的重要标志

生态教育的目标是解决人与环境之间的矛盾，调整人的行为，建立生态伦理规范和生态道德观念，教育人正确认识自然环境的规律及其价值，提高人对自然环境的情感、审美情趣和鉴赏能力，为每个人提供机会获得保护和促进生态环境的知识、态度、价值观、责任感和技能，创造个人、群体和整个社会环境行为的新模式。

（3）利于生态旅游主体的扩大

生态旅游者通过培养，能够激发对大自然环境复杂多样性、生态系统特征、生态平衡原理、生物多样性及其价值等知识的兴趣，这种探索与理解的兴趣一旦产生将因大自然的奥妙无穷而持久，而且认识越深入，爱护与维护大自然的意识将越强烈，这样会推动游客主动反复多次参加生态旅游活动，也不断有经过培养的传统大众旅游者成为新的生态旅游者。从总体看，利于生态旅游主体不断扩大。

2. 生态旅游者培育的内容

生态旅游者培养的内容主要有三个方面：自然知识、环境意识和活动指南。

（1）自然知识

自然知识是增强环境意识的基础，通过理解自然达到欣赏自然，通过欣赏自然达到保护自然。自然知识包含地质地貌、江河湖海、气象气候、动物植物、宇宙繁星等丰富内容，涉及这些组分的起源、构成、规律、特点及价值等各个方面，对某个生态旅游区而言，主要是深入洞察自然生态资源的性质、类别、成因与造景机制和切身体验所在社区的风俗习惯与社会文化。

（2）环境意识

环境意识是人与自然界一切事物间的关系及自然界各组成部分或要素的有机联系在人脑中的系统性反映。人们的环境意识包括两个方面的内容：一是人们对生态环境的认知水平，即环境价值观念；二是人们参与保护生态环境行为的自觉程度。环境价值观念的树立是环境保护行为的前提，而环境保护行为是环境价值观念的反映。培养环境意识就是要使人们认识到，自然界是包括人类在内的一个有机整体，保持一定内在生命规律的人类要正常地生存，必须遵从于自然规律、有效地计划自己的活动和控制自身的行为，合理地调节人与自然的物质和能量交换，从而达到人与自然的和谐共存和共同发展，意识到生态旅游区中各组成部分的有机联系及相互间固有的物质和能量交换规律，人类活动对其自然平衡的破坏会造成对当地社会文化的负面影响。维护自然的调节能力和社会文化的纯洁性，把人类旅游对自然、社会和文化环境的影响限制在其调节能力容许的范围之内。

（3）活动指南

大自然给生态旅游者提供了广阔的空间，他们在自然环境中可以进行各种类型多样的生态旅游活动，如野生动物观赏、自行车旅游、漂流、徒步旅行等，每一类活动都有其内容特点、注意事项与要求，如森林旅游时如何防治毒蛇咬伤、野外怎样更安全地选择宿营地、搭盖帐篷的方法和技巧、观赏野生动物的工具选择、如何做到旅行过程中不使旅游对象受损害等。生态旅游者只有熟悉这些知识，掌握其要点与技巧，才能真正体会到大自然的挑战和乐趣，达到预期效果。

3. 生态旅游者培养的方式

生态旅游者的培养是一个系统、综合的过程，需要社会和个人的共同努力，有效的途径主要有旅游者平时的自我学习、社会教育和生态旅游区现场教育。

(1) 自我学习

学习是指人不断获得知识、经验和技能，形成新习惯，改变自己行为的较长过程。通过书本理论学习与深入自然实践学习，增强环境意识，改变破坏环境的行为，养成爱护环境的好习惯。参加实践活动学习，如义务植树、向生态脆弱地区捐献资金等，效果比书本学习更明显，实践出真知，在实践中能感悟大自然的奥秘和人与自然相和谐的神奇。

(2) 社会教育

生态环境恶化是全球性的问题之一，应该从社会教育的途径，促进人们去了解、认识并关心环境问题，成为潜在的生态旅游者。如在大、中、小学校及幼儿园开设自然保护课程；在已有课程中渗透自然保护的内容，把生物多样性作为重点，举行绿色夏令营、科普活动周，寓教于乐；出版教科书和其他各种读物；利用广播、电视、报纸杂志、网络等媒体，调动新闻、宣传多方面的社会力量，采取丰富多样、生动活泼的教育形式，形成强大的社会舆论。

(3) 现场解说

生态旅游区现场教育主要是通过建立环境解说系统，利用环境解说的各种方式进行生动活泼的教育培养。环境解说是向旅游者说明地域特征，以便使他们意识到保护的重要性，并形成支持保护期望的一门艺术。环境解说系统作为给现代人及其后代营造一种理解氛围的手段，是生态旅游区诸要素中十分重要的组成部分，是旅游目的地教育服务功能得以发挥的必要基础，是提高人们环境意识的重要步骤，还是正规教育过程必不可少的补充。此举可以帮助保护区顺利开展保护工作，防止对环境的危害和对文化遗产的破坏；通过一系列解说活动以及更加清楚的指导和定向信息，加深生态旅游者在生态旅游区的旅行经历；在所有生态旅游者当中以及在更广泛的社区中增强对生态旅游区欣赏和保护能力的培养；通过各种策略保持生态旅游区的优化格局和使用者的舒适度；培养生态旅游者对几千年来环境变化与人类活动关系的认识能力；促进对生态旅游区内不同地方和位置之间的空间和历史关系的理解；为所有生态旅游者提供愉快的经历，并把生态旅游区作为生态旅游者的一个重要娱乐空间。

解说内容需要经过精心设计，旅游者可以根据自己的兴趣自由选听，但信息量具有限制性。具体来说，视听媒体的优点是提供具有感情色彩的视、听觉效果，激发旅游者的想象力，使旅游者看到那些原本无法接近或看见的地域、动植物、季节风光，解说内容可为残疾人服务，但需要对应的服务设施，并进行定期维护、检查，否则可能造成视觉上或听觉上的使用满意度降低；展品的优点是旅游者可按照自己的速度观赏，提高旅游者的参与感，非常适合表达需要用图形说明的概念，但是需要更新和维护，否则容易分散旅游者的注意力，表达效果不好；指示牌的优点是随时可以看到，可以设计成和周围环境相容的形式，但容易遭到损坏，无弹性；出版物的优点是可以携带，有纪念价值，可以用多种语言，适合表达有次序性的材料，可以应用不同的说明技巧，还可以增加生态旅游区的收入，但冗长的文字可能使旅游者觉得厌烦，还可能被旅游者乱丢而造成环境污染。生态旅游区可以因地制宜地选择不同的形式。值得注意的是，无论环境解说系统采取何种方式，它们必须依赖特定的语言，要分析旅游者来源，确定主要客源地，选择合适的语种进行准确解说。

案例　中国生态旅游消费者大数据报告

一、报告简介及相关说明

(一)生态旅游概述

➤生态旅游作为一种绿色消费方式，自世界自然保护联盟1983年首次提出后，迅速普及全球。

➤20世纪90年代，生态旅游概念正式引入中国。经过20多年的发展，生态旅游已成为一种增进环保、崇尚绿色、倡导人与自然和谐共生的旅游方式，并初步形成了以自然保护区、风景名胜区、森林公园、地质公园及湿地公园、沙漠公园、水利风景区等为主要载体的生态旅游目的地体系，基本涵盖了山地、森林、草原、湿地、海洋、荒漠以及人文生态等7大类型。

➤生态旅游产品日趋多样，深层次、体验式、有特色的产品更加受到青睐。生态旅游方式倡导社区参与、共建共享，显著提高了当地居民的经济收益，也越来越得到社区居民的支持。通过发展生态旅游，人们的生态保护意识明显提高，“绿水青山就是金山银山”的发展理念已逐步成为共识。

——节选自《全国生态旅游发展规划(2016—2025年)》

(二)报告说明

生态旅游消费者

➤一定时间段内出现在各省份所选生态旅游景区的游客。

数据来源

➤包含行业大数据、抽样调研数据及国家相关部委、协会、研究院等机构的网站公开数据，由渠道、运营商等数据复合而成。

数据周期

➤2017年5月1日~2017年5月15日

➤2017年6月1日~2017年8月31日

➤2017年10月1日~2017年10月15日

概念定义

➤景区圈定数据的范围设定：以景区边界范围的闭合经纬度为圈定地理坐标围栏的方式。

➢ 本报告分析模式：主要采用大数据抽样分析，总样本量为1537万人次。

生态旅游资源省份选择标准

➢ 本报告从国家生态旅游示范区、国家级自然保护区、国家森林公园、国家地质公园、国家湿地公园、国家水利风景区、国家风景名胜区7类生态旅游目的地进行整理，选取中华人民共和国生态环境部和自然资源部等官方机构发布的中国大陆31个省、自治区、直辖市的资源数量进行分析。

➢ 主要生态旅游资源数量排名前10的省份为：山东省、湖南省、黑龙江省、四川省、江西省、湖北省、河南省、内蒙古自治区、陕西省，贵州省

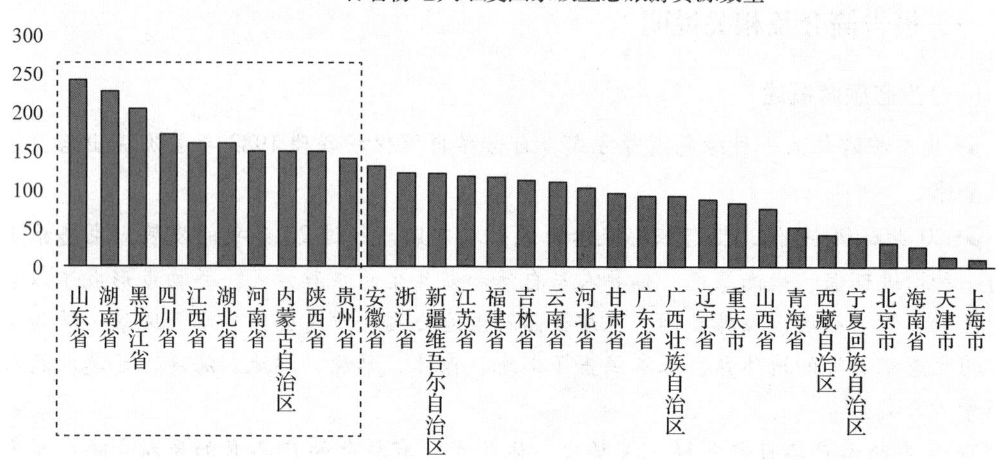

（三）景区名录

在全国共选择了10个省份的30多个生态旅游相关景区，进行游客大数据分析。

以下是各避暑城市的景区列表：

省份	景区	省份	景区	省份	景区
黑龙江	太阳岛风景区	山东	泰山风景名胜区	湖北	神农架国家森林公园
	五大连池风景区		崂山风景区		武当山风景区
	镜泊湖国家森林公园		胶东半岛海滨风景名胜区		丹江口大坝
	扎龙湿地	湖南	张家界国家森林公园	河南	焦作云台山风景名胜区
	松花江国家生态旅游示范区		衡山国家重点风景名胜区		老君山风景区
四川	九寨沟景区		洞庭湖风景区		重渡沟景区
	峨眉山景区	江西	庐山国家重点风景名胜区	内蒙古	扎兰屯风景名胜区
	卧龙国家级自然保护区		武夷山风景名胜区		阿尔山国家森林公园
贵州	黄果树风景名胜区		三清山风景名胜区		达里诺尔湖
	荔波樟江风景名胜区	陕西	华山风景名胜区		
	梵净山风景区		黄河壶口瀑布风景名胜区		
			骊山景区		

二、生态旅游消费者整体情况

中国生态旅游消费者以25~44岁的中青年人群为主，男性略多。

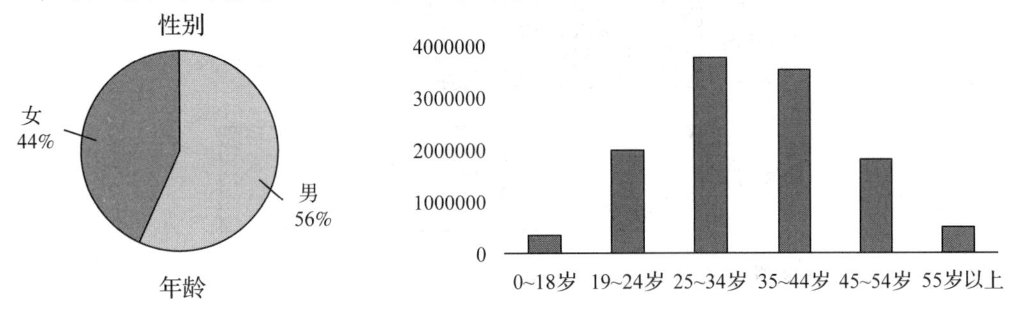

超六成的生态旅游消费者已婚；超五成消费者有孩子。

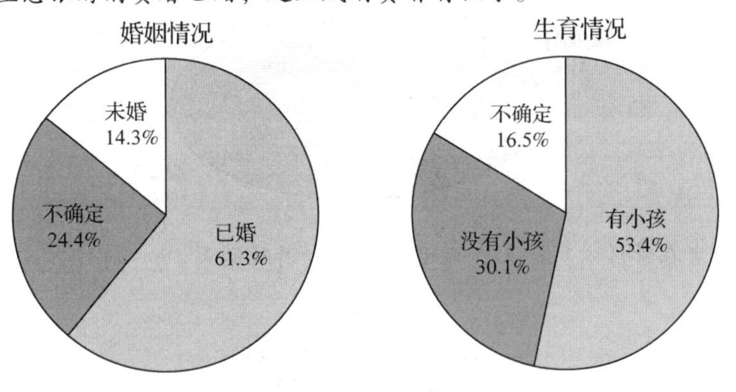

7月、8月和10月是生态旅游消费者的出游高峰期，4月春暖花开时会有一个小高峰。

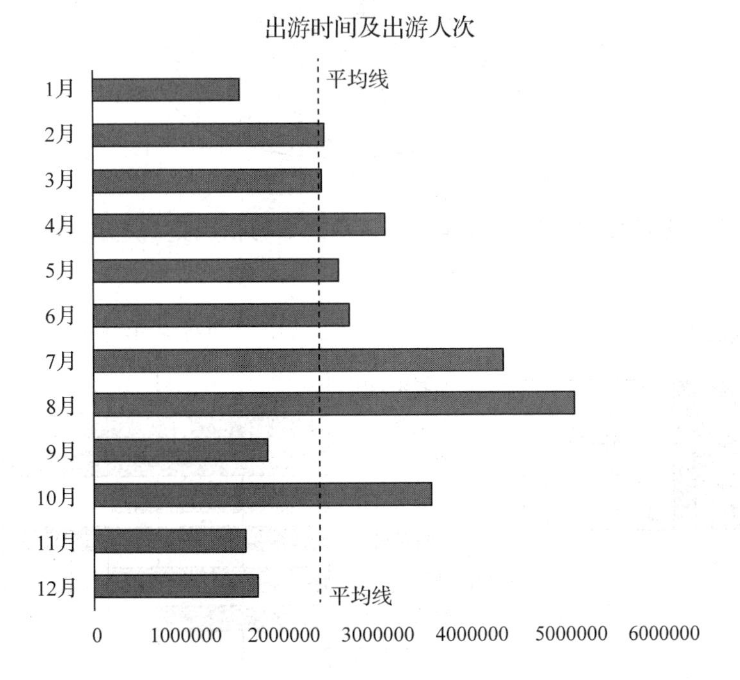

超过 1/3 的生态旅游消费者经常在周末出游。

周末出游偏好

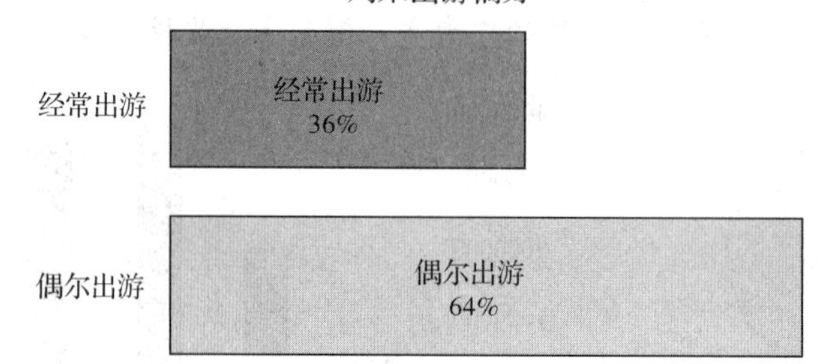

近六成消费者在节假日选择驾车出游。

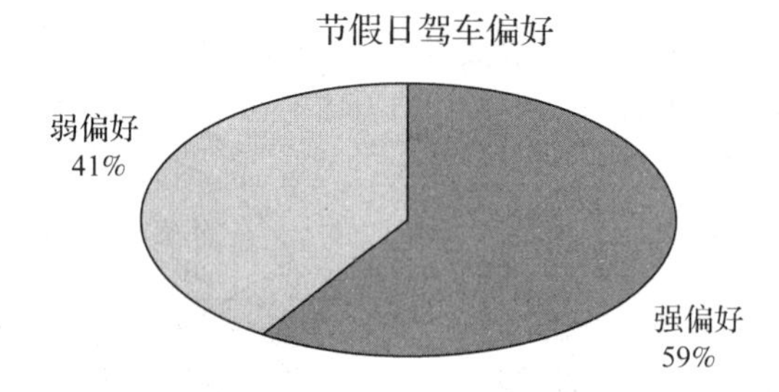

超七成消费者在景区游玩一天，近两成消费者游玩两天。

旅游时长

4天 1.3%
5天 0.7%
5天以上 2.8%
3天 4.3%
2天 19.9%
1天 70.9%

生态旅游消费者对住宿类型的选择中，排前三位的依次是特色民宿、四星级酒店、五星级酒店。

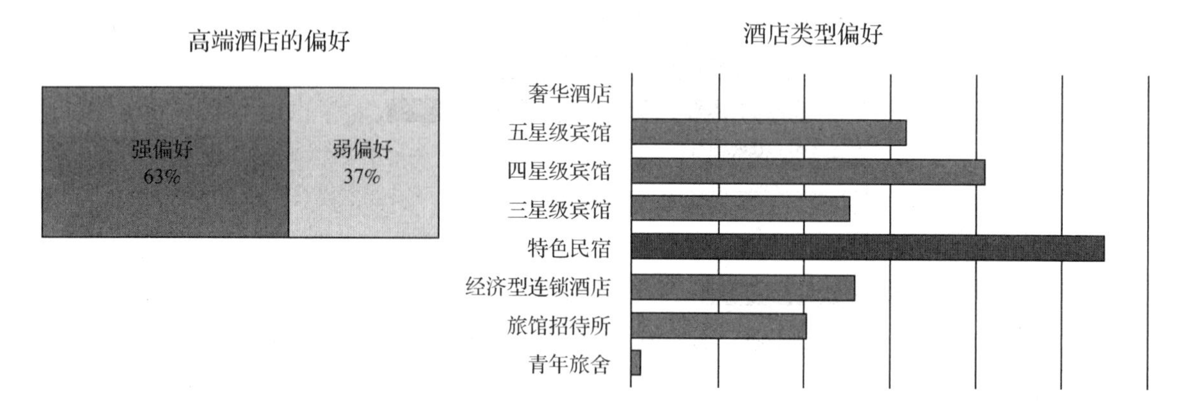

总结：

第一，中国生态旅游消费者总体以中青年人群为主，但是在景区游玩时间偏少，所以，生态旅游景区需要在产品供给层面，增加有趣好玩的内容，增强留客能力。

第二，鉴于多数生态旅游消费者已婚和有孩子，因此，生态旅游景区可以将亲子旅游人群作为重点客群，加强相关的亲子游主题产品和服务内容。

第三，从旅游出行的时间规律来看，需要加强对淡季和非周末的错峰旅游引导力度，特别是针对时间相对自由和宽裕的老年旅游人群加强政策鼓励和营销扶持。

第四，自驾游已经成为普遍的出行方式，因此，目的地政府和景区需要加强自驾游道路导引、停车等配套服务的支持力度。

第五，从住宿偏好来看，目的地和景区可以开发或引进更多高品质且有特色的住宿产品，同时也可以增强游客过夜意愿。

三、各省份生态旅游消费者旅游行为特征七大发现

生态旅游消费者多来自近程市场，周边城市居多；而黑龙江、江西、贵州等省份对一线城市的消费者吸引力相对较强。

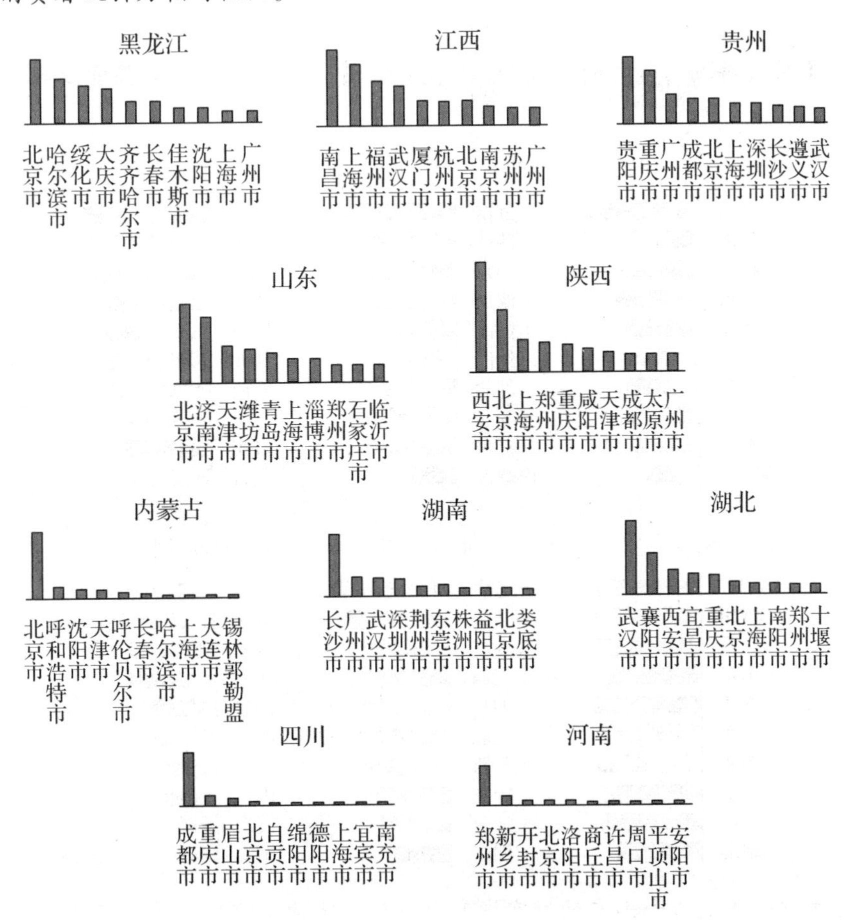

生态旅游消费者重游率位居前三的省份分别是湖南、黑龙江和湖北。

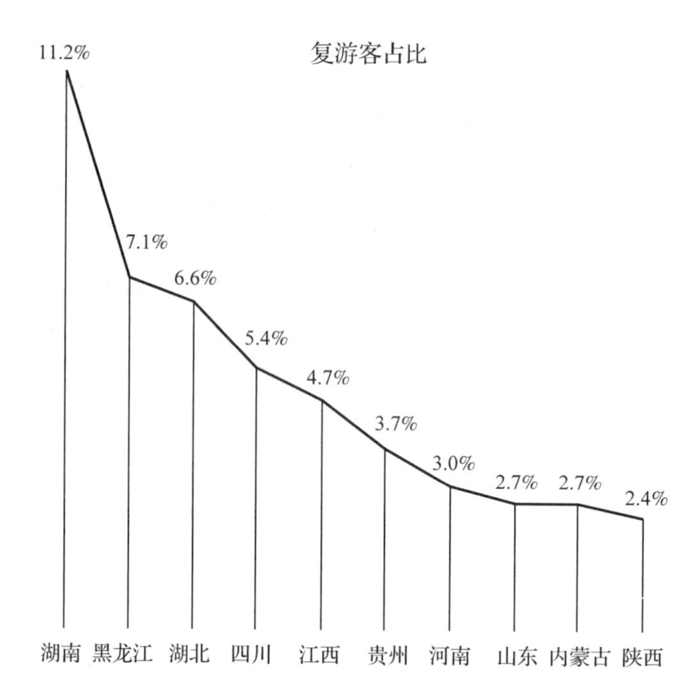

青少年更偏爱游湖南、河南和陕西；中青年消费者和老年消费者偏爱游内蒙古、黑龙江和贵州。

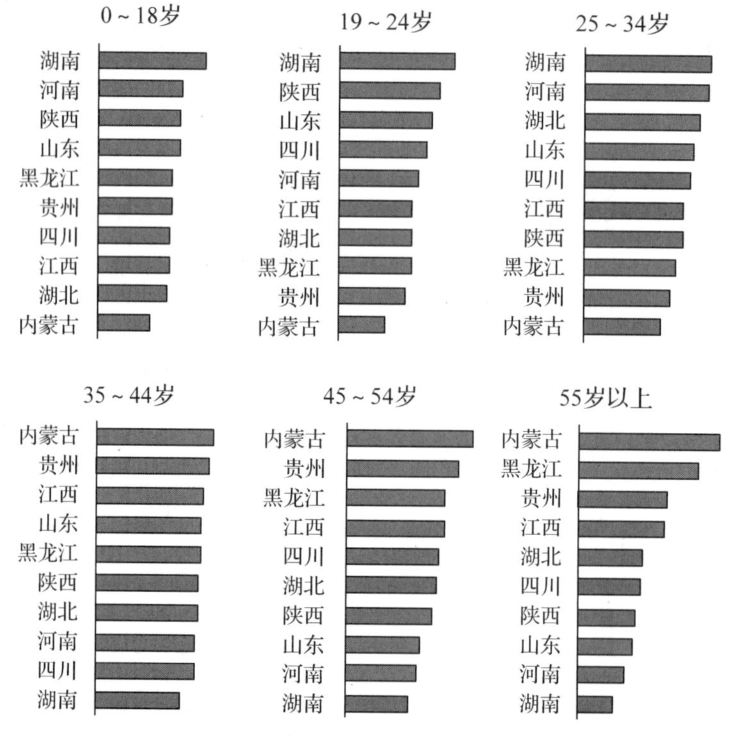

前往黑龙江、内蒙古和山东的游客中有车一族占比位于前列；节假日驾车出游占比居前的省份是湖北、内蒙古和黑龙江。

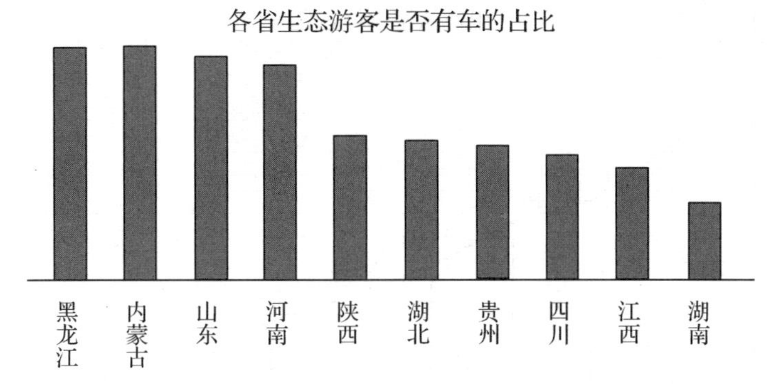

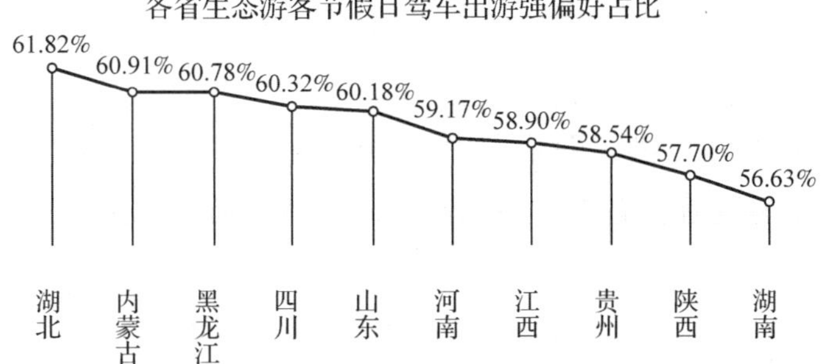

前往内蒙古、四川和黑龙江的生态旅游消费者，其高端消费偏好比例较高。

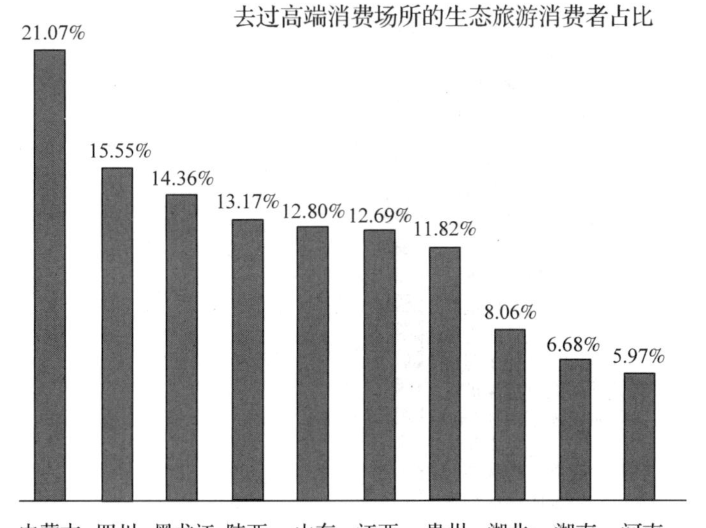

前往内蒙古、黑龙江的生态旅游消费者中，出境游的占比较高。

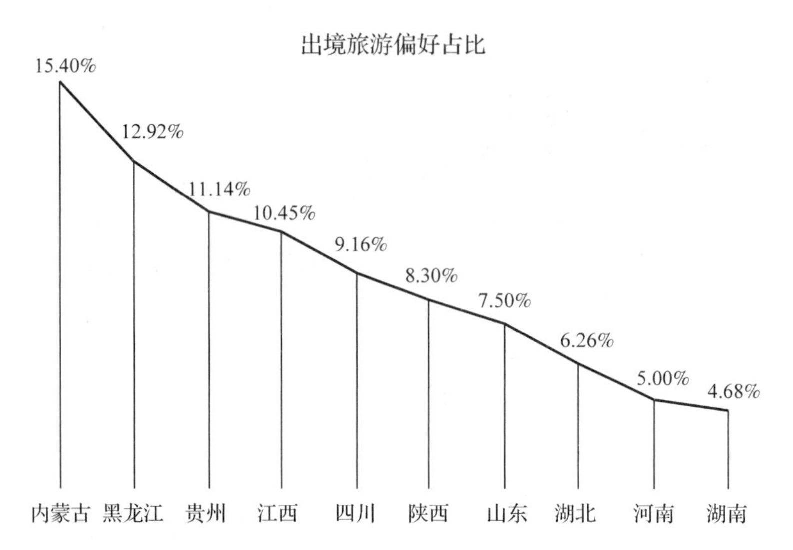

从生态旅游景区维度看，消费者游玩时长在5天以上的占比排序中，黑龙江省有3个景区入围前十。

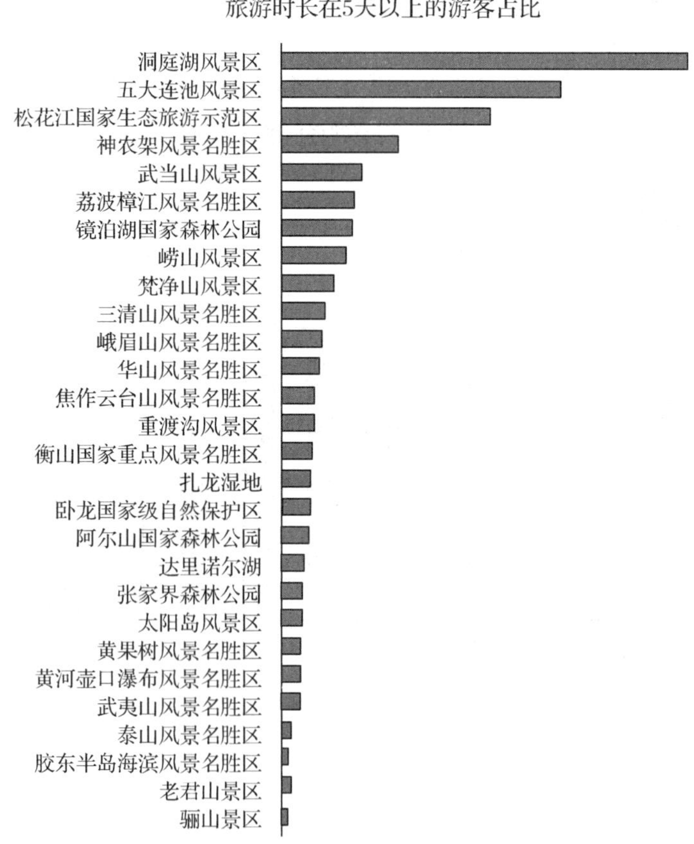

总结：

第一，从消费者来源看，生态旅游应该以周边市场为主，同时可以加强对一线城市重要客群的营销力度。

第二，结合出行方式来看，黑龙江、内蒙古等省份可能需要考虑中远程游客长途自驾和落地自驾的需要，推出特色主题线路产品或者服务。

第三，从产品供给来看，各省份的重游率普遍需要大力提高，应该出台更多政策予以鼓励，同时适当增加中高端旅游产品的供给。

第四，黑龙江和内蒙古等省份可以重点利用地缘优势和资源优势，打造更具特色的边境生态旅游产品。

第五，各省份需要均衡考虑对不同年龄人群的产品供给和营销推广。

资料来源：全文引自国家智慧旅游重点实验室、旅游消费者大数据实验室《中国生态旅游消费者大数据报告——旅游行业报告》

复习思考题

1. 试述生态旅游者形成的条件。
2. 生态旅游者和大众旅游者有哪些区别?
3. 结合案例说说生态旅游者的消费特征。

课外阅读书籍

1. 王怀採，罗芬，钟永德. 旅游者碳足迹. 中国林业出版社，2011.
2. 文首文. 生态旅游地游客教育干预研究. 中国旅游出版社，2010.
3. 李燕琴. 生态旅游游客行为与游客管理研究. 旅游教育出版社，2006.

第七章

生态伦理观

第一节　生态伦理观的内涵

1. 生态伦理观的定义

生态伦理观即人类处理自身及其周围的动物、环境和大自然等生态环境关系的一系列道德规范。通常是人类在进行与自然生态有关的活动中所形成的伦理关系及其调节原则，其包含了社会价值先于个人价值、超越了人与人的关系、促进人与自然和谐发展等特征。

2. 生态伦理观的定位

为了使生态得到真正可靠的保护，必须处理好个人偏好价值、市场价格价值、个人价值、社会偏好价值、社会价值、生态系统价值等价值关系。在个人与整体的关系上，应把整体利益看得更为重要，这样有助于生态环境的正常运行。可见，主张社会价值优先于个人价值，也是个人利益与社会利益的关系问题。

充分利用长期的生态保护政策和生态教育引导人们转变道德观念，直至生态观念得到公众认可与公众发自内心的拥护。生态伦理所要求的道德观念，不仅把道德的范围扩展到了全人类，而且超越了人与人的关系。

3. 生态伦理观的价值实践

人类发展史表明，缓和人与自然的关系，必须重建人与自然之间的和谐共存。第一，控制人口增长，使人口增长与地球的人口生态容量相适应。据测算，地球可容纳的人口最多为 80 亿。世界现有人口已达 60 亿，若不加控制地继续增长，在 2050 年将突破 100 亿，超过地球人口生态容量的警戒线。因此，控制人口增长，以保障人类的需求与自然再生产的供给相协调，是一项紧迫任务。第二，把改造自然的行为严格限制在生态运动的规律之内，使人类活动与自然规律相协调。改造自然不应是人类对大自然的掠夺性控制，而应是调整性控制、改善性控制和理解性控制，即对自身行为的理智性控制。第三，把排污量控制在自然界自净能力范围之内，促进污染物排放与自然生态系统自净能力相协调。倘若人类排放的污染物超过了大自然的自净能力，污染物就会在大气、水体、生物体内积存下来，对生物和人体产生持续性危害。第四，促进自然资源开发利用与自然再生产能力相协调，为人类的持续发展留下充足空间。对于可再生资源的开发利用也必须坚持开发与保护并重的原则，促进自然再生产能力的提高，以保证在长期内物种灭绝不超过物种进化，土壤侵蚀不超过土壤形成，森林破坏不超过森林再造，捕鱼量不超过渔场再生能力等，使人类与自然能够和谐相处。人类应摆正自己在大自然中的道德地位。只有当人类能够自觉控制自己的生态道德行为，并理智而友善地对待自然界时，人类与自然的关系才会走向和谐，从而实现生态伦理的真正价值。

为了人类的发展与进步，保护自然资源，实现生态平衡，近代以来人类活动一直围绕着如何向自然索取更多的资源以生产出更多的物质、追求更高水准的生活这一主题。工业文明创造出大量的物质财富，也消耗了大量的自然资源和能源，并产生了土壤沙化、生物多样性面临威胁、森林锐减、草场退化、大气污染等严重的生态后果。因此，维护和促进生态系统的完整和稳定是人类应尽的义务，也是生态价值与生态伦理的核心内涵。从宏观层面来看，与人类未来的生存问题关系最为密切的是生态伦理。

人类的自然生态活动反映出人与自然的关系，其中又蕴藏着人与人的关系，表达出特定的伦理价值理念与价值关系。人类作为自然界系统中的一个子系统，与自然生态系统进行物质、能量和信息交换，自然生态构成了人类自身存在的客观条件。因此，人类对自然生态系统给予道德关怀，从根本上说也是对人类自身的道德关怀。人类自然生态活动中一切涉及伦理性的方面构成了生态伦理的现实内容，包括合理指导自然生态活动、保护生态平衡与生物多样性、保护与合理使用自然资源、对影响自然生态与生态平衡的重大活动进行科学决策以及人们保护自然生态与物种多样性的道德品质与道德责任等。

第二节　生态伦理观的意义

按照生态伦理观，人与自然之间也要有道德约束，即人要尊重自然、爱护自然、维护自然环境的完整性和稳定性，自觉地履行保护自然的责任和义务。这种环境伦理观还可以运用于生态旅游中，由此形成生态旅游环境伦理道德观，该伦理观要求旅游者在生态环境面前要约束自己的行为，改变自己对环境只享受、不保护的错误做法。

一、生态伦理观在生态旅游中的意义

由此可见，生态环境伦理观的产生具有划时代的意义，其理论与实践的意义主要表现在：

1. 为生态旅游者认识自身的价值和作用提供了一个新的尺度

伦理道德是对人的要求，也是对人进行价值评价的尺度或依据。在生态旅游环境伦理中，对生态旅游者的价值评判必须以人与自然的关系为参照，看生态旅游者是否自觉地热爱自然、保护自然，是否有效地维护生态环境的完整和稳定。如果生态旅游者积极履行了保护自然的义务，那么就可以得到肯定的评价。反之，就会受到伦理上的谴责。综上所述，生态旅游环境伦理是衡量与评判生态旅游者自身价值的一个重要尺度。

2. 生态旅游环境伦理极大地扩展了旅游者的责任范围

生态旅游者在生态旅游场所，承担的责任主要有两个：一是普遍意义上的责任范畴，即像对所有人要求的那样，生态旅游者应能够承担起保护自然环境的职责。因为自然环境是人们唯一的、共同的生存家园，在自然环境面前没有种族、地域、时空的界限。另一个是生态旅游者的环境保护责任范围。作为生态旅游者，应该把保护生态环境作为自己永恒的义务。生态旅游环境伦理要求生态旅游从业者和生态旅游者应在世代延续的生态旅游活动中均要把保护自然环境的义务传递下去，不管沧海桑田、世事变迁，保护自然环境的道

德义务将是生态旅游者永远不能推卸的责任。

3. 生态旅游环境伦理可逐步消弭生态环境危机

众所周知，目前地球环境正面临着巨大的挑战，环境恶化所带来的灾难正一步步地向我们袭来，其中包括许多旅游地给当地环境和居民生活带来的生态危机。在严酷的现实面前，许多旅游者开始觉醒，许多热衷于保护环境的生态旅游者开始行动起来，也有许多国家和地区开始诉诸法律手段来限制和惩罚那些破坏自然景观和生态环境的旅游行为。但是，这些觉醒的管理者和生态旅游者，并不能完全遏制那些仍在破坏生态环境的行为。生态旅游成为改变自然风景区现状的一种可持续方式，必须唤醒旅游管理者和旅游者自觉保护生态环境的意识，而这又依赖于生态旅游环境伦理的启蒙教育。因为只有环境伦理上的觉醒，才是人类最深刻的觉醒。

二、生态旅游学中的生态伦理

生态旅游学应该把对生态旅游环境伦理的传导列为本学科的重点内容。其具体内容包括：

1. 生态旅游环境伦理的产生和发展过程

通过伦理从社会伦理—自然伦理—环境伦理的三个发展阶段，揭示生态旅游产生和发展的必然性，揭示人类回归自然的本质。

2. 生态旅游环境伦理的基本特征

通过对生态旅游环境伦理的研究，可以揭示生态旅游的一系列本质属性，如生态旅游是人类未来生态文化的走向；生态旅游是对传统旅游形式所导致的环境危机的反思和矫正；生态旅游是游客履行环境义务的方式；生态旅游寻求旅游者和自然的对话，使旅游者能够正确地对自然“定位”，生态旅游环境伦理的思维方式是“天人合一”，生态旅游要求人类与自然保持伙伴关系等。对这一系列课题的研究，有助于我们更深层次地了解生态旅游的本质和特点。

3. 研究当代人类回归自然的需求

通过介绍环境伦理主要先驱人物的学术思想，系统揭示生态旅游环境伦理产生的基本规律，历史地分析人类回归自然的心态变化。

4. 研究走进生态旅游环境伦理领域需要了解的问题

这些问题包括“自然权利”“自然价值”“利益公正”等一系列生态学思想，以及研究旅游适度发展的标准等，为建立合理的生态旅游容量奠定技术评价基础。

5. 研究生态旅游环境伦理规范

生态旅游环境伦理规范包括旅游消费合理化、文明化、无害化等方面。

6. 生态旅游作为生态文化形态的表达方式

生态旅游学通过物质、制度、精神诸层面的文化研究，为进一步界定旅游生态文化的概念及其本质属性提供理论依据，并展现出多种表达方式。

第三节　生态伦理观的基本内容

生态伦理观以尊重和保持生态环境为宗旨，强调人的自觉和自律，强调人与自然环境的相互依存、相互促进、共存共融。这种生态伦理同以往的农业文明和工业文明具有共同点，即在改造自然中发展社会生产力，不断提高人类的物质文化生活水平，但它们之间又有根本的不同，即生态伦理突出强调在改造自然中要保持自然的生态平衡，尊重和保护环境，不以牺牲环境为代价取得经济的暂时发展。其基本内容可概括为以下几点：

一、强调大自然的整体和谐性

所谓整体是指人类生存的大地，包括各种生物系统和生物栖息所依赖的自然环境系统，是一个统一的、完整的有机体，每个系统的组成要素之间都是相互联系和相互制约的。正如美国生态环境伦理专家莱奥波尔德在“大地伦理”中所说的那样：“一座山没有思维器官，似乎无法进行思考，但是山的存在所体现的却是动物、植物、微生物、岩石、土壤间的整体性和相关性。这就是说，大自然是一个互相关联的和谐的整体，人类只有把自己的行为约束在有利于维护生态系统的和谐稳定，保护生物存在的多样性、保护土地利用的完整无损时，才可以说是符合生态环境伦理规范的要求的。”

二、强调维护生物多样性和生态环境多样性

生物物种在地球存在千万年，有资格、有权利得到人类的尊重。自然可供人类开发利用，但是自然的可享用性是有条件的，它以自然中生物的多样性为具体内容和保证。这表明，人类的享乐和发展与保护生物多样性是互为条件的，人类为了享用自然，就应以高度的责任感保护生物的多样性，生物多样性一旦受到破坏，就会危及人类的生存。这种辩证关系启示人们，在危及生物多样性的安全时，应以最高的道德要求节制和约束自己的行为，并应改变那种不尊重生物权利的生产方式和生活方式。

三、尊重自然

生态伦理思想认为，生物有受人类尊重的资格，人类必须承认并尊重这种资格。其内容包括：

1. 承认生物的种族特征与自然性

每一种生物都有适应环境的特殊方式，这种特殊方式实质上就是生物的种族特征。生物在自然竞争和自然选择的过程中，逐步使其种族在自然中占据了属于它们自己的位置，即“生态位”。所谓生态位，是指生物在自然界存在的资格，这种生存资格或权利，只能以生物的种族特征为尺度去加以肯定，而不能以人类的种族特征作为尺度去任意否定。如骆驼的驼峰、长颈鹿的脖子等生物特征，若与人类的特征相比，则无所谓谁的更好，谁的更坏。人类的种族特征表达的仅仅是人类与其他生物的差别，这并不表明人类比其他生物优越高贵。一切生物作为物种存在，有权利、有资格受到人类的尊重和保护；反之，人类不仅有责任、有义务尊重各个物种存在的资格和权利，而且有责任、有义务保护一切生物的物种不被消灭。

2. 尊重所有的物种

生态伦理表述的受人类尊重的生物权利，主要是就对生物物种而言的，而不是对某种生物个体存在状态的剥夺就是对生物权利的侵犯。但是当某种生物的存在对于整个生态平衡不可缺失，即其个体存在状态的被剥夺会直接危及某一区域或整个自然界的生态平衡与

生态稳定时，这种对生物个体的剥夺就是对生物权利的侵犯。

人类的行为不应当造成生物物种的消失，生物对人类无益或有害，只是相对于人类在一定阶段的认识和实践水平而言的。任何生物物种的存在和发展都有其意义，其中包括那些今日看来对人类无益或者有害的生物物种，如蝗虫、鼠类等动物。虽然它们对人类有所危害，但从宏观上看，这些动物对于地球生态系统的动态平衡与稳定，也可能有其内在的价值。人类可以限制它们的繁衍和发展，以避免它们对人类的侵害，但不能对它们实行“斩尽杀绝”的政策，而应在限制和抵御它们有害影响的同时，采取巧妙的技术手段，使它们以无害于人类的方式存在。

四、承认自然的内在价值

人类中心主义只承认自然的工具价值，不承认自然的内在价值，而生态伦理观却认为自然或生物的价值是多方面的，其主要价值表现在两个主题：

一是被人们视为对其有用的自然的使用价值，其判断标准是对人是否有用。如自然界给人类提供的土地、森林海洋、动植物等自然资源；自然界给人类提供的具有科学研究功能的价值；自然界给人类提供的具有陶冶情操作用的价值；自然界给人类提供的有益于身心健康环境的价值等。

二是除了使用价值以外，自然界也具有固有的价值或内在价值。如生物物种的存在对生态平衡的作用；动物的存在对保持食物链的连续性与完整性的作用等。这类价值并不是直接对人有用的，但是它对于人类的存在却比上述自然使用价值的意义更深刻和更重要。

五、人与自然协同进化

生态伦理观以人与自然的和谐相处、共同进化为生态道德的基本原则。生态伦理认为人类不是自然的主人，而是“自然权利”的“代言人”，他作为自然界进化的最高产物，对其他生命及生命维持系统负有道德责任。人类要改变自己的主体地位，走出“人类中心主义"的误区。人不是自然界的主人，人类再不能扩充自己的征服自然的精神，而应用一种道德的态度来尊重自然。

与此同时，由于只有人类才具有实践的能动性，具有自觉的道德意识，进行道德选择和做出道德决定，所以只有人是道德的主体。作为道德代理人的人类，应当珍惜和爱护生物和自然。人类必须加强自己对生态环境的道德责任，克服盲目的利己主义世界观，发展人与自然之间的伙伴关系。正如德国哲学家汉斯·萨科塞所说，“从敌人到榜样，从榜样到对象，从对象到伙伴”，与自然保持和谐的关系，这应成为现代人的共识，成为现代人所追求的目标。

第四节 生态伦理观在新时代的挑战

工业革命之后，科学技术的飞跃发展，将人类社会迅速推进到现代化文明阶段，人类历史步入一个空前繁荣的局面，人类由此获得了空前丰富的物质文明。但人类为此也付出了巨大的环境代价，如传统能源与资源匮乏、水与空气遭到严重污染、大量耕地肥力衰退、日益沙漠化、物种灭绝及生物多样性骤然减少等，诸如此类的问题制约着地球生态环境与人类生存环境的可持续进步，并引发一系列社会问题。科技发展的初衷本为服务于人类的利益与福祉，却引发了意想不到的全面性的生态伦理问题。

生态伦理学成为环境哲学的重要分支。人与自然的生态伦理观，就是人与生态环境间密切关系的道德原则、标准以及行为规范，是人与自然协同发展的理论，从生态伦理观中领悟对有机生命和大自然本身的悉心关照，进而去积极发展人与自然的内在关系，遵从自然规律、赋予自然生命按照内在规律永续生存发展的权利，是生态伦理所要面对与解决的并非世界观和方法论的问题，是在生态和谐下，研究人与人、人与自然环境的关系，以达成生态学思维与伦理学思维的契合。

一、我国生态伦理观的历史背景

中国古代的生态伦理思想以“天人合一”为基点，以保障万物生存权为原则。儒家思想体系里包蕴着丰富的生态伦理思想。“天人合一”的哲学是儒家生态伦理思想的基础，它的观点是人和自然是一体的，应当保持和谐共处，这也是现代生态伦理学的根基。儒家的出发点是人道，进一步把人道拓展成为天道，令天道与人道相符，从而引导人们遵守社会伦理规范，进一步使天人合一得以实现。这些生态伦理规范，如珠玑一般始终贯穿于中国传统道德的价值体系之中，在建设中国生态伦理方面，具有非常重要的启迪与警醒意义。“仁民爱物”是儒家生态伦理思想的主题。儒家常常将道德行为的对象加入到自然界之中，认为人要爱惜生命，重视对动植物的保护。在资源开发利用上，“取之有度，用之有节”的准则成为儒家传统生态伦理中心思想之一。孔子反对竭泽而渔、覆巢毁卵，“钓而不网，弋不射宿”“水泉深则鱼鳖归之，树木盛则飞鸟归之，庶草茂则禽兽归之”。朱熹对这种说法也表示认同，提出：“物，谓禽兽草木。爱，谓取之有时，用之有节。”儒家特别强调取用有节，物尽其用的原则，珍惜自然赐予人类的生活之源，反对“暴殄天物”。

在道家之中，哲学的最高范畴也就是“道”，它围绕“道”展开了一系列的哲学体系。在道家的观点之中，天地万物的产生都与“道”息息相关。“道生一，一生二，二生三，三生万物”，“道”进一步产生万物的过程，是因为自身矛盾出现而产生的自然的过程。《老子》以“道”“天”“地”“人”为“四大”，把“人”看作与天地自然共同存在的原因：“人法地，地法天，天法道，道法自然。”

佛教生态伦理思想包含着深厚的理论内核，通过佛教信徒的传播，使其转变为古往今来广大民众爱生护生的实践行动。佛教认为：人类与自然环境之间发生着复杂的相互影响或交互作用，其生态伦理的核心思想是彻底的生命平等观。“一切众生，皆有佛性”，事物的产生都是由于因缘所致，它们觉得所有事物都是因为条件和合产生的，具有的特性是相互联系以及依存。人与自然、社会以及人与人之间会产生一定的制约以及影响，这样一来就要求人应当遵循自然规律并尊重他人，只有这样，社会才能促进人与自然、社会的和谐，这样才能克服违背自然的行为以及个体主义行为，才能真正建设环境友好社会和真正践行可持续发展理念。

二、新时代生态伦理观面临的现实环境问题

在我国工业化进程中，自然生态环境遭到严重破坏，例如，沙漠化问题；水资源污染；酸雨；原始森林消亡；土壤重金属污染等，打破了中国原有的生态平衡。而欧美国家

意识到环境问题后，将污染企业及低利润重工业向发展中国家转移，随着资本的全球化，污染也不可避免地全球化。这些因全球一体化与行业分工产生的新问题对生态伦理观带来了新的挑战：

1. 生态失衡

很长一段时间中，人们重点关注“物竞天择、适者生存”的外象，因此，人类误认为自然界是可以由人类征服、能够提供给人类取之不尽用之不竭的资源的场所，人和自然的关系只是利用与被利用以及征服与被征服的关系。随着科学技术的飞速发展，生态环境的平衡迅速破坏。随之而来的是森林的减少、草场的退化、大面积水土流失、土壤贫瘠、表土流失、沙漠化等短时间内无法修复的破坏。

2. 物种多样性减少

地球生物的多样性是地球生命系统存在与发展的必要条件，是人类生产与可持续发展必不可少的物质条件。因栖息地被占用产生的物种灭绝与当代科学技术的发展以及使用有着非常密切的关系。灭绝的一个重要原因就是由于合成化学导致的污染，对于生物多样性有着非常大的影响。1962 年，蕾切尔·卡逊在《寂静的春天》一书中以女性作家特有的生动笔触，具体而深刻地提示了以 DDT 为代表的合成农药对鸟类、鱼类等一大批生物长期和致命的危害。生物技术发展迅速，使动植物的生产力进一步提高，给人类带来巨大的经济效益。人类在享受生物技术带来巨大经济效益的同时，却忽视了生物技术对生态环境产生一定的潜在危害。一方面，生物技术的发展依赖于丰富的基因库；另一方面，生物技术的应用极有可能缩小自然界原有的基因库存，使地球原有生物的遗传基因多样性减少并消失。生物技术如果使用不当，可能会加速生物多样性减少，使自然生态系统濒临崩溃的边缘。自然生态的生物多样性一旦被破坏，就极有可能引发一场新的人类生存危机。

3. 环境污染

仅我国范围内，就面临着水资源污染、大气污染、土壤污染、固体废弃物污染等无法回避的环境污染挑战。水污染是由有害化学物质造成水的使用价值降低或丧失，污染环境的水。污水中的酸、碱、氧化剂，以及铜、镉、汞、砷等化合物，苯、二氯乙烷、乙二醇等有机毒物，会毒死水生生物，影响饮用水源、风景区景观。污水中的有机物被微生物分解时消耗水中的氧，影响水生生物的生命，水中溶解氧耗尽后，有机物进行厌氧分解，产生硫化氢、硫醇等难闻气体，使水质进一步恶化。大气污染是造成环境污染的主要因素，随着空气的严重污染，臭氧层越来越薄，并且附带着很多有毒的金属、有机物和无机物，形成的酸雨含有大量的致病与致癌物质危害着人类健康。在使用化肥的过程中，仅仅有 30% 左右的利用率，其他化肥污染了土地，使用化肥是农业科技进步的一种体现，但是同时也是土地环境污染的根源。固体废弃物可分为生活垃圾、一般工业废品和危险废品。当前，居民的生活垃圾、工业垃圾以及商业垃圾、市政维护和管理中产生的垃圾日益剧增，会对土壤、水资源造成严重污染。

三、新时代生态伦理观面临的价值观问题

如今地球生态环境问题的产生是由多因素共同作用导致，究其主导因素是人类中心观念导致。人类出于自身的利益诉求推动科技进步，把人类从原始蛮荒推进到现代文明。

1. 以人类为中心

以人类为中心强调的伦理道德只适用于人类范围，动植物及自然界并不在这个范围之内。自然界以及动植物界的存在仅仅是具有一定的利用价值。它们作为工具，辅助人类达到自身目的并获得一定的利益，其并不具有相应的内在价值，人类对于自然的保护仅仅是由于本身的责任感。以人类为中心对于人在生态环境中的主导作用以及地位过度强化，难以适应现时代自然资源短缺的现实。所以，在科学发展观的视角下构建生态伦理，要坚持可持续发展的原则，要充分发挥人类改造自然生态环境的积极作用。同时，要避免人类在对自然的改造中，只看到人作为实践、改造的主体，忽略了人类属于自然生态系统，没有意识到自然生态系统可以对人类产生一定的反作用力，人类属于自然界之中的一部分，对于人类改造活动应当符合自然规律的事实选择性忽视，这导致在客观上造成了人类对自然不顾一切的掠夺和改造。

2. 以科技为中心

随着科学技术的发展，带来是人与自然环境关系的急剧恶化。很长的一段时期，人类只重视科学技术的正面作用，忽略了科学发展的同时所带来的负面效应。科学是把双刃剑，科学技术一方面促进了经济社会迅猛发展，另一方面引起了一系列社会与生活问题。大量农田因过度使用化肥而导致土壤肥力减退，造成农业减产；大量有毒工业排放物的进入人类生存环境造成大量土地、水资源的污染，这些污染物造成的破坏大大超出了自然的自我降解能力和净化能力，危害人类健康，损害了人类和其他生物生存的自然环境，这是人与环境相互作用的结果，是自然对人类的反作用。人口膨胀、自然资源的匮乏、粮食和环境安全等一系列问题凸显。科学技术在利用和改造自然中的最大作用是人类在掌握一定的科学技术后，能够获得更多的生产能力，人类社会开始呈现跳跃式发展趋势，对大自然可能进行无节制地破坏和索取，为了实现自身利益而导致地球生态环境进一步恶化。

四、新时代生态伦理观的发展

自从人类开始意识到尊重自然、保护自然势在必行。表面上看，环境问题是人类过度利用科学技术、过度开发和使用自然资源的恶果。究其深层次根源是在人类中心论和对科技无限崇拜的科学技术决定论这两种思想观念的作用下对科技无限制不合理利用导致的。只有对人类科技文明加以发展与创新，改革用以指导与规范科技发展的伦理思想，建立符合生态文明的新科技观，唯有如此才能最终实现科技、人类和自然的协调发展。

1. 从人类中心向生态伦理发展

从“征服自然”的伦理观念到“尊重自然”的生态伦理观念的转变，马克思早已经探索出了人与自然之间的关系。恩格斯也表示：“人是自然的存在物”“人属于自然界”。人类对于自然界的统治，并不是一种征服，也不是凌驾于自然界之上的过程，相反，人类的发展完全是自然界发展过程的一分子，如何面对自然，与自然和谐相处？正确地认识和遵从自然生态规律，掌握自然规律，对自然资源进行合理开发是必由之路。

2. 以生态伦理指导科技伦理

科技伦理是指在科技创新活动中的人与社会、人与自然以及人与人关系的行为准则。它规范了科技工作者及其共同体应恪守的价值观念、社会责任和行为规范。核心思想是使人类在从事科技发展的同时不危及人类的生命健康和生存环境，保障人类的基本利益，保障人类文明的永续发展。当代人在利用开发自然资源的同时，要保证后代人能享用自然、利用自然、开发自然的平等权利。要尊重和保护子孙后代利用自然和生存的平等权利。代际不平等已严重威胁后代人的生存发展权。要解决这一现象，必须构建生态环境伦理，用道德理性约束人类的行为，树立可持续发展的生态伦理观，全面协调可持续发展观和人与自然的和谐相处。资源节约型就是通过对不可再生资源的节约过程，通过高效的转换以及利用等方式生产，用节约的消费观念消费为特点的社会。这是一种全新的社会发展模式，它使经济增长方式实现了从粗放型到集约型的转变，使自然资源的利用率大大提高，也就是通过较少的资源消耗获得最大的经济效益以及利用价值。

3. 强化生态伦理教育

生态伦理教育是通过对全民进行生态伦理意识培养以及重建生态伦理，使生态环境得以改善。生态伦理教育是践行生态伦理的重要组成部分之一，只有人类的意识转变，才能从根本上解决生态环境问题。生态伦理教育可以通过日常生活、经济活动、政治活动，把生态伦理意识潜移默化地融入人类的思想，这种方法是最有效也是最直接的。目前，生态伦理教育的主要内容包括：生态道德原则、生态道德观以及生态行为规范教育。培养人类的生态伦理意识属于比较漫长的过程，需要对受教育者进行一系列系统和完善的教育。应充分利用课堂，通过课堂优势的发挥。在课堂上使学生在生态、生态伦理以及生态技能方面的意识得到强化。在内容设置上，生态伦理观教育还存在很多不足，例如，对生态伦理教育并没有统一性以及一致性。很多学校在环境教育的过程中，仅仅是偏重于宣传普通的保护知识，倡导保护环境以及生活节约，宣传教育形式化、内容浅显化特点。而真正的生态伦理教育的重点在于帮助人们产生敬畏自然以及尊重自然的意识，这是重新定位人与自然之间的关系的过程，也是对其他非人类生物的重新认识与定位，从根本上使人类的价值观念得以改变。然而如果仅仅依靠这些手段进行思想灌输的话，生态伦理很难成为一种理念，生态保护运动也就无从谈起。因此，将生态伦理教育纳入课堂，以求转变传统的人与自然的关系的价值观，改变人与自然相关问题的处理方式，潜移默化地影响受教育者。

4. 推动生态科技进步

在经济发展中，将节能减排放在经济发展的重要位置，通过太阳能、风能、潮汐能等新能源的利用以及发展，加快推动节能型生态科技发展，培养利用新能源为新的经济增长点，为实现经济和社会可持续发展提供动力。摒弃旧的工业发展模式和高耗能、高排放的生活方式，探索新的发展模式是一种新趋势。目前世界各国普遍关注资源的利用以及对于地球生态环境的保护。我国节能减排应当满足生产和消费的可持续发展方式和要求，应对能源结构进行优化，同时促使产业升级，建设环境友好，资源节约型的新社会，使对资源的节约以及环境的保护成为一种自觉的潜意识并落实于行动。

复习思考题

1. 结合自身实际经验谈谈生态伦理观。

2. 中国古代生态伦理思想的精髓是什么？借鉴这些思想和实践对当今人们提倡的环境保护发展战略有什么重要意义？

3. 如何发扬生态伦理观？

课外阅读书籍

1. 保罗·沃伦·泰勒(Paul Warren Taylor)著，雷毅，李小重，高山译. 尊重自然：一种环境伦理学理论. 首都师范大学出版社，2010.

2. 田文富. 环境伦理与和谐生态. 郑州大学出版社，2010.

第八章

生态文明与生态旅游

第一节　社会发展的新形态——生态文明

党的十八大对生态文明的定义是：生态文明是人类为保护和建设美好生态环境而取得的物质成果、精神成果和制度成果的总和，是贯穿于经济建设、政治建设、文化建设、社会建设全过程和各方面的系统工程，反映了一个社会文明进步状态。

因此，生态文明也是人类文化发展的成果，是人类改造世界的物质和精神成果的总和，也是人类社会进步的象征。在漫长的人类历史发展过程中，人类文明经历了三个阶段：第一阶段是原始文明，在石器时代，人们必须依赖集体的力量才能生存，物质生产活动主要靠简单的采集渔猎；第二阶段是农业文明，铁器的出现使人改变自然的能力产生了质的飞跃；第三阶段是工业文明，18 世纪英国工业革命开启了人类现代化生活。从要素上分，文明的主体是人，体现为改造自然和反省自身，如物质文明和精神文明；从时间上分，文明具有阶段性，从农业文明过渡到工业文明，而后进一步发展至生态文明；从空间上分，文明具有地域性和多元性，如古华夏文明与古巴比伦文明。

我国的生态文明发展是从历史生态、文化生态和现实生态出发，在生态全球化背景下，以提升生态文明为发展方向，以优化体制、优化结构、促进公民生态意识和生态认知水平，将生态优先的战略放在国家建设的首位，来促进生态文明进步，提高国家在国际社会中的地位。生态文明观强调人的自觉与自律，强调人与自然环境的相互依存、相互促进、共处共融。这种文明观同以往的农业文明、工业文明具有相同点，那就是它们都主张在改造自然的过程中发展物质生产力，不断提高人的物质生活水平。但它们之间也有着明显的不同点，即生态文明突出生态的重要，强调尊重和保护环境，强调人类在改造自然的同时必须尊重和爱护自然，而不能随心所欲、盲目蛮干、为所欲为。但是生态文明同物质文明与精神文明既有联系又有区别。说它们有联系，是因为生态文明既包含物质文明的内容，又包含精神文明的内容：生态文明并不是要求人们消极地对待自然，在自然面前无所作为，而是在把握自然规律的基础上积极地能动地利用自然、改造自然，使之更好地为人类服务，在这一点上，它是与物质文明一致的。而生态旅游文化反映的生态文明观要求的人类要尊重和爱护自然，将人类的生活建设得更加美好；人类要自觉、自律，树立生态观念，约束自己的行动，在这一点上，它又与精神文明相一致，毋宁说它本身就是精神文明的重要组成部分。说它们有区别，则是指生态文明的内容无论是物质文明还是精神文明都不能完全包容，也就是说，生态文明具有相对的独立性。因为在生产力水平很低或比较低的情况下，人类对物质生活的追求总是占第一位的，所谓“物质中心”的观念也是很自然的。然而，随着生产力的巨大发展，人类物质生活水平的提高，特别是工业文明造成的环境污染、资源破坏、沙漠化、“城市病”等全球性问题的产生和发展，人类越来越深刻地认识到，物质生活的提高是必要的，但不能忽视精神生活。发展生产力是必要的，但不能破坏生态。人类不能一味地向自然索取，而必须保护生态平衡。其发展表现出两个方式的转变：

(1)伦理价值观的转变

西方传统哲学认为，只有人是主体，生命和自然界是人的对象；因而只有人有价值，其他生命和自然界没有价值；无论是马克思主义的人道主义，还是中国传统文化的天人合一，还是西方的可持续发展，都说明生态文明是一个人性与生态性全面统一的社会形态。这种统一不是人性服从于生态性，也不是生态性服从于人性，以人为本的生态和谐原则即是每个人全面发展的前提。

(2)生产和生活方式的转变

工业文明的生产方式，从原料到产品到废弃物，是一个非循环的生产；生活方式以物质主义为原则，以高消费为特征，认为更多地消费资源就是对经济发展的贡献。生态文明却致力于构造一个以环境资源承载力为基础、以自然规律为准则、以可持续社会经济文化政策为手段的环境友好型社会。实现经济、社会、环境的共赢，关键在于人的主动性。人的生活方式就应主动以实用节约为原则，以适度消费为特征，追求基本生活需要的满足，崇尚精神和文化的享受。

党的十九大报告中指出，我们要建设的现代化是人与自然和谐共生的现代化，既要创造更多物质财富和精神财富以满足人民日益增长的美好生活需要，也要提供更多优质生态产品以满足人民日益增长的优美生态环境需要。必须坚持节约优先、保护优先、自然恢复为主的方针，形成节约资源和保护环境的空间格局、产业结构、生产方式、生活方式，还自然以宁静、和谐、美丽。

一、推进绿色发展

加快建立绿色生产和消费的法律制度和政策导向，建立健全绿色低碳循环发展的经济体系。构建市场导向的绿色技术创新体系，发展绿色金融，壮大节能环保产业、清洁生产产业、清洁能源产业。推进能源生产和消费革命，构建清洁低碳、安全高效的能源体系。推进资源全面节约和循环利用，实施国家节水行动，降低能耗、物耗，实现生产系统和生活系统循环链接。倡导简约适度、绿色低碳的生活方式，反对奢侈浪费和不合理消费，开展创建节约型机关、绿色家庭、绿色学校、绿色社区和绿色出行等行动。

二、着力解决突出环境问题

坚持全民共治、源头防治，持续实施大气污染防治行动，打赢蓝天保卫战。加快水污染防治，实施流域环境和近岸海域综合治理。强化土壤污染管控和修复，加强农业面源污染防治，开展农村人居环境整治行动。加强固体废弃物和垃圾处置。提高污染排放标准，强化排污者责任，健全环保信用评价、信息强制性披露、严惩重罚等制度。构建政府为主导、企业为主体、社会组织和公众共同参与的环境治理体系。积极参与全球环境治理，落实减排承诺。

三、加大生态系统保护力度

实施重要生态系统保护和修复重大工程，优化生态安全屏障体系，构建生态廊道和生物多样性保护网络，提升生态系统质量和稳定性。完成生态保护红线、永久基本农田、城镇开发边界三条控制线划定工作。开展国土绿化行动，推进荒漠化、石漠化、水土流失综合治理，强化湿地保护和恢复，加强地质灾害防治。完善天然林保护制度，扩大退耕还林还草。严格保护耕地，扩大轮作休耕试点，健全耕地、草原、森林、河流、湖泊的休养生息制度，建立市场化、多元化生态补偿机制。

四、改革生态环境监管体制

加强对生态文明建设的总体设计和组织领导，设立国有自然资源资产管理和自然生态监管机构，完善生态环境管理制度，统一行使全民所有自然资源资产所有者职责，统一行使所有国土空间用途管制和生态保护修复职责，统一行使监管城乡各类污染排放和行政执法职责。构建国土空间开发保护制度，完善主体功能区配套政策，建立以国家公园为主体的自然保护地体系。坚决制止和惩处破坏生态环境行为。

党的十八大报告强调“努力建设美丽中国，实现中华民族永续发展”。从源头上扭转生态环境恶化趋势，为人民创造良好生产生活环境，为全球生态安全做出贡献，更加自觉地珍爱自然，更加积极地保护生态，努力走向社会主义生态文明新时代。

生态文明在此背景下作为一种独立的文明形态，是一个具有丰富内涵的理论体系。按照历史唯物主义的观点，生态文明建设可以分为四方面的内容：

1. 生态意识文明

思想意识是要解决人们的世界观、方法论与价值观问题，其中最重要的是价值观念与思维方式，它指导人们的行动。以生态科学理论、可持续发展理论为代表的生态文明观，主要包括以下三个方面的内容：树立人与自然同存共荣、天人合一的自然观；建立社会、经济、自然相协调，可持续的发展观；选择健康、适度消费的生活观。

2. 生态行为文明

生态文明不仅是一种思想和观念，同时也是一种体现在社会行为中的过程。在进行生态文明建设的过程中，人类应该用行为科学的理论指导自身的行为，协调人与自然以及人类自身的矛盾，促进生态文明建设的进程。因此，人类应改变过去那种高消费、高享受的消费观念与生活方式，提倡勤俭节约，反对挥霍浪费，选择健康、适度的消费行为，提倡绿色生活，以利于人类自身的健康发展与自然资源的永续利用。

3. 生态制度文明

生态制度，是指以保护和建设生态环境为中心，调整人与生态环境关系的制度规范的总称。生态制度文明，是生态环境保护和建设水平、生态环境保护制度规范建设的成果，它体现了人与自然和谐相处、共同发展的关系，反映了生态环境保护的水平，也是生态环境保护事业健康发展的根本保障。生态环境保护和建设的水平，是生态制度文明的外化，是衡量生态制度文明程度的标尺。

4. 生态产业文明

生态产业文明作为生态文明建设的物质基础，是指生态产业的建设，包括生态工业、生态农业、生态旅游业及环保产业。发展生态产业，改革生产方式，对现行的生产方式进行生态化改造是推进生态文明建设的重要手段。现阶段发展生态产业的重点是按照资源节约型和环境友好型社会的要求，大力发展循环经济，走生态工业的发展道路。这种生产方式是以最有效地利用资源和保护环境为基础，是追求更实用有效的科学技术、更大经济效益、更少资源消耗和更低环境污染，以及更多劳动力就业的先进发展方式，建设生态文明，大力推动公众参与。

第二节　生态文明与生态旅游的辩证统一

一、生态旅游与生态文明的关系

生态旅游是一种对环境友好的、负责任的旅游，是指前往相对偏远的自然区域进行游览，目的是欣赏和享受自然风景(包括野生动植物以及当地文化)，并促进自然与文化资源保护。生态旅游具有较小的环境影响，并对当地居民的社会经济发展有积极作用的活动。

生态文明是指人类在生态危机的时代背景下，在反思现代工业文明模式所造成的人与自然对立的矛盾基础上，以生态学规律为基础，以生态价值观为指导，从物质、制度和精神观念三个层面进行改善，以达成人与自然的和谐发展，实现“生产发展、生活富裕、生态良好”的一种新型的人类根本生活方式，是在新的条件下实现人类社会与自然和谐发展的新的文明形态。

1. 生态旅游与生态文明的一致性

从生态旅游与生态文明的内涵中可以看出，二者具有一致性。其最终目的都是要实现人与自然协调可持续发展，保持生态环境的健康稳定、社会经济的良好发展以及文化的繁荣与传承。

2. 生态旅游与生态文明理念

生态旅游与生态文明都秉承“可持续发展”的理念，崇尚尊重自然，顺应自然法则，保护生态环境。这种人与自然协调可持续发展的理念与我国传统文化中的“天人合一”思想阐释了同样的生态哲学观。这充分体现了中国人的智慧，以及生态旅游这外来事物在中国发展的深厚根基。

3. 生态旅游与生态文明原理

生态旅游的发展和生态文明的建设都应遵循生态学原理，生态经济学原理和可持续发展理论等现代科学的方法论原理。保障健康有序的生态机制，将自然社会经济看作复合的生态系统，实现经济的高效发展与资源的有效循环利用。

4. 生态旅游与生态文明社会效益

生态旅游与生态文明是相互促进、共同发展的。生态旅游是一项注重环境保护、促进旅游地社会经济发展、改善当地居民生活水平和重视旅游者环境教育的社会、经济、文化活动，是一种负责任的、环境友好型的可持续旅游。生态旅游发挥了保护旅游地生态环境，发展当地社会经济和传承当地文化的重要作用，是实现生态文明建设的重要途径。生态文明建设既为生态旅游的发展指明方向，同时也是生态旅游发展的基础。生态文明建设的各项内容保障了生态旅游发展的环境条件、基础设施、管理制度和生态旅游的发展空间。

二、生态文明促进生态旅游发展

生态文明是一种独立的形态，它是相对于农业文明、工业文明的一种社会经济形态，是人类文明演进的一个新阶段，是比工业文明更进步、更高级的人类文明新形态。生态文明建设可分为生态环境建设、生态产业建设和生态文化建设。生态文明指引生态旅游发展的方向，生态旅游是实现生态文明建设的载体。生态旅游对保护生态环境、促进生态产业发展和构建生态文化体系都有明显的积极意义。

1. 生态旅游与生态环境

生态环境建设首先要维护生态系统的健康稳定和生态环境的安全舒适，保障生态系统的生态服务功能并提升生态景观层次。生态环境建设为生态旅游发展提供了环境基础，生态旅游能够维系生态系统的稳定，使人的审美需求和自然环境的协调稳定都得到最大满足。同时，生态旅游创造的经济效益反馈到环境保护和生态环境建设中，使生态环境建设在经费管理机制上有所保障。

2. 生态旅游与生态产业

传统产业与生态文明理念的融合产生了生态产业。生态产业是按生态经济知识原理和经济规律组织起来的基于生态系统承载能力、具有高效的经济过程及和谐的生态功能的网络型、进化型产业。生态产业不是某一种产业，而是一种新的产业形态。生态旅游对生态产业发展的重要作用体现在生态农业观光、以森林生态旅游为代表的现代林业以及生态旅游业对第三产业的带动发展：

(1) 生态农业观光

生态农业是以生态学理论为依据，在特定区域内因地制宜规划、组织和进行农业生产。生态农业观光是依托生态农业而开展的生态旅游活动，迎合了城市居民绿色健康的生活消费理念，同时促进了生态农业的产业发展。

(2) 以森林生态旅游为代表的现代林业

森林生态旅游活动是对孕育人类文明的大自然的回归，是生活在现代文明社会中的人们对山林野趣的寻觅，也是林业发展转型与生态旅游的融合，为现代林业的发展注入了新的活力。

(3) 生态旅游业拉动第三产业发展

旅游活动包括“食、住、行、游、娱、购”六大要素，生态旅游业的发展并不仅是生态旅游景区获益，从旅游客源地到生态旅游目的地中相关的各项环节都能够被带动发展，而且带动餐饮、住宿、交通、娱乐等第三产业的发展。

3. 生态旅游与生态文化

生态旅游对构建生态文化体系的意义体现在生态文化形象的树立，提升当地居民的生态文明意识与文化自豪感，以及为文化传承与发展所起到的重要作用等方面。①生态旅游地文化形象的树立。生态旅游者通常因为一个地方独特的景观资源而被吸引前来，或者游览过一个地方以后对当地的某种景观资源留下了美好而深刻的印象。这样的景观资源就是生态旅游地的形象，成为当地人文精神的象征。生态旅游活动有助于旅游地文化形象的树立与传播。②当地居民生态文明意识与文化自豪感的提升。当地居民看到众多生态旅游者因当地的生态旅游资源吸引前来，往往会使他们意识到自己所处的生活环境是多么美好，并因此而提升生态文明意识。同时也会引起他们对当地文化的重新审视，并产生强烈的文化自豪感，从而更加积极地参与到生态文明建设的各项活动中来。③生态旅游地文化的传承。当地居民文化自豪感的提升自然地激发了他们保护与继承本土文化的积极性。外来生态旅游者的到访更促进了当地文化的传播，并促使当地居民不断发展创新本土文化。

三、生态文明下的消费观与生态旅游规划

人们的需要决定需求，需求决定消费，消费引导市场，市场引导生产，生产满足需求与需要。优化经济结构、产业升级、转变发展方式，其中很重要的方面就是从高投入低产出、高排放低效益向低投入高产出、低排放高效益转变，从资源枯竭、生态危机、环境恶化、人类工业病蔓延向资源节约、生态优良、环境友好、人类安康、社会和谐转变；从劳动力密集型产业向知识密集型产业转变；从工业化技术体系向生态化技术体系转变。消费上从基本单一的物质需求向物质、精神、生态丰富多样的需求转变。

树立生态文明消费观是加快建设资源节约型、环境友好型社会的基本要求。生态文明消费观是以适度消费为特征，以实用节约为原则，把人与自然放在同等的地位来思考，追求基本的生活需要，崇尚健康生活方式。树立生态文明消费观，要求促进全面发展的消费，形成以人为本的消费理念；注重公平的消费，形成和谐消费理念；倡导绿色消费、循环消费、低碳消费，形成资源节约环境友好的消费理念。以此改变人类自身的生活方式和思维定式，减少对自然不合理的需求，从而推进“两型”社会建设。而树立生态文明消费观，以此实现人与自然、人与人、人与社会的和谐相处，从而推进“生态型”社会建设，对我国民众生态消费模式的塑造起到推波助澜的作用，对我国的生态文明建设做出切实的贡献。

在此环境下，优越的生态旅游体验是生态旅游项目开展的条件和基础，提高其满意度，增强其旅游体验，应在生态旅游规划中立足以下几点：

1. 立足生态旅游市场需求

生态旅游规划应把握的两个前提分别是：①生态旅游资源中的体验载体和基质，即差异比的文化、资源中的可利用因素。包括景观建筑、民俗风情、风物特产、生产生活形态、特殊文化形态等，它们在市场生态体验需求导向下可加以组合，设计成各种活动体验产品；②生态旅游市场对特定活动的体验需求，包括保护性、知识性、参与性、愉悦性和成就感、解脱感、归属感等，这是生态体验活动产品设计的指向。

2. 保持本真

在生态旅游规划时要尽量保持生态旅游资源的原始性和真实性，其中包括自然生态和生态文化的真实性。不仅要保持大自然的原始韵味，而且应注意当地特色传统文化的传承和保护，避免设计的内容对当地造成文化污染，避免过度商业化。旅游体验的接待设施应当与当地自然和文化相协调，为旅游者提供原汁原味的精品体验。

3. 吸引游客深度参与

在进行生态旅游设计时要使游客融入到“舞台”中去，使其成为参与者而不是被动的接受者。增强游客生态体验的重要措施就是提高游客的参与性。一方面，旅游规划应充分利用信息技术增强与游客沟通的机会，使游客获得更多生态旅游吸引物的信息和知识，增强

游客对生态旅游吸引物的理解和感知，并激发游客参与的热情，延伸游客的体验活动。另一方面，生态旅游规划应为游客创造更多的亲身参与机会，提供适度挑战性的体验活动，增强活动的真实性。生态旅游活动的目的是为游客创造难忘的经历和体验，这就需要进行旅游体验调查，通过调查了解旅游市场，分析需求状况，从而选择体验主题，选择不同体验类型，设计有吸引力的生态主题，实现景区环境、社会和经济全面、协调、可持续发展。

4. 优先保护有特色的自然和文化景观

在生态旅游规划中，必须遵循生态学规律，将保护生态旅游资源及生态环境置于优先地位，保持生态平衡。具体表现在生态旅游体验设计应控制在环境的“生态承载力”范围内，如旅游者的体验活动不能进入环境保护的核心区，参与者的体验活动和活动强度也不能超出生态环境承载力的范围。始终坚持“自然、生态、和谐”的理念，注重保留自然风貌，保持生物多样性。

案例 重庆实施五大林业行动 加快建设生态文明城市

森林覆盖率达到43.1%，林木蓄积量$1.97\times10^8m^3$，林业总产值521.9亿元，市级以上财政投入37.42亿元……过去的2014年，重庆市生态文明建设持续发力，在国土绿化、生态保护、林业改革等方面实现了新的突破。

“新的一年，我们将加快林业转型升级步伐，通过五大林业行动的实施，加快建设生态文明城市。”近日，市林业局负责人在接受记者采访时表示，当前，我国经济发展进入新常态，林业发展的内外部环境已发生较大变化，重庆市林业将紧紧围绕中心和大局，准确把握林业的新形势、新机遇、新任务，力争2015年，全市森林覆盖率达到44%，林木蓄积量达到$2.04\times10^8m^3$，完成营造林280万亩，实现林业产值570亿元。

一、五大林业行动

1. 实施生态保护行动，林地森林湿地保护更加严格

“‘鸟中大熊猫’中华秋沙鸭又到重庆越冬了！”近段时间，重庆观鸟会的成员们很是兴奋，因为这已经是他们连续第四年观测到中华秋沙鸭来渝越冬了。

“这与重庆市加强生态环境的保护密不可分。”市林业局野保处负责人说，近年来，重庆市通过实施天然林资源保护工程、建立自然保护区等方式，逐步加强了对生态环境的保护，强化了对珍稀濒危野生动植物的保护。尤其是划定林地及森林、湿地、物种保护红线后，相关工作更是快速稳步推进。

市林业局资源管理处负责人说，“今年，重庆市在严守林地和森林红线的基础上，将细化林业生态保护红线内容，推进区县划定林地和森林保护红线，并落实到地块上，形成红线‘一张图’，及时向社会公布。

在严格林地用途管制方面，将实施林地分级管理、差别管理、定额管理等长效机制。深化林木采伐管理改革，编制‘十三五’森林采伐限额。加强自然保护区、森林公园、湿地公园等重点区域保护。

同时，不断完善体系建设和能力建设，做好陆生野生动物疫源疫病、自然灾害等林业防灾减灾工作。”

2. 实施生态修复行动，让山更青水更绿

近年来，重庆市森林覆盖率年平均提升1个百分点左右，全市的整体生态环境不断改善，不管是城市居民还是农村居民，都获益匪浅。

“这是重庆市大力实施生态修复工程所取得的成效。”市林业局造林处负责人说，今年重庆市生态修复行动将逐步由追求数量向追求质量转变，重点开展两方面的工作：

一方面是加快实施各类林业重点工程。实施好新一轮退耕还林工程，因地制宜发展经济林，争取2015年工程任务达到100万亩；做好天然林保护，落实4505万亩公益林管护责任，开展公益林建设；逐步扩大石漠化综合治理区域，力争治理面积提高5个百分点，综合效益进一步提升；继续推进绿化长江工程建设，加快库区消落带生物治理，进一步探索适生树种及种植模式。

另一方面，出台《三峡水库生态屏障区生态林管护办法》，巩固好生态屏障建设成果。编制《全市森林经营工程规划（2015—2020年）》，实施森林经营工程，开展集体林和1000亩以上林业经营大户编制森林经营方案试点；建设国家木材战略储备林基地20万亩；开展珍稀树种下乡活动；启动森林碳汇工作；开展市级“绿色新村”建设试点，研究古树名木保护补偿机制。

3. 实施生态富民行动，铺就绿色富民新路

近年来，酉阳县大力发展油茶产业。2014年，该县油茶成品油销售额突破2000万元。

“像酉阳一样，近年来，全市不断加快林业产业的发展，已取得了一定的成效。”市林业局合作产业处负责人说。今年，重庆市将进一步加大对林业产业发展的政策指导和扶持，编制《全市林业产业发展规划》，优化木本油料、木竹加工、森林旅游等主导产业的区域布局，推动产业转型升级。尤其在木本油料产业方面，将制定《全市木本油料产业发展规划（2015—2025年）》，加快发展油茶、核桃、油橄榄、油用牡丹等食用木本油料产业。

同时，进一步探索用市场力量推动产业发展，加大对林业龙头企业的支持力度，在营造林补贴、林业贷款贴息、产业基地建设等方面给予项目资金支持，并探索建立科学的林业产值核算体系。鼓励森林旅游发展，编制《森林公园发展规划》，新培育“森林人家”100家。力争全年实现林业产值570亿元。

4. 实施生态服务行动，让群众共享生态建设成果

如今，身边的生态环境越来越受到市民关注。今年起，全市将实施生态服务行动，建立健全生态服务体系，让更多群众共享生态建设成果。

市林业科学研究院负责人表示，今年，重庆市将首先健全森林生态、湿地生态监测体系，在原有基地上，在重点生态功能区、都市商圈、城市公园等重点区域，建设空气负离子监测站点，做好空气负离子浓度的日测日报，为群众出行提供参考。

同时，提高森林公园、湿地公园、自然保护区开放程度，大幅度提高林区可进入程度，加快建设生态良好的天然氧吧和森林疗养地，不断提高群众生活环境质量。

5. 实施生态文化行动，形成全社会爱绿护绿新风尚

“没想到大自然这么有趣，有各种各样的植物，也有许多稀奇的动物。”近日，缙云山开展的一次亲子户外活动吸引了近百名孩子参加。活动还未结束，不少孩子就已开始打听下次活动的时间。

“生态文化的传播，是重庆市生态文明建设的重要内容。”市林业局负责人表示。今年，重庆市将实施生态文化行动，进一步加强生态文化的传播和挖掘，除了建设一批生态文化村、生态文化示范基地、生态文化公园、生态科普教育中心，加强义务植树基地、纪念林基地、名木古树保护点建设外，重庆市还将重点加快渝东北和渝东南国家生态文明先行示范区建设，开展绿化进社区、进家庭，古树名木、绿地“认建认养”，义务植树等活动，进一步增强全社会生态意识。

重庆市将如何面对林业改革发展新形势、新任务？市林业局局长吴亚表示，重庆市林业将围绕生态文明建设主线，在深化林业改革方面做文章，努力实现“四个转变”。

“首先是进一步明晰工作目标，逐步实现规模向效益转变。”吴亚说，规模出效益，但有规模不等于有效益。因此，重庆市将在效益上下大功夫，充分发挥林业的多种功能和作用。在生态效益方面，提高市域国土绿化质量，增强生态保护效果，健全生态安全体系；在经济效益方面，不断调整产业结构，选好主打品种，优化产业布局，完善支持政策，努力打造质量佳、叫得响、反映好的产业品牌；在社会效益方面，不断加强绿道建设，提高林业开放度，定期公布空气负离子浓度，让群众享受林业发展成果。

“其次，重庆市将逐步调整工作重心，逐步实现造林向营林转变。”吴亚说，随着重庆市可用于新造林的地块越来越少，造林地的立地条件越来越差，造林难度越来越大，全市生态建设的工作重心将进行调整，从传统的造林绿化向现代森林培育转变，从只重视造林忽视经营向造林经营并举转变。通过全面加强森林经营，大力开展森林抚育和林相改造，逐步改造低质低效林，不断优化树种结构，真正解决好林相单一、结构不合理，林木生长缓慢、品质差、单位面积蓄积量低下，森林的生态功能不强等问题。

同时，重庆市将进一步明确发展要求，逐步实现数量向质量转变。今后，在严守林业生态保护红线的前提下，重庆市一方面要确保数量合理增加，能造林的尽量造林，能纳入保护范围的尽量保护起来。另一方面，要进一步强化质量优先意识，建立健全林业建设质量制度体系和考核机制，实现质的提升。全面提高良种壮苗使用率，加快林业信息化进程，借助现代技术和手段，确保造林的高质量。

最后就是进一步提高技术含量，逐步实现粗放向集约转变。坚持科技兴林，加大科技攻关，提高创新能力，破解科技难题，推进科技示范，强化科技推广。加强科技人才培养，培养实用型技术员和林农，加快林业科技队伍建设。把科技贯穿于林业发展各方面和全过程，用科技手段育苗、造林、抚育、管护、加工、管理等，逐步提高林业发展科技含量和水平。

二、深化林权制度改革

2015 年全市深化林权制度改革备受期待

1. 关键词：林权综合改革示范区

今年，重庆市的集体林权制度改革将步入深水区，为了进一步探索相关经验，重庆市拟选取北碚、永川、涪陵、南川、奉节、武隆等 6 个区县，作为全市集体林权制度综合改革试验示范区，为全市探索可复制、可推广的经验和办法。

示范区的相关改革也将各有侧重，比如北碚将探索林权收储、发展农民股份合作、赋予集体资产股份权能改革；永川将探索集体林地“三权”分离、公益林管理机制创新、森林经营方案管理等；涪陵重点实施林权交易市场、财政金融扶持体系、公益林流转机制改革；南川重点探索培育壮大林业新型经营主体、森林保险金融制度改革；奉节重点进行林权信息化管理、集体林业资产股份权益改革；武隆重点探索公益林管理机制、财政扶持体系等改革。

2. 关键词：林权管理服务中心

作为重庆市深化林权改革的一个重点，今年，将在所有重点林业区县，特别是林权综合改革试验示范区，建立林权管理服务中心，承担起组织指导农村林业改革发展工作，贯彻落实林改方针政策，承办林权登记造册、核发证书、档案管理、流转管理、林地承包争议仲裁、林权纠纷调处等工作。

同时，建立完善林业社会化服务绩效考评机制，培育发展林业专业化服务公司和林业社团，为林业生产经营者提供各种专业化服务。

3. 关键词：林木采伐改革

今年，重庆市将加强林木采伐分类管理，建立差别化的林木采伐管理机制。放宽人工林、商品林、非林地上的林木采伐管理，严格国有公益林和公益林中的天然林采伐管理。放宽竹林采伐管理，经营者可自主决策，不办理林木采伐许可证。

采伐非林地上的林木不纳入森林采伐限额管理，不办理林木采伐许可证，由经营者自主经营、自主采伐。商品林采伐在不突破限额的前提下，按龄级控制采伐类型和方式。商品林采伐限额年底有结余的，可在限额执行期限内向以后各年度结转使用。经认定的短周期人工工业原料林，由经营者自主确定采伐年龄并编制采伐限额。

同时，建立公开透明的采伐指标分配机制，将采伐指标分解落实到乡镇、集体林场、林业合作组织和企事业单位等，以林为主的林业重点乡镇，提倡采伐指标“进村入户”，同一行政村的农户所分配的同类型采伐指标，还可联户集中使用。

4. 关键词：林木权证

今年，重庆市将进一步加快“三权”分离改革试点。在强化农民对林地承包权的情况下，积极探索集体林地所有权、承包权、经营权“三权”分离改革的新机制，确保维护农户的家庭承包经营权，依法保障农民对承包林地占有、使用、收益、流转及承包经营权抵押、担保权能，分别不同类型核发林木权证，凭证让农民在承包、流转和分配中享有合法权益，让农民共享改革成果。鼓励在非林地上造林，管理机构办理林木证明。

5. 关键词：特色林业产业发展基金

今年，重庆市将探索建立1000万元以上规模的特色林业产业发展基金，充分利用基金的经济杠杆作用，采取林业贷款贴息、股权投资等形式，扶持林业产业发展。

同时，根据全市林业特色产业的发展规划和区域布局，建立林业特色产业项目储备制度，筛选一批产业规模大、发展基础好、辐射能力强、群众增收明显的产业项目，进行对外招商，吸引更多社会资本投入林业产业，促进共同发展。

资料来源：中国林业网 http://www.forestry.gov.cn/2015－02－25

复习思考题

1. 如何理解“生态文明是自然、人、社会价值的生态定位和选择”？
2. 生态文明建设对生态旅游提出了什么要求？

课外阅读书籍

1. 韩也良，华抗美. 生态旅游与生态文明高峰论坛文集. 中国环境科学出版社.
2. 周琼. 转型与创新：生态文明建设与区域模式研究. 科学出版社.

第九章

生态旅游规划

第一节　生态旅游规划的概念及原则

一、生态旅游规划的概念

生态旅游规划的目的是在一定范围和一定时期内对生态旅游发展进行谋划和安排，是为正确指导生态旅游业发展，保证其发展符合科学规律，并为可能出现的问题提供解决方法，从而保证生态旅游发展的有序性，避免盲目性，最终实现生态旅游资源的经济、社会和生态综合效益最大化。因此，生态旅游规划的概念为：在对生态旅游资源调查、评价及对生态旅游市场调查分析的基础上，将生态学的相关理论与一般旅游规划理论相结合，为生态旅游制定发展目标及为实现该目标所做出的一系列谋划和安排。生态旅游规划应该以生态旅游资源为基础，以保护为前提，以市场需求为动力，以旅游项目设计为重点，对生态旅游区的功能布局、建筑风格、旅游设施和生态旅游活动做出符合生态学原理的规划，最大限度地实现人与自然的和谐发展。

在世界范围内，最早具有较完整旅游规划形态的是1959年的美国夏威夷州规划，可被看作现代旅游规划的先驱，体现生态旅游思想的旅游规划早于生态旅游本身的历史，主要表现在旅游规划引入生态学的思想。而世界上第一个生态旅游规划项目是1987年世界自然基金会(WWF)组织进行的。世界上最大的生态旅游管理组织——美国国家公园管理委员会出版的《设施和项目设计的综合指导手册》，提出了包括自然文化资源、景区设计、建筑设计、能源管理、水供应、废水处理和设备维护等在内的可持续设计的基本原则和方法。

生态旅游规划是一种特殊的旅游规划形式，是一种小众高端旅游模式，涉及旅游者的旅游活动与其环境间相互关系的规划。它是应用生态学的原理方法将旅游者的旅游活动和环境特性有机地结合起来，以保护为前提，进行旅游活动在空间环境上的合理布局，并能为当地居民带来公平的受益。同时，生态旅游规划需要遵循生态保护的第一性，生态旅游具有很强的专业性，无论是对从业者、游客、当地居民，还是管理部门，都需要科学系统的教育和培训，并处理好生态旅游区内部生态保护与传统文化、旅游开发、经济效益等的关系以及生态保护、生态旅游开发与当地政府、居民致富的关系。

二、生态旅游规划的特点

1. 生态性

生态性是生态旅游最重要的特点之一，它强调对旅游地生态系统和重要野生动植物的保护，强调旅游项目和设施的生态美。生态系统的复杂性、综合性、抗干扰性和敏感性等是科学制定生态旅游规划的重要依据，生态系统内部各因子相互联系、相互依存和相互制约。虽然生态系统的发展趋向于使内部保持一定的平衡，使系统内各因子间处于相互协调的稳定状态，以维持系统的自我调节机制，抵御和适应外界的变化，但当旅游活动对生态系统的干扰超出其自我调节的范围，如导致其中一些重要因子的质变，就可能引起系统内其他因子的连锁反应，打破生态平衡，造成生态系统的破坏，从而影响生态旅游业的发展。因此，一定要严格按照生态学的规律规划设计生态旅游项目，控制生态旅游干扰强度，保持整个生态系统的稳定性和生物多样性，实现人与自然的和谐共处。

2. 协调共生

生态化规划面对复合生态系统，具有多元化和多样性特点。子系统之间及各生态要素之间相互影响相互制约，直接影响系统整体功能的发挥。景区生态化规划坚持共生就是要使各个子系统合作共存，互惠互利，提高资源利用率；协调指保持系统内部各组分、各层次及系统与环境之间相互关系的协调、有序和相对平衡。

3. 综合效益优化

与传统的大众旅游追求经济利益最大化不同，生态旅游追求的是社会、经济、生态的综合效益最大化，以实现生态旅游地社会、经济和环境的协调与可持续发展。在进行生态旅游规划时，应对生态旅游资源、环境的成本进行评估，如明确森林在旅游景观、提供负氧离子、涵养水源、防止水土流失等方面的价值，以及由于开发不当造成的环境退化，从而在规划中科学计算经济、社会和环境三者之间的成本与效益关系。同时，旅游设施和景观的规划要体现综合利用的原则，要既能促进经济效益的实现，又有利于社区发展和环境保护，体现生态美，实现综合效益的最优化。

4. 专业性

生态旅游是一种高层次的旅游活动，它强调在旅游活动中旅游者对自然知识和传统文化的探索、学习与体验，更注重专业性和知识性。因此，生态旅游规划必须准确把握不同自然生态系统的特征，深刻体现不同地域传统文化的内涵，并以适当的形式呈现给旅游者，从而给生态旅游者创造一种人与自然环境、与传统文化和谐共处、相互交流的情景，使旅游者从中获得富有启迪思想、激发情感、学习科学、融入自然和强身健体的高层次体验和经历，并使自身的环境保护意识得到升华，成为合格的生态旅游者。由此可见，生态旅游规划有更多专业性和知识性方面的要求。

三、生态旅游规划的原则

要使生态旅游规划实现规划目标，实现生态旅游健康、有序和可持续发展，生态旅游规划过程应该遵循以下基本原则。

1. 可持续发展原则

生态旅游规划需协调生态效益、社会效益和经济效益之间的关系；协调生态旅游业与该地区其他产业的关系；协调生态旅游业内部各个子系统之间的关系以及生态旅游建设项目和服务设施与生态旅游资源的关系，最终实现生态旅游地多方面综合效益的可持续发展。

2. 整体性原则

生态环境是一个有机整体，生态化规划应该遵循整体性原则，既要考虑景区的自然生态环境，又要研究人类活动对环境的影响，还要考虑景区内外生态环境的交互作用，把生态化的要求贯穿于景区各项规划之中。

3. 保护优先原则

生态旅游产品的主要特点就是其良好的生态环境，因此生态旅游开发必须以保护生态环境为前提，这是生态旅游区别于大众旅游的核心所在。生态旅游资源的保护应与生态旅游业的发展相辅相成，必须遵循“保护优先”的原则。生态旅游资源作为生态旅游业发展的基础，保护优先原则应体现在生态旅游资源开发、生态旅游项目与设施建设、旅游者的各项旅游活动、社区居民的旅游经营活动、资源利用和废弃物处理等所有环节和生态旅游的全过程。由于生态旅游是一个新事物，在对其规律性还未做到全面认识之前，应适度控制发展规模和速度，采取由小到大、逐渐积累经验、稳步发展的策略，更好地实现保护优先的原则。

4. 地域性原则

不同地区的生态系统有不同的结构、生态过程、生态功能和文化特征，规划的目的也不尽相同，生态规划必须在充分研究区域生态要素功能现状、问题及发展趋势的基础上进行，尊重传统文化和乡土习俗，不同的地域有不同的文化和乡土情结，挖掘当地独特的文化和资源，利用其设计游憩项目，使其独特的魅力和气质表现得更加鲜明，做有文化内涵的生态化设计；充分整合旅游区的自然资源，将有特征的自然因素比如阳光、地形、水、风、土壤、植被及能量等结合在游憩方式的设计中，使其成为自然的衍生物，而不仅仅是消费项目，使游客在娱乐的同时能够真正和大自然融为一体，做可以亲近自然的生态化设计；采用乡土材料，采用乡土材料不仅能反映当地的特色，而且能降低其管理和维护的成本，做到节约的生态化设计。

5. 利益共享原则

在生态旅游规划过程中，要普遍征求利益相关者的意见，使利益相关者真正参与到规划中来，并接受他们的合理建议。规划人员的组成也要体现多方参与，这样在规划过程中既可以实现规划的科学性和可操作性，又能兼顾各方面的利益，实现利益共享。对生态旅游规划而言，利益相关者应重点考虑当地政府部门、社区居民、生态旅游区管理者及有关专家、旅游业经营者和生态旅游者 5 类人群，其中社区参与和分享利益者尤其应受到重视。只有实现多方参与和利益共赢才能使生态旅游在取得良好环境效益和社会效益的同时令各方获得满意的经济效益。

6. 环境友好原则

环境友好是实现资源保护的有效途径。在生态旅游项目与相关设施的规划设计上，应尽可能实现低能源和材料消耗、投资和服务设施建设都应体现资源节约和再循环的环境友好原则，使生态旅游开发和旅游活动对资源和环境的破坏降到最低程度，以求最大程度实现资源的节约。同时，生态旅游相关设施建设要符合绿色标准，在宾馆、饭店等接待设施的规划设计上尽量用污染少的建筑材料，有效利用清洁能源，减少废弃物产生，对污水等实现先治理后排放和循环利用，充分利用高科技手段有效保护旅游区生态环境，做到资源节约与环境友好。

7. 生态教育原则

生态旅游中的生态教育是指在生态旅游活动和旅游业经营过程中进行生态科学知识普及和环境保护的教育。生态教育主要依托生态旅游区环境解说系统，因此，解说系统规划是生态旅游规划中的重要内容。实现生态旅游的环境教育要求从旅游设施的规划建设、旅游项目和产品开发、旅游业经营等各方面将环境教育原则和内容融入其中，并始终贯穿于生态旅游从业者、当地居民和生态旅游者的生态环境教育。

8. 减法原则

减法原则是对自然原始型旅游资源在时间与空间上的统筹规划，这类资源主要以风景名胜古迹、自然山水景观环境、森林区域为载体，由于自然天成和历史积淀，其资源本身就已形成对旅游者强大的吸引力，因此在生态旅游规划设计的过程中，既无需移植荟萃各地自然人文景点，也不一定要引入高科技的、代表时尚潮流的休闲娱乐项目，而是根据现有资源特征，最大限度地为旅游者创造时空差异、文化差异的感受。因此，生态环境的改善、视觉景观的美化、文化历史的保护成为生态旅游规划设计工作中的重中之重。

生态旅游资源大多属于自然资源，如动物资源、植物资源、生物资源、土地资源、水资源和气候资源等，这些资源是当地生态系统的物质组成部分，并在系统中体现出各自相互和谐的物质形态和运动形态。人类活动的介入，将对现存稳定平衡的生态系统产生人为影响。因此，对那些自然景观较为良好的生态旅游地的开发设计应用减法原则进行规划设计，尽可能地减少干扰影响自然美的人工雕琢。而且生态旅游也是一种经济现象，运用减法原则进行规划设计，能够减少成本支出，尤为重要的是该成本不仅包括建设各种旅游服务设施的费用，还包含一些自然资源价值的损耗，从而产生了更大的经济效益。

第二节　生态旅游规划体系

一、资源保护体系

对生态旅游资源的分级、分类保护应根据地文景观、生物景观、水文景观、气象气候景观、人文生态景观的不同特点制定相应保护措施，做好与相关规划的协调衔接，优化旅游项目的建设地点，合理确定建设规模。在自然保护区的核心区和缓冲区、风景名胜区的核心景区、重要自然生态系统严重退化的区域（如水土流失和荒漠化脆弱区）、具有重要科学价值的自然遗迹和濒危物种分布区、水源地保护区等重要和敏感的生态区域不进行旅游项目开发和服务设施建设。景区建设要因地制宜、方便简洁，鼓励采用节能、轻型、可回收利用的材料设备，实施绿色旅游引导工程，在旅游景区、宾馆饭店、民宿客栈等各类生态旅游企业开展绿色发展示范。规划包含生态旅游企业的环保责任。建立游客容量调控机制，科学合理确定游客承载量。重点生态旅游目的地，例如，大江大河源头区、高山峡谷区、生态极度脆弱区等地区，按照《景区最大承载量核定导则》，严格限定游客数量、开放时段和活动规模，健全资源管理、环境监测等其他保护管理制度，严格评估游客活动对景区环境的影响，规范景区工作人员和游客行为。

二、公共服务体系

结合生态旅游交通服务设施建设，考虑重点生态旅游目的地到中心城市、干线公路、机场、车站、码头的支线公路，以及重点生态旅游目的地间专线公路，利用生态旅游目的地与主干线之间的便捷交通网络体系，宣传推行绿色交通，建立便捷的换乘系统。依托重点生态旅游目的地、精品生态旅游线路和国家生态风景道，建设自驾车、房车停靠式营地和综合型营地。加强生态旅游宣教中心、生态停车场、生态厕所、绿色饭店、生态绿道等生态设施规划。实施公共服务保障工程，支持重点生态旅游目的地游客聚集区域的旅游咨询中心建设，支持区域性的旅游应急救援基地、游客集散中心、集散分中心及集散点建设。健全旅游信息发布和安全警示功能，完善生态旅游保险体系和应急救援机制，提高突发事件应急处理能力。

三、环境教育体系

将生态旅游作为生态文明理念的传播途径，把生态旅游环境观纳入生态旅游开发建设体系，提升环境教育质量，培养生态旅游者尊重自然、顺应自然、保护自然的意识。完善生态旅游环境教育载体，有序建设自导式教育体系和向导式教育体系。加强解说牌、专题折页、路边展示、解说步道、体验设施、小型教育场馆、新媒体等载体建设。强化从业人员岗前培训和技能培训，提高解说水平和活动策划能力，开展形式多样的环境教育活动，编写具有地方特色的解说词，鼓励提供多语种服务，满足国际游客需求，提高环境教育的科学性、体验性和实用性。推进环境教育社会参与，构建企业、公益机构等在重点生态旅游目的地建设环境教育基地，通过志愿者服务等公益性活动推动环境教育，支持结合当地社区发展开发乡土环境教育教材，开设自然学校，为中小学生提供认知自然的第二课堂。通过开展生态教育，加深游客环境认知，增强环境保护意识。

四、社区参与体系

完善生态旅游社区参与机制以及社区参与主体、途径、方式、程序和保障，明确外来企业在生态旅游发展过程中对当地生态环境和社区居民的责任，企业收益以一定形式返还当地居民。景区内经营性设施的特许经营，在同等条件下优先考虑当地居民和企业，聘用管护人员等职工时，在同等条件下优先安排当地居民。支持社区居民组织利益共同体，建立投资风险共担、投资收益共享的良性发展机制。重视生态旅游的扶贫带动作用，依托乡村旅游富民工程，探索符合地方实际的生态旅游扶贫模式。大力发展生态旅游职业教育，提升社区居民素质和从业技能，增强参与生态旅游发展的能力，重点在生态环境建设、生态资源保护、生态解说与环境教育、生态旅游开发运营等环节扩大就业。

五、营销推广体系

塑造生态旅游区整体形象，推出生态旅游形象宣传标识，设计独具地域特色的生态旅游形象。完善品牌管理体系，促进中国生态旅游国际知名度和美誉度的提升。注意生态旅游市场的差别化营销推广。培育区域生态旅游市场，引导开发野生动植物观光、生态养生、户外探险、深海体验等生态旅游，积极发展入境旅游，加强市场秩序维护和舆论监督。

六、科技创新体系

融入有助于生态旅游发展的先进技术，加强虚拟现实技术等新技术在生态旅游中的应用，探索重要和敏感生态区域的虚拟现实技术展现，优化旅游体验。促进移动互联网与生态旅游融合，通过移动终端、门户网站、计算机应用程序促进旅游供给与需求的有效对接，提升生态旅游产品服务质量。开展生态旅游装备自主研发。加强生态旅游基础理论研究，指导发展实践。探索建立生态旅游产业统计体系，明确生态旅游统计指标口径和测算方法。建立生态旅游数据库，及时掌握生态旅游市场、生态旅游影响等相关数据。

第三节　生态旅游规划的内容

生态旅游规划主要涉及以下内容：①现状分析，历史沿革，风景资料评价，接待服务条件及管理现状；②总体布局规划，风景区性质与特点，发展目标与指导思想、布局结构，景区划分，游览线路组织，风景区保护规划，风景区管理范围、保护地带、保护区，分级、保护措施，风景资源（自然、文化）保护与利用规划；③绿化植被规划；④交通规划；⑤基础工程设施规划，给水、排水规划，供电、邮政通信规划；⑥旅游服务、生产生活、管理设施规划；⑦经济发展分析与布局；⑧重点景区、服务基础规划，居民点规划，大型建设项目规划；⑨投资估算与效益分析，技术经济论证。

一、划分功能区

生态旅游规划与一般旅游业规划的明显区别在于生态旅游必须遵循生态学原理和方法。以风景区和保护区生态系统特点、空间结构和功能分区为规划基础。典型的生态旅游规划多以自然保护区为代表，对于开展生态旅游的自然保护区，要根据不同保护区内不同区域的重要性和脆弱性，划分为核心保护区、缓冲区和试验区等不同层次。核心区禁止建设任何旅游设施；缓冲区只可开发科学考察活动；旅游设施如娱乐活动区、停车场及生活服务区、管理区等则应规划在生产实验区或保护区的外围。保护区的旅游发展规划和建设，必须在划分好这三个功能区的基础上进行，并把旅游参观活动的线路、范围尽可能地限定在实验区内。通过合理划分功能区，拟订适合动物栖息、植物生长、旅游者观光游览和居民居住的各种规划方案。

二、容量标准的制定

生态旅游规划的核心是保护，而保护的基本措施就是确定生态旅游合理容量，这是合理开发生态旅游的基本依据之一。影响旅游容量的环境因子是多种多样的，但主要的有交通、床位、空间、游乐设施和停留时间，然而，旅游环境容量是一个庞大复杂的系统，受到各种自然因素和社会经济因素的综合作用。这几个因子称为限制性因子，这些因子将对旅游环境容量起着直接的限定作用。然而，旅游容量的大小常常取决于那些表现为不佳状况的限制性因子。

三、环境保护和生态保育规划

生态旅游地能否保持清新、自然、安静和生机盎然的环境，是保持和提高旅游吸引力的根本性保障。生态环境是一个整体，旅游规划在结构布局、旅游项目安排、旅游承载容量、建筑开发强度、建筑形象等与此有关的诸多方面，均须予以充分的考虑。在此基础上，旅游规划应对下述几个主要的、相互密切联系的生态环境因素进行专门的规划安排，通常称之为“环境保护与生态保育规划”。

环境保护与生态保育规划意义重大，理想的规划所涉及的内容包括：旅游发展的环境影响评价、环境保护规划、环境卫生设施规划、绿化与生态保育规划。其中的绿化与生态保育规划，宜将绿地系统规划、野生动植物保护、水土保持构成一个整体。对旅游发展的环境影响评价，即将环境理解为由生态、社会、经济等诸多要素共同组成的一个复杂的有机系统，以环境保护的原则要求为基准，对不同开发方案进行生态、社会和经济影响的评估，从而为各地开发管理提供环保依据。

四、文化保护和社会发展规划

文化是生态旅游的灵魂，文化保护与发展规划是保护我国旅游资源及其特色的必然要求，在突出保护与发展的重点时需注意对文化内涵的发掘与继承。文化保护与发展规划的内容一般包括：历史文化演变及价值概述；确定文化的性质、类型、规模、现状和特点；因地制宜地确定保护原则和工作重点；划定保护区（如民族文化保护区、建筑风貌保护区）及必要的用地调整、建设控制地带及视域视廊保护措施；对重要的实物保护对象的修整、利用和展示的规划意见（文物古迹、古城历史地段、传统村落）；对传统文化、民俗精华、特色手工艺的保护、传授及旅游开发意见（包括传说、歌舞、节庆、传统工艺品、服装、食品、生活器物）；对传统或特色产业（农林牧副渔及手工业）的保护与旅游开发意见。

与旅游规划同步进行的社会事业发展规划的主要内容包括：社会发展现状概述；精神文明建设与社会发展目标；人口控制和居民区发展（计划生育外来劳动力管理、风景区与自然保护区人口搬迁与就业、居民与游客集聚区的合理布局等）；公共服务设施发展与地方社区的协调（文化博览设施、体育娱乐设施等）；科教、卫生与社会保障体系；其他有关措施。

五、导游培训规划

生态旅游对导游水平的要求很高，从事生态旅游的导游人员需要掌握丰富的生态旅游专业知识，为此，应对其进行生态旅游知识培训，制订导游培训的具体计划，如导游的数量、培训方式、导游词的编写以及其他相关知识的学习等。

六、居民安排和规划

生态旅游的一大特征就是使当地居民受益，开展生态旅游离不开当地居民的支持，因此，应尽可能使其参与旅游区的工作，为他们提供就业机会，协助他们开办家庭旅馆、风味餐馆、手工制品等服务业，使其融入旅游区，成为生态旅游区的受益者、守护者。

第四节 旅游承载力的测算

一、旅游承载力的概念

旅游承载力又称为旅游容量或旅游环境容量，它是旅游地理学、旅游环境学、旅游规划学乃至旅游管理学关注的焦点问题之一，被称为旅游可持续发展的判别依据之一。旅游承载力的评估和拓展对于实现旅游业的可持续发展具有重要意义，是一个从生态学中发展起来的概念。"承载量"这一概念最早并不是用于人身上，而是用于动物身上，尤其是动物养殖业，如一定面积的草地可供多少只羊食用，且草地不会受到严重损害，日后又照样可提供放牧使用。而"环境容量"作为一个概念最初诞生于19世纪末的日本，它是指某一区域环境可容纳的某种污染物的阈值；存在阈值的基本原因是环境(特指自然生态环境)具有一定的消纳污染能力，但这种能力存在一个上限值，即容量。今天，这个概念已经是环境管理中实施对污染物总量控制的重要概念。而且，随着社会的发展，这一概念的内涵和外延也在不断发展和深化。在100多年的时间里，人们已将它从单一的生态学领域借用到很多相关领域，如环境保护、人口问题、土地利用、旅游管理等。旅游承载力的概念出现的时间较晚，最早是由W・拉帕吉(W. Lapage)在1963年首次提出，并伴随着现代环境运动而产生。

旅游承载力是指一个旅游目的地在不至于导致当地环境和来访游客旅游经历的质量出现不可接受的下降这一前提之下所能吸纳外来游客的最大能力。旅游承载力也称为景区旅游容量，它是在一定时间条件下，一定旅游资源的空间范围内的旅游活动能力，即满足游人最低游览要求，包括心理氛围以及达到保护资源的环境标准，是旅游资源的物质和空间规模所能容纳的游客活动量。景区承载力强调了土地利用强度、旅游经济收益、游客密度等因素对旅游地承载力的影响，在内容上包括了资源空间承载量、环境生态承载量、经济发展承载量、社会地域承载量等基本内容。一个旅游地的旅游承载力是这些承载力的综合能力，包括生态旅游自然环境承载力、生态旅游空间资源承载力、生态旅游经济承载力、生态旅游心理承受力四个方面。

二、生态旅游环境承载力的特点

生态旅游环境承载力特点包括客观性、综合性、不确定性、可量性和可控性。

1. 客观性

生态旅游环境承载力是通过旅游环境系统的结构和功能以及旅游者的消费心理和旅游行为的变化表现出来，是客观存在的。

2. 综合性

综合性表现在旅游区的综合接待能力，生态旅游环境承载力也是一个综合性的概念体系。

3. 不确定性

在计算旅游环境承载力过程中会存在很多不确定性，限制测度的准确性。

4. 可量性

旅游承载力有质和量两个方面的客观性。

5. 可控性

人类对生态环境系统有改造性。

三、生态旅游环境承载力的计算

生态旅游环境承载力的计算涉及环境容量和游客容量两个指标。当环境容量大于游客容量时，景区旅游承载力处于健康状态。但当游客容量大于环境容量时，景区旅游承载力就处于不健康状态，违背了可持续发展的基本逻辑。

（一）环境容量的测算

环境容量是指在保证旅游资源质量不下降和生态环境不退化的前提下满足游客舒适、安全、卫生、方便等需求，一定时间和空间范围内，允许容纳游客的最大承载能力。研究环境容量就是为了寻求和阐述游客数量与环境规模之间适度的量化关系。环境容量一般可以分为三个层次：①生态的环境容量：生态环境在保持自身平衡下允许调节的范围；②心理的环境容量：合理的、游人感觉舒适的环境容量；③安全的环境容量：极限的环境容量。在生态旅游景区规划中涉及的环境容量主要从生态环境容量角度进行考虑。

其依据具体情况可分为：卡口法、面积法、线路法（游道法）3 种计算方法。

1. 卡口容量法

卡口容量法通常被使用于对住宿设施、餐饮设施环境容量进行测算，计算公式为：

$$C = BQ;\quad B = t_1/t_3;\quad t_1 = H - t_2$$

式中　C——日环境容量，人次；

B——日游客批数；

Q——每批游客人数；

t_1——每天游览时间，min；

t_2——游完全程所需时间，min；

t_3——两批游客相距时间，min；

H——每天开放时间，这里取 480min。

2. 面积容量法

面积容量法通常对区域中所有面积均可让游人涉足的情况进行测算（如休闲草地等），计算公式为：

$$C = AD/a$$

式中　C——日环境容量，人次；

a——每位游客应占有的合理游览面积，m^2/人；

A——可游览面积，m^2/人；

D——周转率（D = 景点开放时间 480min/游览景点所需时间）。

3. 线路容量法（游道法）

线路容量法主要针对游客被集中在游步道上，无法自由涉足景区内其他区域的情况（如登山道），可分为完全游道和不完全游道两种方式计算。

(1)完全游道法

完全游道是指形成环形游步道的线路，在此线路状况下，游客在游玩过程中不需要走回头路，计算公式为：

$$C = MD/m$$

式中 M——游道全长，m；

D——周转率(D = 景点开放时间 480 min/游完景点所需时间)；

m——每位游客占用合理游道长度，m/人。

(2)不完全游道法

不完全游道是指无法形成环形游步道的线路，在此线路状况下，游客在游玩过程中必须走回头路，计算公式为：

$$C = MD/(m + mE/F)$$

式中 M——游道全长，m；

D——周转率(D = 景点开放时间 480min/游完景点所需时间)；

m——每位游客占用合理游道长度，m/人；

E——沿游道返回所需时间；

F——游完全游道所需时间。

(二)游客容量的测算

游客容量是指在特定条件下，游客一天最佳游览时间内景区所能容纳旅游者的能力。它一般等于或小于景区的日环境容量，是景区规划设计的重要依据。其计算公式如下：

$$G = t/T \times C$$

式中 G——日游客容量，人；

t——游完某景区或游道所需的时间；

T——游客每天浏览最舒适合理的时间；

C——某景区或游道的日环境容量，人次。

第五节 生态旅游线路规划

生态旅游线路规划是一个技术性(经验性)非常强的工作，它涉及几个基本问题：其一，生态旅游资源所处的区位情况及其发挥的生态效益如何；其二，生态旅游产品针对的目标市场及其可能的变化趋势；其三，生态旅游资源所处地区经济发展水平、国际旅游发展水平、服务管理水平等相联系的旅游供给一体化程度，即地区旅游产业内外关联和协调能力如何；其四，生态旅游者在接待地区消费旅游产品时，其受教育程度、旅游行为的自主程度如何等。

一、生态旅游线路规划步骤

旅游线路的设计大致可分为四个步骤：

①确定目标市场的成本因子，它在总体上决定了旅游线路的性质和类型。

②根据游客的类型和期望确定组成线路内容的旅游资源的基本空间格局，旅游资源的对应旅游价值必须用量化的指标表示出来。

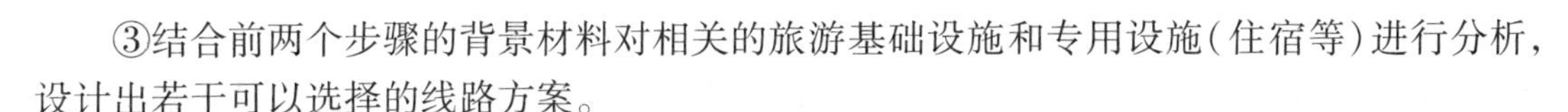

③结合前两个步骤的背景材料对相关的旅游基础设施和专用设施（住宿等）进行分析，设计出若干可以选择的线路方案。

④选择最优的旅游线路方案。其中，第三个步骤的工作最富技术性，设计中必须对第二步骤给出的基本空间格局不断进行调整，以形成新的、带有综合意义的空间格局。

二、生态旅游线路规划原则

1. 生态效益原则

生态旅游的产生是人类认识自然、重新审视自我行为的必然结果，体现了可持续发展的思想。生态旅游是经济发展、社会进步、环境价值的综合体现，是以良好生态环境为基础，保护环境、陶冶情操的高雅社会经济活动。生态旅游所提倡的“认识自然、享受自然、保护自然”的旅游概念是旅游业的发展趋势。为保持其可持续发展，需要重视生态旅游资源的生态环境效益，草原、湖泊、湿地、海岛、森林、沙漠、峡谷等生态资源和文物一样，极易受到破坏，一旦破坏就难以恢复，甚至可能在地球上消失。

2. 节奏合理原则

生态旅游线路规划过程中，应充分考虑旅游者的心理与精力，将游客的心理、兴致与景观特色分布结合起来，注意高潮景点在线路上的分布与布局。推动旅游活动张弛有度，结构顺序与节奏合理。

3. 特色突出原则

人类天然具有求新求异的心理，单一的观光功能景区和旅游线路难以吸引游客回头，即使是一些著名景区和游线，游客通常观点也是“不可不来，不可再来”。因此，在线路规划中应尽量突出自己的特色，唯此才能具有较大的旅游吸引力。因此，特色是生态旅游产品的生命力所在。生态旅游线路规划均依托当地的生态旅游资源和自身条件，打造和组合与众不同、具有持久吸引力的生态旅游线路是生态旅游景区整合线路合理性、有效性的综合体现，从而推动旅游产品结构和旅游方式的完善。

4. 推陈出新原则

生态旅游市场的发展日新月异，游客的需求与品位也在不断地变化、提高。好的生态旅游线路主题的推出，往往能满足游客追求新奇的心理，也更容易从新的角度对游客进行生态教育。因此，根据市场情况及时推出生态旅游新线路及注重新生态旅游主题的开发，有助于生态旅游可持续发展的推进。

三、生态旅游线路规划中应注意的问题

①游览道路的选线应建立在森林公园景观分析的基础上。通过景观分析，判定园内较好景点、景区的最佳观赏角度、方式，为确定游览线路提供依据。园内道路所经之处，两侧尽可能做到有景可观，使游人有步移景异之感，防止单调、平淡。

②道路线型应顺应自然，一般不进行大量的填挖，尽量不破坏地表植被和自然景观。道路走行位置不得穿过有滑坡、塌方、泥石流等危险的地质不良地段。

③森林公园内部道路系统可采用多种形式组成环状、网状结构，并与森林公园外部道路合理衔接，沟通内外联系。有水运条件的地区，宜利用水上交通。

④森林公园内主要道路应具有引导游览的作用。根据游客的游兴规律，组织游览程

序，形成起、承、转、合的序列布局。游人大量集中地区的园路要明显、通畅，便于集散。通向建筑集中地区的园路应有环行路或回车场地。通行养护管理机械的园路宽度应与机具、车辆相适应。生产管理专用道路不宜与主要游览道路交叉重合。

⑤森林公园内应尽量避免有地方交通运输公路通过。必须通过时，应在公路两侧设置30~50 m宽的防护林带。

⑥面积大的景区中应设有汽车道、自行车道、骑马道或者游步道。按其使用性质可将森林公园内的道路分为主干路、次路、游步道3种。

主干道：是森林公园与国家或地方公路之间的连接道路以及森林公园内的环形主道。其宽度为5~7 m，纵坡不得大于9%，平曲线最小半径不得小于30 m。

次路：是森林公园内通往各功能区、景区的道路。宽度为3~5 m，纵坡不得大于13%，不得小于15 m。

游步道：是森林公园内通往景点、景物供游人步行游览观光的道路。应根据具体情况因地制宜地设置。宽度为1~3 m，纵坡宜小于18%。

⑦森林公园道路应根据不同功能要求和当地筑路材料合理确定其结构和面层材料，其风格应与森林公园的环境相协调。

⑧一般道路应占全园面积的2%~3%。在游人活动密集区可占5%~10%。只有保证这一比例，才能减少游人活动对森林环境的破坏。

⑨森林公园中交通工具的选择应尽量避免对环境的破坏，以方便、快捷、舒适为原则。同时应结合森林公园的具体环境特点，开发独具情调、特色的交通工具。

复习思考题

1. 景区生态旅游环境承载力超载与疏载的管理调控如何实现？
2. 如何运用生态旅游规划手段对生态旅游环境进行有效的管理与保护？
3. 生态旅游的绿色技术有哪些？

课外阅读书籍

吴必虎. 旅游规划与设计. 中国建筑工业出版社，2016.
张玉钧，刘国强. 湿地公园规划方法与案例分析. 中国建筑工业出版社，2013.
杨桂华. 生态旅游的绿色实践. 科学出版社，2000.

第十章

生态旅游资源开发

第一节　生态旅游资源开发的理论基础

生态旅游资源的开发可视为一种经济活动，必须具备一定的理论基础，遵循开发的科学性、合理性，才不至于对经济活动本身和自然环境产生负面影响。生态旅游资源开发的理论基础主要立足于以下几点。

一、根据地域分异规律，突出旅游资源特色

地域分异规律是指自然地理要素各组成部分及其构成的自然综合体，在地表沿一定方向分异或分布的规律性现象。包括了纬度地带性分异规律、经度地带性分异规律、垂直地带性分异规律以及局部的地方性差异等。

自然地理地域分异规律的存在，使得生态旅游资源的分布和特征也具有地域差异性。这些差异为当地生态旅游开发提供了不同的资源优势。地域分异规律对区域经济、人文景观也产生一定影响，这就要求旅游规划要突出旅游资源特色，注重旅游地形象的树立，在进行旅游区划分和旅游地景区划分方面，地域分异规律就是划分的理论依据。

二、根据区位理论，寻求最佳旅游区位优势

区位即位置，包含自然地理位置、交通地理位置和经济地理位置。区位因素包括了自然因素、经济技术因素和社会政治因素。区位论被引入生态旅游开发研究后，其原理在指导生态旅游资源开发方面，集聚规模效益、涉及旅游目的地的开发布局、旅游资源的合理配置、吸引力、可进入性、客源市场等诸多区位因素影响着旅游资源的开发层次、开发类型、开发等级和旅游交通线路布局、旅游业空间布局等方面，因此，生态旅游开发中区位状况研究是一项重要工作。

三、根据生态学与经济学、市场学理论，生态旅游资源开发遵循供求平衡原则

生态旅游资源的开发，也是生态旅游市场的开发。生态旅游资源的开发不能否认经济学规律，其决定了旅游产业结构是否合理和最优化，而且旅游经济学在以生态旅游资源为核心的生态旅游产品的生产、流通、消费等方面有着独特之处。

生态旅游资源开发是以生态旅游需求为背景的，有了生态旅游需求才能形成市场。旅游资源开发与规划是从旅游供给方面出发，而市场学原理则从旅游者为核心的旅游需求方

面出发，旅游资源的开发利用状况可以通过市场的研究与反馈了解，以便及时调整。

四、根据可持续发展理论，促使生态旅游资源持续、合理的保护性开发

"可持续发展"顾名思义，一要发展，二要可持续，既"满足当代人的需要，又不对后代人满足其需要的能力构成危害的发展"。生态旅游资源开发要与当地环境、经济、文化相结合，走可持续发展之路。可持续发展理论同生态学、环境学关系密切。所以在生态旅游资源开发时，要学习可持续发展理论，通过科学的发展规划予以落实，保护旅游开发赖以生存的环境质量。

五、根据系统理论，构筑完整的旅游开发系统结构

系统论认为，系统是由相互联系的各个部分和要素组成的结构和功能的有机整体。生态旅游是一个集环境、资源、资金、人力和潜力于一体的综合产业，也是一个融合了社会、经济、政治、文化、环境的系统工程。旅游产业系统是开放的系统，受多种因素的制约和干扰，所以需要了解清楚该系统的诸要素及诸要素之间的关系。在生态旅游资源的开发规划中需设计相应的模型来反映整个系统的层次和结构。从整体出发，以及经济、社会和环境三者综合统一的角度，根据旅游资源的发展情况，动态地制定规划，以确定不同阶段的发展目标、规模和手段。

第二节　生态旅游资源开发的原则和模式

一、生态旅游资源开发的原则

1. 独特性原则

生态旅游资源开发时应尽可能保持生态环境原始的风貌。在生态旅游景区内开发旅游资源或建设旅游项目，都要根据旅游资源的具体性质、形态、规模和密度进行设计开发。充分利用特殊的资源。旅游资源中，有很大一部分拥有特殊的称号，如最大、最古等。在开发利用时，形成自己特有的特色，等于为开发成功打下坚实的基础。

各种设施应与生态景观相适应和协调。生态旅游景区内的任何建筑，无论形式还是外观，要与景观协调一致。否则会造成生态景观破坏。因此，各项设施尽可能利用当地的材料和技术进行修建。由于旅游文化的地域性形成风格的独特，是吸引旅游者的原因之一，所以旅游区建筑设施应与当地风土人情相协调。

2. 市场导向原则

生态旅游资源开发的根本目的，是把旅游产品推向市场，供应给旅游者。所以生态旅游资源的市场大小、特征及与旅游地间的距离远近等都是开发前必须考虑和确定的内容。现代市场经济要求旅游产品开发要有"人本"意识，从旅游者的角度来设计、开发产品。

3. 开发与保护相结合原则

保护是开发生态旅游资源的前提，在开发建设过程中，必须正确处理开发与保护二者之间的关系。将保护工作放在首位，采取切实措施保护景观、景物、环境和意境。

4. 经济效益、社会效益和生态环境效益相统一的原则

生态旅游资源开发是一种经济技术行为，经济效益是生态旅游资源开发的重要目标。然而，开发的根本目的是促进生态旅游资源的永续利用。生态旅游资源保护包括两个方面：一是保护生态旅游资源本身在开发过程中不被破坏，正确处理好开发与保护的关系；二是要控制开发后旅游区的游客接待量在环境承载力之内，以维持生态平衡。同时，生态旅游开发还必须注重社会效益，一方面体现于旅游者在旅游地获得精神享受、情感熏陶后的愉悦感和满足感；另一方面体现旅游者与当地居民之间的经济、文化交流所产生的相互影响。

二、生态旅游资源开发的模式

1. 兴建

"兴建"是指创造性地建设新的生态旅游吸引物，如建立"丛林飞跃""林中旱地雪橇"等项目。多在接近客源地、区域经济发展较好，但生态旅游资源类型单一或数量较少的区域采用。

2. 利用

"利用"是指利用原有的非旅游资源，使之成为旅游吸引物。例如，大型水库、高校校园、西昌卫星发射基地等成为修学、考察等生态旅游新热点。

3. 提高

"提高"是指利用原有生态资源与基础，开发新的旅游活动项目，提高其整体的质量和吸引力，以达到丰富特色、提高收益的目的，如环保夏令营、森林科学小讲坛等。

4. 改造

"改造"是指投入相当数量的人力、物力和财力，对已有的资源进行局部改造，使其符合生态旅游需要，成为旅游吸引物。

三、生态旅游资源开发的程序

1. 生态旅游资源调查与评价

生态旅游资源开发的基础性工作是对生态旅游资源进行全面的调查研究和评价，对旅游资源进行定性和定量评价，分析其旅游价值、功能、空间组合特征及旅游容量。

2. 可行性分析

一是经济可行性分析，经济可行性分析由市场分析和经济效益分析两部分构成。二是技术可行性分析，首先，要分析生态旅游资源开发的技术要求和难度，然后对一定时期内的施工条件、施工设备、施工技术和工作量进行评估。三是社会环境可行性分析，主要包括当地居民对旅游开发的观念和态度、当地政府对旅游开发的支持力度、有关法律政策对旅游活动的规定、旅游业可能带来的文化冲击和社会影响、旅游资源的脆弱性、生态环境的敏感性、旅游环境容量、旅游活动可能造成的资源和环境破坏程度等。

3. 开发规划和设计

一是确定生态旅游资源开发的性质、内容、主题、规模、范围、特点及规划期实现的方向和目标；二是规划区内基本结构与总体项目布局、功能分区，综合部署各项旅游项目与配套基础服务设施；三是对规划区组成的物质要素和分区进行具体的运筹布局与设计，使旅游资源的总体形象与特征得以充分完美的体现，实现艺术的再创造和旅游功能体系的有机结合；四是拟定功能分区开发建设保护的具体措施，制订分期建设计划并进行投资和经济效益的预测。

4. 具体实施和经营管理

一是按照既定规划设计进行实质性开发建设，并不断充实与完善；二是组织和经营生态旅游活动，不断开拓生态教育和丰富生态主题内容以及其他生态旅游项目内容，形成开发经营实体，以发挥最大的社会经济效益；三是建立和完善生态旅游管理体制，健全开发建设经营管理、绿化、环卫、文物保护和旅游服务等多项制度和法规，切实保护生态旅游资源和生态旅游环境；四是根据市场信息反馈和需求结构的变化，进一步认识生态旅游资源的价值与旅游功能，优化其已形成的生态旅游设施与服务系列，维持并不断提高生态旅游资源的吸引力。

第三节　生态旅游资源保护

一、自然旅游资源保护

自然旅游资源保护主要包括：宣传教育方式、科技运用方式、合理规划方式、经济推动方式和法律法规方式。

（一）宣传教育方式

生态旅游环境保护的宣传与教育手段就是指通过现代化的新闻媒介和其他形式，向公众传播有关旅游环境保护的法律知识和科技知识，以达到教育公众，增强其环境意识，进而达到保护旅游环境的目的。环境宣传属于环境教育，生态环境宣传是手段，环境教育是目的，两者相辅相成，只有紧密结合，才能达到保护环境的目的。目前，环境保护与旅游经济发展的不协调性，主要是由人们缺乏环保意识和过分追求经济效益的思想和行为支配所造成的。要解决这一问题，最重要的是要对全民不间断地进行生态环境教育。可以说环境意识和环境质量如何，是衡量一个国家和民族文明程度的一个重要标准。

旅游环境保护宣传教育的目的就是使人们正确认识旅游环境问题，树立良好的环境意识，养成文明的旅游消费习惯，掌握必要的环境保护知识，从而投身于防治环境污染改善生态环境的行列。环境意识是人们对自然界的一个基本的认识和态度，它一方面反映了人们对环境问题及其危害的认识水平，另一方面又体现在人们保护环境的自觉行为上。环境意识一般分为两个层次：一是从每天的日常生活经验中产生的“日常生活意识”；二是距离日常生活较远，通过接受宣传和教育才具有的“生态环境意识”。这两种意识的一致性越强，或者说人们对两者之间的相互关系的认识程度越深，那么他的环境意识就越强。公众对环保知识的渴望与具有环保知识的水平是环境意识形成的基础。公众探求知识的原始动力源于环境问题对其生存所产生的威胁。而公众从法律道德的角度出发，约束自己的行为并积极参与到环境保护事业中去，才是环境意识的最高境界。

旅游环境保护宣传教育的根本任务是提高旅游者及旅游地居民和旅游企业的环境意识和培养旅游环境保护方面的专业人才。搞好旅游环境保护宣传教育可以提高旅游者及居民对环境保护的认识，实现道德、文化、观念、知识、技能等方面的全面转变，树立旅游可持续发展的新观念，自觉参与共同承担保护环境、造福后代的责任和义务。其包含了以下三部分内容：

1. 环境意识的宣传教育

环境意识的宣传教育包括认识意识和参与意识两个方面。在我国参与意识的教育格外重要，应使人们认识到保护环境人人有责。环境意识教育可以说是旅游环境保护宣传教育中的基础教育，没有它，一切环保手段或措施都难以收到实际的效果。

2. 环境伦理道德教育

首先，对环境的保护仅仅依靠法律是不够的，还需要培养公众的环境伦理观，道德往往重于法律。原因在于法律是人们价值观念的反映和记录，人们的环境道德是环境法的伦理基础，影响着环境法实施的实际效果；其次，法律往往滞后于现实生活，而新的环境问题却层出不穷；再次，从制定法律到培养出人们的良知需要一个过程；最后，即使最健全的法律规范所包含的内容，也不会比起码的公共伦理影响更多。因此，公众能否自我约束，能否产生恰当的环境伦理是至关重要的。

3. 开源节流的教育

开展开源节流的教育，可使人们学会自觉地抑制过度消费的生活模式，学会为子孙后代着想。另外，旅游企业在经营中也需要开展开源节流的教育，杜绝浪费现象，这对企业降低成本，提高经济效益非常重要。

4. 环境法制教育

公众的环境法律意识是环境法律制度的深厚土壤和根基，如果欠缺这一沃土和根基，环境法律制度势必缺乏深厚的社会基础。因此，培植这一基础对于有效实施环境法律制度来说尤为迫切。要执行环境保护法律法规和各项制度，首先要加强环境法制教育，掌握这些法规、制度，同时还要研究如何正确地执行这些法律法规和制度。

5. 专业教育

随着环境保护事业的发展和世界环境问题日趋严重，无论是国内还是国外，都需要环境保护专业人才。应努力提高专业教育的质量，培养多层次环保专门人才。

在旅游区必须加强对旅游者、旅游从业人员、当地居民及领导干部的环境知识教育，形成保护生态环境的合力。由于各类人员在旅游环境保护中的地位、作用和影响不同，实施环境教育的具体内容及方法也不同：

(1) 对旅游者的旅游偏好引导教育

旅游活动是一种高层次的消费活动，旅游者是旅游消费的主体。旅游者在旅游消费过程中的行为对旅游地环境影响极大。增强旅游者环境意识，使其在旅游消费过程中遵守一定的旅游消费道德规范是旅游可持续发展的关键之一。所以，对旅游者进行教育的核心内容就是旅游消费道德规范教育，具体内容包括以下两个方面：

①旅游消费文明化：所谓旅游消费文明化，其内涵主要包括三个方面：一是以精神消费为主，物质消费为辅。旅游活动过程主要是人们满足猎奇心理、增长知识、陶冶情操、丰富精神境界的过程。为减少旅游活动对环境的负面冲击，旅游消费活动应把满足精神需要放在重要地位，即适当减少物质消费的数量，提高精神消费的质量，使旅游真正成为能促进人类可持续生存与发展的生活方式与消费手段。二是尊重当地文化和其在旅游地的发展非常重要。旅游地原有的文化经开发后，外来文化必然对当地的文化形成冲击，使原来

的文化受到破坏。而可持续发展的原则就是公平性原则，公平性原则不仅代表着要公平分配有限的旅游资源，满足人们旅游需求的公平机会，也包括对旅游地文化与传统的尊重和保护，因为这种公平性不仅应体现在人与人之间，还体现在民族与民族之间、地区与地区之间以及国家与国家之间。保护旅游地文明，就是要把公平发展放在首位，使旅游者与社区居民相互尊重，使旅游者高质量的旅游经历不以牺牲旅游地的特定文明为代价。三是严禁不健康的消费陋习与活动。所谓不健康的消费陋习与活动是指与社会文明格格不入的消费习惯与活动，如“黄、赌、毒”或带有迷信色彩的消费行为等，这些行为与活动如若在旅游区出现，必须予以取缔。

②旅游消费无害化：生态环境伦理要求人们在从事旅游活动时，要合理、健康地消费，要努力使旅游消费行为合乎生态环境道德规范，使人类与自然之间真正建立起亲密的伙伴关系。对旅游消费者的宣传教育可以采取寓教于游的方式，从旅游宣传促销到旅游活动的开展都有必要引导游人认识、热爱和保护生态环境。对旅游者的教育，要在旅游过程之前就着手进行，并贯穿于旅游的全过程。以生态旅游为例，旅行社在对生态旅游者的教育方面，可以发挥积极的带头作用。如旅游团队出发前可由领队或导游对游客进行具体的讲解，交代生态旅游的注意事项；印制通俗易懂、图文并茂的说明书和导游图；播放短小精悍的电影、录像科教片等；旅游区(点)可在门票上设计警示语句，精心设计旅游区内的宣传栏(牌)、游览交通图以及路牌、标语等，如在奇花异草、古树名木、地质遗存等处设立说明牌。有条件的旅游区可设立陈列厅和博物馆；开展有关生态环保和生态旅游的有奖知识竞赛、摄影比赛和征文活动；组织旅游者参加保护生态的公益活动等。在一些重要景点应建立生态教育馆，向游客介绍生态旅游的内容、特色以及生态学和地学的价值，提高游客的生态环境意识，引导游客按照生态旅游的要求，享受回归大自然的乐趣，开展高质量的旅游活动。

(2)对旅游从业人员的环保教育

旅游业从业人员的素质直接关系到接待质量，而接待质量不仅关系到能否获得良好的经营效益，而且关系到旅游产品的寿命。人员素质的欠缺，将削弱资源的优势，最终影响目的地的竞争力。而人员素质是环境素质的重要组成部分，是提高竞争力的重要手段。所以，对旅游的经营管理和服务人员进行环境教育与培训，使他们具备旅游环境保护方面的知识和技能是非常必要的。如从事生态旅游工作的人员，上岗前必须经过职业培训，导游人员要经过考核持证上岗。从总体来看，对旅游业从业人员的环境教育，除掌握环境保护的基本知识和技能以外，主要是加强责任心和事业心，提高责任感。还可以聘请生态学、生物学、地学、地理学、气象学、园林学等各方面的专业人员担任旅游地的技术顾问，以增强旅游从业者的生态意识和环保知识。

(3)对相关管理干部的环境意识教育

管理干部的环保意识与能力对旅游区(点)的环境影响非常大。在可持续旅游发展战略还未被广大民众接受前，在环境保护意识还没有普遍提高前，具有可持续发展意识和环境保护意识的各级领导干部无论从宣传教育还是组织领导方面，对促进旅游区的健康发展、加速可持续旅游发展战略的实施、促进生态环境的保护都会发挥更大的作用。对领导干部的环境教育，首先要增强他们环境保护的历史责任感和危机感，其次要提高他们环境保护的政策法规水平和科学决策能力。

（4）对当地居民的环保教育

经济发展与旅游开发使当地居民的生活方式发生了很大变化，他们有的迁移到其他地方，有的仍留在家园，其中有一些人从事旅游接待服务。对当地居民的教育，主要是对仍留在世居之地的居民的教育。对当地居民的教育十分重要，不可忽视当地人在旅游环境保护中的作用和贡献。可利用非政府机构组织帮助和教育当地居民，以便使当地居民做出有意义的贡献。对当地居民教育的内容主要有两方面：

首先，要让当地居民知道当地的环境和资源对他们的影响，保护生态环境会给他们带来什么好处，从而激发他们自觉自愿地参加环境保护。为他们提供必要的生产和生活条件，协助他们逐步改变传统生活及生产方式，杜绝狩猎、伐木、垦荒等破坏生态环境的行为。当地居民的参与程度对当地旅游环境的保护至关重要，纵观世界各地旅游环境保护的经验与教训，可以发现当地居民对自身利益与旅游环境保护均十分重视，各旅游地生态环境退化的直接或间接原因即来自于当地居民的各种不利于生态环境的行为。肯尼亚生态旅游的成功得益于生态旅游资源的良好保护，而生态旅游资源的保护在很大程度上依靠当地居民的参与。

其次，宣传国家有关环境保护的政策法令，使当地居民具有初步的环境法律法规知识，对于生态旅游环境保护，我国已有不少法律法规依据，如《环境保护法》《森林法》《文物保护法》《自然保护区条例》《风景名胜区管理条例》等。尽管这些法律法规从不同的角度对旅游资源和旅游环境的保护做了明确规定，但实际保护工作还不尽如人意，其中就有不重视普法宣传教育的原因。

（二）科技运用方式

在旅游环境保护中科技手段具体包括数学、物理、化学、生物和工程等，人们利用和发挥它们各自的优势，将它们单一或组合使用以达到保护旅游环境的目的。科学技术手段在旅游环境保护中的应用非常广泛，如采用无污染工艺和少污染工艺；因地制宜地采取综合治理和区域治理技术；组织推广卓有成效的旅游环境保护管理经验和旅游环境保护科学研究成果；交流国内外有关旅游环境保护的科学技术情报；开展国际间的旅游环境科学技术合作等。在环境保护领域，离开了科学技术的进步，不仅难以实现改善环境质量的目标，而且要控制环境污染也会很困难。以科学技术的发展作为环境保护事业的先导，只有以先进的防治技术为基础，通过实施严格的法律监督，才能实现控制污染、改善环境的目标。

1. 生态旅游环境保护的数学手段

利用数字、图表来表示旅游环境质量状况。媒体上看到和听到关于旅游环境被污染和破坏的现象和消息，如果只是定性的、笼统的一种印象，就很难形成明确的、具体的认识。而采用数学手段，则可以通过数字和图表，精确地具体地反映旅游环境被污染和破坏的情况。同时，用数字图表来表示某旅游区的大气环境、水体环境、土壤环境、噪声环境等自然环境的现状时，就比“该旅游区（点）的自然环境不错”“该旅游区（点）的自然环境很糟糕”等定性表述要更精确和形象。利用公式模型来计算旅游环境容量。旅游环境容量包括生态的、经济的、社会的、心理的四个方面。这四个方面的旅游环境容量都可以利用数学公式、模型来表示和计算。

2. 生态旅游环境保护的物理手段

旅游环境保护的物理手段，是指通过某些设施、设备和物理方法达到处理污染物和保护旅游环境的目的。

物理手段多用于自然环境的保护，如污水、废气、噪声、恶臭、垃圾和粪便的处理。任何一个旅游区(点)在经营过程中，都会产生和排放出不同数量的污水，这种旅游污水绝大部分是生活污水，主要来自餐厅、饭店、宾馆、游泳池、野营地、卫生间等，而且污水产生和排放的数量随旅游季节的变化而消长，旺季时增多，淡季时减少。建立下水道系统和污水处理系统对保障旅游服务人员和游客的身体健康，保证旅游资源及环境免受污染和破坏，都有着十分重要的意义。污水的物理处理法是指通过物理作用来清除废水中污染物的方法。常用的物理处理方法是利用过滤沉淀等技术分离废水中的悬浮污染物。这类方法在处理过程中不改变污染物的化学性质，常用的有过滤法、重力分离法和离心分离法等。

野生动物的物理保护。给一些野生动物戴上无线电跟踪装置就是利用物理手段对动物进行的保护措施。我国为了保护珍稀水生生物，在湖北省石首市天鹅洲自然保护区给江豚佩戴无线电标志，效果良好。

3. 生态旅游环境保护的化学手段

旅游环境保护的化学手段是利用化学物质与污染物的化学反应改变污染物的化学性质或物理性质，使污染物从溶解胶体或悬浮状态转变为沉淀或漂浮状态，或者从固态转变为气态，最后使其减少、消失或变为其他物质的一种方法。污水的化学处理法是指利用向污水中投加某种化学药剂，与污水中溶解性的污染物质发生化学反应，使污染物质生成沉淀或转变为无害物质的方法，常用的化学处理方法有沉淀法、混凝法、中和法、氧化还原法等。

4. 生态旅游环境保护的生物手段

旅游环境保护的生物手段是指通过利用植物、动物、微生物本身特有的功能，以达到监测、防治环境污染和破坏，以及美化、净化、绿化、香化旅游环境的作用。生物包括植物、动物、微生物等，它们为人类提供的资源主要有两个方面：一是生物资源；二是生态环境。也就是说，生物不仅可以向人类提供包括食物类、建材类、工业原料类、药物类、燃料类等各种资源，而且还可为人类提供价值更大的生态环境。这是生物所具有的特殊的生态功能和环境保护功能，主要表现为以下几个方面：

(1)造氧功能

森林是地球之肺，是造氧能力最强的绿地，被人们称为大自然的“造氧工厂”。1 亩森林每天大约可吸收 67 kg 二氧化碳，制造 49 kg 氧气，可供 65 人呼吸之用。

(2)消毒、杀菌、净化空气功能

植物除放出氧气外还能吸收大气中的各种有害物质，如二氧化碳、二氧化硫、氯化物、氨气及各种含汞、含铅的有毒气体和吸附尘埃，并释放杀菌素杀灭病菌。据测，森林外部每立方米空气中有细菌 3 万~4 万个，而林内仅有 300 ~ 400 个，差别达百倍之多。此外，植物还有吸收和净化某些重金属的作用。

(3)减弱噪声功能

树木和森林能减弱噪声强度，如宽度 90 m 的林带，可降低噪声 6 dB，在 1 亩的森林中心，几乎听不到外面汽车的发动机声。

(4)医疗保健功能

森林和绿化程度高的地区不仅尘土不扬，而且空气中富含阴离子，能促进人体新陈代谢，使游人进入森林便产生舒适感，据测，脉搏跳动每分钟可减少4~8次，高血压者的血压也相应降低。因此，人们发明了一种“森林浴”活动，意为沐浴于林内的洁净空气之中，由自然环境调节精神，从而解除疲劳，抗病强身。现在不少国家已在森林中开设森林医院森林病房，开展“森林浴”“森林山地疗法”等医疗保健活动，利用森林生态环境功能防病治病。

(5)涵养水源、保持水土、防风固沙功能

森林被称为“绿色水库”，5万亩森林含蓄的水量，相当于一座库容量为100×10^4 m^3水库的水量。

(6)监测环境污染物功能

科学家通过长期观察发现：不同的植物耐受有毒气体的能力各不相同。有些植物在有毒气体影响下奄奄一息，但有些植物却依然枝繁叶茂，生机盎然。根据植物的这种差异，选择些对环境污染反应较灵敏的植物，将它们作为指示植物对环境进行监测。例如，紫花苜蓿、胡萝卜、菠菜等可以监测二氧化硫；郁金香、杏、梅、葡萄可以监测氟；苹果、桃、玉米、洋葱等可监测氯气等。部分动物也因具有先天敏感性，可被利用于监测环境的污染情况。

(7)对水体的生物净化作用

进入到河流、湖泊、水库、海洋等水体中的污染物，在水体中细菌、真菌、藻类、水草、原生动物、贝类、鱼类等生物的作用下，可以发生不同程度的分解和转化，变成低毒或无毒无害物质，这个过程称为水体的生物净化作用。其中，以细菌的作用最为重要。生物的净化作用已广泛应用到污水的处理中。污水生物处理法是利用微生物的新陈代谢功能将污水中呈溶解态和胶态的有机污染物降解，并转化为无害物质，使污水得到净化的方法。根据污水处理工艺中微生物的供氧情况不同，可分为好氧生物处理法和厌氧生物处理法。需要注意的是生物的净化能力是有限度的，当污染物浓度过高，超过生物生存的阈值时，整个生态系统的功能就会受到冲击，水体的生物自然作用往往也会受到破坏。

(三)合理规划方式

规划是人们以思考为依据，安排其行为的过程，是指比较全面的、长远的具有战略性的发展纲要和目标，是对未来长远、全面的战略设想或构想。通常兼有两层含义：一是对某种目标的追求或某种状态的设想；二是实现某种目标或达到某种状态的行动顺序和步骤。

1. 生态旅游规划的意义

生态旅游规划，是对旅游业及其相关行业未来发展的设想和策划，是旅游业发展长远、全面的计划。其目标是尽可能合理而有效地分配与利用一切旅游资源以及旅游接待能力、交通运输能力、社会可能向旅游业提供的人力物力和财力，以使旅游者完美地实现其旅游目的，从而能够发挥旅游业的经济效益、社会效益和环境效益。因此，生态旅游规划是生态旅游区发展旅游的指导性和纲领性文件，是当地发展旅游业的宏观指导方针和战略推进依据。它的意义具体表现为：

(1) 有利于人们的认识统一

生态旅游规划从制定到实施的全过程，是与当地生态规划衔接的过程，也是政府各职能部门、各行业的企业和社会各界，乃至当地全体居民统一认识的过程。科学合理的生态规划确定了当地生态旅游发展的目标、布局、措施和步骤，从而引导当地生态旅游业与关联行业在共同发展中促进地区经济发展，获取效益，提高当地人民的生活水平。

(2) 有利于旅游资源的科学开发和合理利用

生态旅游规划遏制了对旅游资源各自为政的盲目开发，杜绝不顾长远效益竭泽而渔的行为，使旅游资源的开发在渐进有序、统一和可持续的状态下进行。要确保这种状态的有效性，当地政府、旅游行政主管部门和行业协会必须严格依照规划进行宏观监控和调节，并通过行业管理的渠道予以执行。

(3) 有利于生态旅游地的形象定位

生态旅游地以鲜明的统一形象进行对外宣传促销，这种做法将逐步扩大知名度和美誉度，使客源输出地对该地的生态旅游产品有所了解，进而引起兴趣，激发旅游动机。

2. 旅游规划的分类

国家旅游局发布的国家标准《旅游规划通则》将旅游规划分为两大类，即旅游业发展规划和旅游区规划。旅游业发展规划是根据旅游业的历史、现状和市场要素的变化所制定的目标体系，以及为实现目标体系在特定的发展条件下对旅游发展的要素所做的安排。旅游区规划按规划层次分为总体规划，控制性详细规划、修建性详细规划等。旅游区在开发、建设之前，原则上应当编制总体规划。旅游区总体规划的任务是分析旅游区客源市场、确定旅游区的主题形象、划定旅游区的用地范围及空间布局、安排旅游区基础设施建设和提出开发措施。

3. 生态旅游发展战略的制定与实施

生态旅游发展战略是生态旅游规划的重要组成部分，按不同层次可分为国家、省、市、县(市、区)旅游区点的旅游发展战略。制定和实施旅游发展战略可以对旅游环境保护提出长远的、全局性的思路和对策，协调旅游发展与环境保护的相互关系。

(1) 生态环境保护是我国旅游业发展的重要战略对策

环境保护是我国的基本国策。我国是世界上率先把环境保护作为基本国策的国家之一。把环境保护作为我国的基本国策，是由我国国情所决定的，并将对我国未来发展产生深远的影响。从众多产业目前情况来看，生态旅游业应该是在环境保护与经济发展两者关系上冲突较少、目标较为接近的产业。在今后的发展中，生态旅游业仍然要继续坚持环境保护这一基本国策。

(2) 制定、实施旅游可持续发展战略

生态旅游资源的利用，应秉承开发和保护并举的思路。对于那些不会破坏旅游资源的项目，要以开发利用为主，大力开发建设，对于一些稀缺的、不可再生的旅游资源，则应以保护为主，在不破坏资源的前提下，有限度地、科学地开发利用。生态旅游资源的开发利用，应实现经济效益、生态社会效益、环境效益三者的统一，不能有所偏废。对于三个效益都不显著的项目，应暂缓开发建设。保护生态旅游资源，实现生态旅游资源永续利用，将有力地推动旅游可持续发展战略的实施。

4. 生态旅游规划在旅游环境保护中的应用

(1)生态旅游区保护区功能区划

为了生态旅游区的合理利用，达到旅游开发与生态保护的双重目的，旅游规划应在资源评价和区划的基础上，划分出保护对象的空间范围。一般有两种模式：①同心圆模式；②三级分区模式。

(2)确定生态旅游发展目标、进度与布局

生态旅游规划须确定旅游发展目标以及实现目标的具体对策，包括旅游发展的进度与布局等。过快的生态旅游发展会导致社会其他设施供应的相对滞后，以及生态环境压力的急剧增大，反过来会对地区旅游业的长期发展造成不良影响。因此，生态旅游规划在科学分析旅游市场需求的变化趋势和生态旅游资源、生态环境、社会经济等因素的基础上，确定发展速度和分步骤的具体目标，并制订实现这些目标的具体方案。

(3)确定开发、利用和保护生态资源的措施

保护生态旅游资源及其环境，合理科学地开发、利用旅游资源，关系到旅游业的生存和发展。因此，除了运用法律、经济、科技、教育等手段外，还要制定许多具体的保护措施，例如，自然生态环境的监测、垃圾的处理、文物古迹的修复及保存、特殊及专项旅游资源的维护等，对这些保护措施和方法都要进行规划。包括：旅游环境保护项目及其范围，教育与管理，合理布局各类用地，修复和维护措施，维护自然生态系统的平衡等。

(四)经济推动方式

生态旅游环境问题是伴随着人类的旅游经济活动发生的，本质上是一个经济问题。旅游环境保护的经济手段是指国家或主管部门运用价格、工资、利润、信贷、利息、税收、奖金、罚款等经济杠杆和价值工具调整各方面的经济利益关系，把企业的局部利益同社会的整体利益有机地结合起来，制止损害环境的活动，奖励保护环境的活动。经济手段的核心在于贯彻物质利益原则，即从物质利益方面来处理国家、企业、生产者个人之间的各种经济关系，调动各方面保护环境的积极性。

环境是一种资源，采取经济手段保护环境不仅是必要的，也是可行的，经济手段的作用将会日益增大。根据西方国家环境保护工作的经验，越是发展市场经济，越要加强政府在环境保护方面的宏观调控。从国家的环境保护职能来看，过去我国的环境管理主要是依靠行政隶属关系来发挥作用的，但在市场经济体制下，企业成为具有独立经济利益的法人实体，政府就要更多地运用间接管理手段(主要是经济手段)进行管理，这是环境保护适应市场经济新形势的客观要求。协调经济活动与环境保护的关系需要综合运用多种管理手段，其中经济手段在调整国家利益与集体及个人利益、长远利益与眼前利益起着重要作用。经济活动与环境保护之间的矛盾主要是经济利益问题，有些单位和个人只考虑到自己的内部经济性，而忽视了外部的不良影响。因此，采用经济手段来保护旅游环境是一种有效的途径。生态旅游环境保护的主要经济手段有如下几种：

1. 税收

税收是国家按照法律规定，对经济单位或个人无偿征收实物或货币所发生的一种特殊分配活动。它是国家取得财政收入的一种重要方式，它取之于民，用之于民，体现国家在与纳税人根本利益一致的基础上，为实现国家的职能，对整体与局部利益、长远与眼前利益以及收入分配关系所进行的调整。其具有如下特征：首先是强制性，税收是国家依据法

律规定征收的，法律的强制力构成了税收的强制性；其次是无偿性，税收收入一律归国家所有，国家以无偿取得的方式获得税款，不再向纳税人偿还或支付报酬。任何纳税人均无权请求返还或补偿税款；最后是固定性，税收是国家按照法律预先规定的范围、标准和环节征收。

2. 排污收费

根据我国的"谁污染，谁付费"，即污染者付费的原则，排污收费是一项主要的环境保护的经济手段。如收费的标准设计得准确，它可使企业花费恰当比例的钱用于治理污染，达到有效控制污染的目的。排污收费制度一般包括两个层次的内容：第一层次，超标排污收费。即对超过国家或地方规定标准排放的污染物，征收适当的费用，如未超过规定标准，就不征收。第二层次，排污即收费。即向环境排放污染物者都要缴纳排污费。

3. 产品收费

产品收费是指根据产品本身的特点(一般是具有潜在污染危害)而收取一定的费用。通过该项收费使产品成本上升，抑制有污染的产品的消费，而同时又可筹集资金，用于污染治理。

4. 财政补贴

补贴是另一个重要的环境保护的经济手段，是指政府对旅游业经营单位和个人治理环境污染和其他保护旅游资源及环境的活动和行为给予一定的资金补贴。世界上很多国家都对污染控制活动给予财政补贴，例如，丹麦补贴农民，使其停止向水体排放营养物质；德国对老工厂的技术改造给予补贴；荷兰投资于清洁生产等，都取得了很明显的效果。通常情况下，这种补贴分为两种：直接补贴和间接补贴。

5. 保证金与押金

保证金是一种行之有效的经济手段，比如生态旅游资源的开发、利用及旅游服务设施的建设中，可尝试实行"三同时"保证金制度。对环境可能造成影响的新建、扩建和改建项目，由环境保护主管部门按该建设项目总投资的0.1%~0.5%收取保证金。保证金不准挪作他用，待该项目竣工完成并验收合格后，保证金全部返还；否则不但不返还保证金，还要给予一定的处罚。

押金与保证金类似。押金是指对可能造成污染的产品加收一份押金，当把这些潜在的污染物送回收集系统避免了污染时，即退还这份押金。押金制是一种保护环境和实现可持续发展的简单易行的经济手段。挪威是世界上应用押金制最早的国家之一，于1988年对客货车车体实行押金制，顾客买车需支付一定的押金，当车主送回报废车车体时可取回押金。尼泊尔、巴基斯坦等国在登山旅游中也使用了对游客收取押金以促进其回收垃圾的措施。

6. 奖励与罚金

物质奖励是指对生态旅游环境保护运行良好的单位进行褒奖和鼓励。罚金是对污染和破坏旅游环境的单位或个人给予的经济制裁。执行物质奖励和罚金制度的目的是对污染者提供附加的经济刺激，使其遵守法律规定的环境要求，其最终的目的和作用都是为了促进生态旅游环境的保护。需要指出的是：单纯的罚金对很多人作用不大，所以罚金这种手段往往要和其他一些手段结合使用才能收到更好的效果。如新加坡早期是一个"脏、乱、差"的国家，1968年，新加坡政府将乱倒垃圾、随地吐痰、乱扔烟头纸屑的行为定为违法，结果发现，尽管罚款占到一般收入者月薪的10%~15%，但收效甚微。直至1980年，仍有近万人被处罚。鉴于这种情况，政府重新修改了某些法律条文，除罚款之外，还要求违法者在政府官员的监督之下，穿上特制的黄色背心，在大街小巷清扫垃圾，而且必须回答行人的询问，接受记者的拍照录像。在电视和报纸上，每天都在规定的时间和版面播发和刊登违法者被处罚的新闻。新加坡国家卫生法令规定法庭有权发出劳作悔改令，判处乱扔垃圾者到指定的公告地(如海滨公园)去打扫卫生，最高刑罚为3小时。如若违令，将被处以5000新加坡元的罚款和两个月以内的监禁。自1992年1月3日起，新加坡全面执行禁止口香糖进口、生产及消费的法令，违者轻的罚以打扫卫生，重的则入狱两年，并罚款20000新加坡元(约12350美元)。在多种方式的综合影响下，新加坡的环境问题得以大幅度改善。

7. 生态补偿费

生态补偿费是指对开发、利用环境资源的生产者和消费者征税，收入用于补偿或恢复开发利用过程中对生态环境造成的破坏，如矿产资源开发税、森林开发税、自然资源开发税和土地增值税等。

8. 利润留成

利润留成是我国环境管理中常用的鼓励措施，指企业为防治污染、开展综合利用所生产的产品若干年不上缴利润，将该款项留给企业继续治理污染、开展综合利用。

(五)法律法规方式

生态旅游环境保护的法律手段，就是利用各种涉及旅游资源与环境保护的有关法律法规来约束旅游开发者和旅游者的行为，以达到对旅游环境进行保护的目的。法律手段的基本特点是权威性、强制性、规范性和综合性。基本要求是有法必依、执法必严、违法必究。法律管理手段是旅游环境保护管理的强制性措施。旅游环境的保护必须立法，尤其是对重点旅游区。因为只有将环境保护纳入法律条款，增强环境保护的力度，才能使环境保护落到实处。生态旅游环境保护的法律手段，主要包括旅游资源法和旅游环境法：旅游资源法是调整人们在旅游资源的开发、利用、管理和保护过程中所发生的各种社会关系的法律规范的总称。旅游资源法一般包括国家公园、文物古迹保护、自然保护区、海滩管理、游乐场管理、野生动植物资源保护等方面的法律法规、法令、条例和章程等。旅游环境法是环境法的重要组成部分，环境法规定的保护范围包含了旅游环境法的保护范围。

从法律的效力层级来看，我国的国家级环境法体系主要包括下列几个组成部分：宪法关于保护环境资源的规定；环境保护基本法；环境资源单行法；环境标准；其他部门法中关于保护环境资源的法律规范。此外，我国缔结或参加的有关保护环境资源的国际条约、国际公约也是我国环境法体系的有机组成部分。

1. 宪法

宪法是我国的根本大法。宪法关于环境保护的原则规定是环境保护法体系的基础，是环境保护法体系的立法依据。我国其他的环境保护法律、法规都是依据宪法的有关章节制定的。

2. 综合性环境保护基本法

即综合性的实体法，它是对环境保护的目的、范围、基本原则、方针政策、组织机构等做出的原则性规定。这些基本法是我国其他单行和专项环境法规的基本依据。

3. 环境保护单行法

环境保护单行法是针对特定的环境保护对象，即某种环境要素或特定的环境关系而进行法律调整的专门性法律法规。如我国的《大气污染防治法》《水污染防治法》《森林法》《草原法》《水法》《自然保护区条例》《风景名胜区管理条例》《城市绿化条例》等。

4. 环境标准

环境标准是由行政机关根据立法机关的授权而制定和颁布的，旨在控制环境污染维护生态平衡和环境质量保护人体健康和财产安全的各种法律性技术指标和规范的总称。我国的环境标准由三类两级组成，即在类别上包括环境质量标准、污染物排放标准、环境保护基础标准三类，在级别上包括国家级和地方级两个层级。

5. 其他部门法中有关环境保护的法律规范

在行政法、民法、刑法、经济法、劳动法等部门法中也有一些有关保护环境资源的法律规范，其内容较为庞杂。

二、生态旅游资源保护的措施

(一)地质地貌旅游资源及环境的保护

地质地貌是自然旅游资源形成的基础和前提，优良的地质地貌为生态旅游开发提供了良好的物质基础条件，同时地貌现象在旅游景区景点中还起着重要的衬景作用。优美的地质地貌，尤其是一些奇特的地质地貌，往往是几万年，乃至上百万年大自然的变化所形成的，一般具有不可再生性，因而从旅游开发到旅游业经营的全过程都应特别注意对其加以保护。

1. 山地地貌及环境的保护

(1)控制上山游客数量，合理疏散旅游人流

针对目前风景区季节性和局部性的饱和、超载现象，管理者完全可以通过有效的管理措施来加强对山地资源和环境的保护，如通过门票的发售来合理地控制旅游者人数；通过新闻媒介及时向社会发布风景区旅游游人数量的信息，避免和减少人们出游的随意性和盲目性；管理人员在较热景点进行必要的分流等都是行之有效的管理措施。如目前黄山的旅游活动绝大部分集中于温泉天都峰—玉屏楼—西海—北海这条游览线上，而这条游览线只占黄山总游览线长度的30%左右，对尚处于“藏在深闺人未识”状态的大部分游览线进行宣传促销尤为必要。又如，为了保护生态环境，使雪山风貌不因游人过多拥入而遭到破坏，玉龙雪山管理者采取了限制上山游人数量的措施。上山索道的设计指标限定在每小时输送420人左右，并规定游人不许乘坐自备的车辆上山，为此，管理者准备了大巴车免费运送游人。

(2)减少山地旅游垃圾滞留量

登山旅游者旅游活动的分散性和山地的特殊地形决定了旅游地垃圾不仅量大、分布广、分布零散。污染物一旦形成，处理起来特别困难。因此，更应设法减少环境污染物的产生，以此减少山地旅游垃圾的滞留量。可采取以下措施：

净物上山。目前黄山风景区污染最严重的是游人、宾馆和饭店的集中地，尤其是垃圾的污染相当严重。为此，黄山采取了净物上山的措施。如对一些带皮、带壳、带毛的蔬菜和肉类在风景区外先行粗加工、去皮、去壳、去毛，清洗后用食品保鲜袋装好再运往山

上，这样就大大减少了风景区内的生活垃圾数量。

规定携带物品的数量。云南玉龙雪山对上山游客所携带的物品实行严格规定。游人上山除可携带相机外，其余物品如行李、饮料、香烟、打火机、火柴等都不能带到山上。

游客自带垃圾下山。为了更好地保护五指山的生态环境，海南省五指山国际度假寨开展了登山环保旅游项目。即对旅游登山者所携带的饮食物品在出发前实行登记，登山者必须做到把饮食后剩下的罐、盒、袋等垃圾全部带回，由五指山国际度假寨按每件的市场回收价付给游客环保费。反之，客人每少带回一件登记品则缴纳 100 元，作为环保资金专用。为了减轻旅游者的身体负荷，方便客人游览，五指山国际度假寨在登山游览区沿途设立多个“登山环保引导站”，摆放垃圾篓，由专职环保人员负责回收，并开具收据，以便客人回寨报销。环保旅游项目实行以来，得到登山者的广泛支持。

(3)合理建设和利用索道

虽然索道的建设可以为名山旅游区带来更多的客源，可以减少旅游的季节性，可以为老幼弱游客提供更好的条件等，但索道的建设必须建铁塔、立支架、架电缆，还可能要开山炸石、砍伐林木等，就有可能破坏山地的生态环境和人文景观。因此，索道的建设必须要慎重考虑到以下几个问题：

严格审批。哪些山地可建索道，该建几条索道，在哪里建等，一定要严格审批，确保对山地的自然和人文资源的负面影响减至最低。应由建设、旅游、交通、环保、园林、生态、地质等部门和有关专家组成索道建设小组，进行认真细致地调查、勘察和科学论证，制订若干个设计方案，并从中选定最佳方案。

保护性建设。在充分规划和论证的基础上，选择索道设计单位和生产单位。索道选线需避开传统的步行登山道路，以保证道路两边的景观、文物古迹不受破坏。在建造过程中，要使用新技术、新工艺，以减少对自然环境的破坏，如在安装塔架时，为防止山石松动，应用人工开凿代替爆破开凿等。

科学管理和合理利用。过多索道的建设，有可能破坏环境，而且使大好美景成了过眼烟云。更为严重的是造成风景区内旅游环境容量失控，资源和环境承受更大的压力。如每年“五一”“国庆"期间，泰山岱顶区 0.6 km^2的面积，在高峰时间段汇聚了 6 万多人，激增的游人严重破坏局部生态环境。

(4)保护山地原有的自然风貌和文化特色

山地生态旅游区的吸引力就在于它的原始自然风貌和独具特色的山地文化，因此，对山地风景区的保护重点就在于保护它的自然风貌和文化特色。具体做法是：

少与精。在山地风景区，不宜多建人工建筑、人工景点，更不能新建寺庙，索道缆车也应尽量少涉及。应做到数量少、质量精，讲究特色。不得不建的建筑或项目，也必须符合总体规划的要求，严格执行国家有关基本建设项目的环境影响报告制度。对已列入世界自然或文化遗产的山地，还要遵守国际公约和标准。旅游线路和设施建设的规划布局要尽量做到不破坏自然景观、不污染环境、不影响物种生存和繁衍。保护和维护生态系统的安全和完整。要本着“区内游，区外住”的原则，不在风景旅游区内修建宾馆、饭店和娱乐设施。

协调。人工建筑在选址、体量、色调、形式等方面必须讲究和周围环境的协调。山地建筑风格宜山野化，不宜园林化；空间布局宜分散，不宜过分集中；建筑色彩宜淡雅，不宜浓烈；建筑材料宜采用木石竹草，慎用水泥，有条件的地方应推广生态建筑。福建省武夷山以优雅秀丽的自然风景取胜，该风景名胜区在开发过程中，特别注意协调性。虽然也修筑了一些必要的设施，也做了一些人工点缀，但看起来很协调自然。在修建设施时，其做法是："宜小不宜大，宜土不宜洋，宜低不宜高，宜隐不宜显，宜淡不宜艳。"宜小不宜大，宜低不宜高，是指建筑物体量要小，不搞庞然大物，不与自然景物争空间。宜隐不宜显，是使建筑物尽量不要直入游客眼帘，游客远处眺望，虚虚实实，时隐时现，不破坏景区的原有风貌。宜土不宜洋，是指建筑物的风格，不搞洋式建筑，而是搞篱笆环绕的草房和竹楼，具有山间野趣。当然，草房、竹楼不一定真的用草用竹修造，而是形似草房和竹楼。宜淡不宜艳是指建筑物的颜色。淡，观后使人觉得柔和；艳，则夺人眼目，有喧宾夺主之嫌。总之，武夷山风景名胜区的上述做法，值得借鉴。

(5) 实行短期封闭制度

例如，黄山实行了热线景点单独出售游览证，控制客流量。对疲劳景点实行封闭轮休制度，让其休养生息，恢复小环境自然生态。对建筑过多的景区，实行细则管理，拆除违章建筑。在景区外建居民新村，迁出景区内的全部居民，恢复景区自然风貌。

(6) 山地安全管理

山地安全管理包括防火、防灾等。尤其是防火工作，必须将消防安全工作做到实处，在游客休息点设立醒目的禁烟标志，环卫工人及时清除道路两旁的枯枝落叶，消除火险隐患等。

山地安全管理还包括对某些自然原因导致的自然灾害的预防。如山体滑坡、洪水或泥石流的爆发等。在峡谷地貌地区，要定期封闭峡谷，检查谷壁两侧的状况，观察岩体的稳定性，检查有无活动性的裂缝和松动的岩石峡谷上游是否有大量松散的堆积物，以便在峡谷两侧谷壁上端排除险石，以防止滚石、塌方、滑坡和泥石流的发生，保护游客安全。

另外，还应建立灾害预警系统、防灾救援系统，如建立火灾、山洪、森林病虫害观察站等。

2. 水体旅游资源及环境的保护

(1) 河湖旅游资源及环境的保护

控制工业及生活等污水、废水排放。由于生活污水和工业废水是造成城市或旅游区水体污染的主要原因，因此严格控制污水、废水向旅游区的排放量，减轻水体污染，保护水资源，是旅游区环境保护的首要任务。

关、停、并、转、迁污染型企业。旅游区要采取坚决措施，严格控制工业新污染源，抓紧治理旧污染源。在河湖等旅游区(点)周围，要严格禁止新建小造纸厂、小化工厂、小制革厂、小酿酒厂等污染严重的企业。现有污染企业，要按照"谁污染、谁治理"的原则，由污染者承担治理费用。对污染严重的实行限期治理，或者采取果断措施，关、停、并、转、迁。例如，桂林市为保护漓江水源，曾下令关、停、并、转、迁了漓江上游一批污染型工业企业。上海市为了加强苏州河、黄浦江上游的污染防治，也采取了同样措施。

改革生产工艺，推行清洁生产。这是实行全过程控制污染，减少排污量的最佳途径。首先，可改革工艺，减少甚至不排放污水。如用无污染或少污染的能源、原材料和产品替代毒性大、污染重的能源原材料和产品，用消耗少、效率高、不排污或排污少的工艺、设备替代消耗高、效率低、产污量大的工艺、设备。其次，提高生产用水的重复利用率。尽量采用重复用水及循环用水系统，使废水排放量减至最少或将生产废水经适当处理后循环利用。以工业企业为例，减少工业用水量不仅意味着可以减少排污量，而且可以减少工业新鲜用水量。因此，发展节水型工业对于节约水资源，缓解水资源短缺和经济发展的矛盾，减少水污染和保护水环境具有十分重要的意义。

建设污水处理设施。各旅游区(点)内的各类接待场所，如饭店、宾馆、疗养院、度假村、餐馆是旅游区的主要污染源和污染大户，必须要求其建设污水处理设施，实行污水处理达标后排放，禁止向水中排放未经处理的污水。严格执行"污染收费"制度并应加大收费力度。

实行污染物排放总量控制制度。长期以来，我国工业废水的排放一直实施浓度控制的方法。这种方法对减少工业污染物的排放起到了积极的作用，但也出现了某些工厂采用清水稀释废水以降低污染物浓度的不正当做法。污染物排放总量控制是指既要控制工业废水中的污染物浓度，又要控制工业废水的排放量，从而使排放到环境中的污染物总量得到控制。实施污染物排放总量控制是我国环境管理制度的重大转变。

(2)河湖治理工程

河湖截污工程。我国在河湖治理方面，截污是最基本的方法之一，但这种方法也存在很大的局限性。即污水处理厂的建设和运行费用相对较高，目前只能靠有限的资金进行局部治理，可见仅靠这种办法不足以从根本上解决河湖污染问题。

河湖清淤工程，即对河湖淤积的底泥和垃圾进行清理，以改善河湖的水质。有两种方式：一是传统清淤方法。即使用传统的挖土机清淤和载重车辆外运的方式，此种方法的缺点是容易造成运输过程中的二次污染，非常不适合在人口密集、交通拥挤的城市使用。二是环保清淤方法，即管道输送清淤方法。主要是利用管道清淤技术来治理河湖底泥和垃圾。山区和农村与城市河湖治理不同，山区特殊的自然生态环境位置决定了大量清淤施工不能使用传统的挖土机清淤和载重车辆外运的方式，城市建筑物集中、人口密集、交通拥挤，施工中不允许污染环境、堵塞交通，因此管道清淤方式较多适合城市与部分旅游区内服务设施密集区域。

(3)旅游城市河湖污染防治

将水污染防治纳入城市的总体规划。各城市应结合城市总体规划与城市环境总体规划，将不断完善下水道系统作为加强城市基础设施建设的重要组成部分，加以规划建设和运行维护。对于旧城区已有的污水/雨水合流制系统应做适当的改造。新城区建设应在规划时考虑配套建设雨水/污水分流的下水道系统。

发展城市污水资源化。随着世界城市化进程加快，一些工业和人口过度集中的大城市严重缺水，旅游城市情况更加严重。因此，在水资源短缺地区，在考虑城市水污染防治对策时应充分注意与实行城市废水资源化相结合，在消除水污染的同时，开展城市污水回用技术的研究和开发，进行废水再生利用，以缓解城市水资源短缺的状况。这对于我国北方缺水城市有重要意义。

改革水价制度。对生活用水和排污都要建立定额管理、累进加价的水价制度，通过经济杠杆调整，提高公众的节水意识，加强节约用水，减少排污。

(4)水体富营养化防治

控制工业、生活污水的氮、磷流失。主要是加强对河湖边城镇、农村的工业污水和生活污水的有效处理，减少含有氮、磷等营养物质的废水、污水的排放。可通过制定合理的污水排放费征收标准，为污水处理产业化创造条件；对污水处理产业，政府可给予政策倾斜和财政扶持。

大力推广使用无磷洗衣粉，控制旅游企业含氮、磷污水流失。促使藻类生长的最重要的营养元素是氮和磷。对氮元素进行限制，不能阻止水体富营养化的发生，只有限制水体中的磷元素，才能防止水体发生富营养化。

(5)河湖两岸生态环境保护

一是抓好河湖两岸的绿化和护岸工作，通过改善生态环境质量，进而达到改善水环境质量的目的。二是抓好上游水源保护，在江河上游严格控制林木采伐量，建设和保护好水源保护林区，防止水土流失。

(6)充分利用水体自净能力

自然净化能力是一种可贵而有限的自然资源，合理的布局可以充分利用自然环境的自净能力，将恶性循环转化为良性循环，起到控制污染的作用。以河流为例，河流的自净作用主要是指排入河流的污染物浓度在河水流向下游时浓度自然降低的现象。如果在一段河流中有排污，应采用系统分析的方法，在一定水质要求下，充分利用河流的自净能力，合理布点组织废水排放。

(7)开发污水处理新技术

在目前的社会生产水平条件下，工业生产中产生废水和污水是不可避免的。为保证水体不被污染，必须在这些废水排入水体之前加以处理。可利用的方法包括：物理处理法、化学处理法、生物处理法及物理化学法。同时，还要依靠科技进步，积极研究和开发处理功能强、效果稳定、出水水质好、投资少、能耗和运行费用低、操作维护简便的污水处理新技术、新设备和新工艺，这也是防治水环境污染的重要工作。

(8)水上旅游交通的管理与控制

各种水上旅游交通造成水体污染的一大原因是旅游交通污水和相关垃圾处理。水上交通游览船只，要利用污水箱、垃圾箱(袋)集中收集污水和垃圾，待靠岸后再处理，不能直接排入水中。对水上游览船只要实行挂牌经营以控制船只的数量，逐步淘汰燃油机动船只和破旧船只，杜绝跑、冒、滴、漏油现象。多利用无污染且噪声低的船只，如电瓶船、太阳能船等。

3. 海洋水体旅游资源及环境的保护

中国拥有超过18 000 km的海岸线和14 000 km的岛屿岸线，6500多个海岛，管辖海域约300×10^{4} km^{2}。海洋是重要的旅游资源，海滨、海岸、沙滩、珊瑚礁及红树林等一些特殊的海岸地貌是发展旅游业的重要资源。合理开发海洋资源，科学管理海洋环境是海洋经济可持续发展的必然选择。

(1)海洋功能区划

海洋功能区划是指根据海域区位、自然资源环境条件和开发利用的要求，按照海洋功能标准，将海域划分为不同类型的功能区。通过海洋功能区划的实施，可以控制引导海域的使用方向，保护和改善海洋生态环境，促进海洋资源的可持续利用。

(2)海洋自然保护区

海洋自然保护区是针对某种海洋保护对象划定的海域、岸段和海岛区，建立海洋自然保护区是保护海洋生物多样性和防止海洋生态环境恶化的最为有效的手段之一，其中包括海湾保护区、海岛保护区、河口海岸保护区、珊瑚礁保护区、红树林保护区、海岸潟湖保护区、海洋自然历史遗迹保护区、海草床保护区、湿地保护区等。

(3)控制陆源污染

主要是控制沿海大中城市的企业、海滨旅游地的各类旅游企业及其旅游服务设施所产生的废水、垃圾等对海洋环境的污染。应加强旅游区重点排污口的监测监视和管理，尽量减少对近岸水域的污染。在旅游胜地夏威夷，所有废水都要经过处理达标后，再排入1000 m深的海底。

(4)防治海上溢油漏油污染

为防止船舶和港口燃料污染海洋，我国各类船舶均按规定装备了油水分离装置，编制了《船上油污应急计划》。港口普遍建设了含油污水接收处理设施和应急器材。为了防止海上石油开发对海洋环境的污染，钻井船舶全部配备了油水分离器和污水处理装置，各油田都配备了围油栏、化学消油剂，以及溢油回收船。

(5)海洋防灾减灾

中国是世界上海洋灾害最严重的国家之一。以台风为例，全世界每年在热带洋面生成约80次台风，其中北半球约有60多次，影响中国的有20次左右。海雾、风暴潮、巨浪、海冰等灾害也很多。影响中国沿海的有风暴潮、海浪海冰、地震海啸、海岸侵蚀，台风和海雾以及赤潮和生物灾害等海洋灾害。

为了减轻海洋灾害损失，中国建成了多部门合作的，由近海到远海海洋环境及灾害观测网络和预报、警报系统，开展了主要海洋灾害分析、预警报和评估业务，建立了海上搜救中心和沿岸防灾准备应急系统，形成了独具特色的海洋减灾体系。

海滨旅游地的旅游设施建设，特别是近岸的旅游设施建设，要充分考虑到台风及风暴潮等灾害的影响。其主要防治措施包括多层次、大面积种植抗风性能强的树木，形成防护林带；近岸带的旅游设施距海岸线要保持一定的距离，面对主风向的高层建筑物的立面不要太平直以减少台风的破坏程度；加高、加固海(河)堤，营造和保护红树林，建筑防波堤和潜堤，防止海平面上升以及由此引起的海滩侵蚀。

4. 瀑布、泉水水体旅游资源及环境的保护

(1)瀑布保护

瀑布保护主要包括水量保护和水质保护两个方面：

①瀑布水量保护，生态环境维护与建设。要保证瀑布有充足的水源和水量，就要严格保护瀑布上游及周围的生态环境，植树种草、严禁在坡地砍树开荒、退耕还林、加强水土保护、防止水土流失加剧；处理好工农业生产和居民用水与旅游业的关系。对著名的瀑布风景旅游资源，要有一定的取水限制，尤其在枯水期，对农业生产和居民用水可采取另辟水源的办法，以保证瀑布有充足的水量，发挥其旅游观赏的功能。

②瀑布水质保护。严禁在瀑布上游及周围开矿、建厂，以防止工矿企业的废水污染；同时严禁向水中排放废水、垃圾等污染物。

(2)泉水保护

①保护泉水周围的生态环境。抓好荒山荒地的植树绿化工作，加强水源涵养；严禁在泉水周围开山采石或修建大型人工建筑；保护地表水下渗的通道，防止地下水水质的污

染；对上游地区的污染源迅速采取治理措施，防止其扩散。

②处理好与工农业生产及居民生活用水的关系。随着城市的发展和人口的增加，工农业及居民生活用水迅速增加，形成与泉水“争水”的局面。解决这一矛盾的具体措施如下：调整地下水采水的布局，控制供水水源地和泉水分布范围内的采水量，开采其范围以外的地下水，如果下游有较大的河流，可建设引水工程，增加供水水源；抓好计划用水和节约用水工作，把工业节水作为重点，提高工业循环用水率；在农业生产中，要尽量用地表径流灌溉减少地下水的用量。

（二）旅游大气环境的保护

随着旅游业的迅速发展，游客对旅游区环境质量的要求越来越高，旅游主管部门和旅游区经营管理者对旅游区大气环境的保护应给予高度重视，从旅游区大气污染的发生原因与过程分析，防治和控制大气污染的工作重点是污染源及污染排放途径监控。污染源得到有效防治，也就基本上解决了污染问题。合理的排放途径，可以降低污染浓度，减少对旅游区的大气污染。解决大气污染可采取的方法和技术措施有以下几点。

1. 统筹规划，合理布局

（1）划定保护区范围，搬迁旅游区内污染大的企业

在旅游区附近地区，生产部门、尤其是工业生产部门的布局是否合理，与旅游区的大气环境关系极为密切。工业生产部门过分集中于旅游区附近地区，大气污染物排放量必然过大，且不易被稀释扩散。因此，在旅游区附近，不应建设工矿业企业，尤其是那些耗能高、污染大的工业企业，要尽量远离旅游区。对旅游区内现有的污染企业，应设法迁出旅游区。

（2）旅游区内工业生产与旅游设施的合理布局

若必须在旅游区附近地区布局工业生产时，应将其合理分散，并且充分考虑当地的地形及气候等条件，将厂址设置于盛行风的下风区域，使污染物在自然环境中易于稀释扩散。此外，工厂区和旅游区之间要有足够的间隔距离，尽可能留出一些空地，用于绿化造林，以使工厂区排出的污染物有充分的扩散稀释的空间，而不直接排入旅游区，以免对游客健康和生态环境造成危害。

（3）旅游服务设施也要科学布局

厕所、污水处理厂、垃圾集中处理场地等，应建在游览区、娱乐场、野营地，交通道路和旅馆餐厅的全年主风向或旅游季节主风向的下风侧；停车场设在下风侧，但应在厕所、污水处理厂、垃圾集中及处理地的上风侧，并与餐馆旅馆、野营地、娱乐场、游览地等保持一定的空间距离，以减少汽车和灰尘对大气环境的污染；餐馆等饮食服务设施应建在旅馆、野营地、娱乐场和游览地的下风侧，但应建在停车场的上风侧。

2. 改进燃烧方式

中国的资源状况决定了以煤炭为主的能源结构。燃煤排放的相当一部分污染物是由于燃烧不完全而产生的。目前，我国烟尘年排放量约 2300×10^4 t，这与工业和民用均采用原煤散烧的方式有关。因此，改进燃烧方式，发展清洁能源，减少污染物的排放量，对于减轻大气污染十分重要。

（1）推广型煤

在目前情况下，采用清洁煤技术能够提高煤炭使用效率，减少燃煤对大气的污染。旅

游业可根据实际情况，采用适宜的清洁煤技术。将散煤经过一定配方加工成型，有利于充分燃烧和减少烟尘排放。

(2)采用区域采暖、集中供热

所谓区域采暖、集中供热就是利用集中的热源，设立大的热电厂和供热站，供应较大区域内的工业和民用采暖用热。以此代替为数众多的低矮烟囱，是消除烟尘的有效措施。在旅游区内及其周围地区，采取区域采暖、集中供热有许多好处，可以提高锅炉设备的热效率，降低燃料的消耗量，还可利用废热提高热利用率。

(3)改变燃料结构，发展新能源

对燃料要进行选择和处理改变燃料结构，在有条件的旅游区(点)，要逐步推广使用天然气、煤气和燃油。

①实现煤气化。由于气体燃料比固体燃料干净、方便、易于输送，因此发展较快，工业发达国家的大中城市基本上实现了煤气化。近年来，我国气体燃料也较为普及，大城市已基本实现民用煤气化。

②以油代煤。由于石油灰分低，燃烧时热效率高，有些国家改变燃料结构实行由燃煤向燃油转换，以减轻煤烟尘的污染。黄山在治理大气环境污染时采取的措施之一就是适时调整能源结构，已先后两次对风景区的燃料结构进行了调整，由烧柴、烧煤改为烧油、烧气、用电。能源结构的改变，在很大程度上减轻了对生态旅游区环境的污染，又极大地增强各类基础设施的安全和可靠性。

③开发清洁能源和可再生能源。目前，世界上发展较快的清洁能源主要有地热能、风能、太阳能、天然气，此外，还有水能、潮汐能和生物能等。地热电站不需要庞大的燃料运输设备，也不排放烟尘。地热蒸汽发电排放到大气中的二氧化碳量远低于燃气燃油、燃煤电厂。风是地球上潜力巨大的能源。太阳能是取之不尽用之不竭的清洁能源，但亟需经济实用的太阳能利用技术。

3. 减少和治理交通废气污染

(1)控制汽车尾气污染

现代旅游的四大交通工具，飞机、火车、轮船、汽车都有程度不同的污染，尤其是汽车尾气污染最为严重，汽车还是产生光化学烟雾的重要污染源。汽车废气主要来自汽油的燃烧，因而改革燃料和设备是减少汽车尾气污染的有效措施。

①在燃料改革方面，主要是清洁油品。车用燃料对车辆尾气排放有很大影响，所以要有计划地改善燃油品质。如采用无铅汽油代替有铅汽油，使用新型燃油添加剂以提高燃烧效率，也可采用液化石油气、天然气等燃料。

②在汽车设备改革方面，改进内燃机的燃烧设计。主要改进发动机本身结构，更多地利用混合动力或纯电动汽车动力。可在排气系统安装附加的净化装置，如安装热反应器和催化转化器(将废气变为无害气体或降低排放量)，还可采用使废气再循环的废气回流管以降低排放量等。

(2)推广和使用少污染的交通工具

研制、发展无公害汽车和高效交通系统，是长远的控制汽车大气污染的重要措施。在旅游城市，多用无轨电车代替汽车，在旅游区(点)及其周围多发展公共交通系统，鼓励使用电动汽车及畜力车和人力车等少污染或无污染的交通工具，都可以减少大气污染物的排放。

(3)控制私人汽车拥有量，积极发展公共交通

为保护城市环境，私人汽车的拥有率必须控制在适度水平。旅游城市和旅游区(点)，应多发展公共交通系统，鼓励人们使用火车、公共汽车等交通方式，减少使用私人汽车，控制进入旅游区(点)的汽车数量。

(4)加强机动车排气污染控制

为加强机动车排气污染的控制，《大气污染防治法》将防治机动车船污染单独作为一章，对机动车制造、使用和维修、燃油质量、监督检查等几个环节，分别做出了规定。对新生产、销售的机动车船，规定“机动车船向大气排放污染物不得超过规定的排放标准”“任何单位和个人不得制造销售或者进口污染物排放超过规定排放标准的机动车船”。对在用机动车，规定“不符合污染物排放标准的，不得上路行驶”。对燃油质量也做出了规定，“国家鼓励和支持生产、使用优质燃料油，采取措施减少燃料油中有害物质对大气环境的污染。单位和个人应当按照国务院规定的期限，停止生产、进口、销售含铅汽油”。对机动车排气污染的监督检查，从年度检查和日常检查两个方面做出规定。

4. 植树造林，净化空气

植树造林是防治大气污染的一个经济有效的措施。植物有吸收二氧化碳放出氧气和吸收各种有害有毒气体净化空气的功能，所以旅游城市或旅游区的环境中应保持相当比例的绿地面积，以起到净化和缓冲大气污染的作用。尤其是厕所、停车场、垃圾处理场等服务设施内部及周围要多植树种草、种花，既吸味吸音，又能除臭杀菌，起到很好的美化绿化、净化环境的作用。

(三)生物旅游资源及环境的保护

生物旅游资源及环境的保护可采取就地保护和迁地保护相结合的途径。

1. 就地保护，建立自然保护区

建立自然保护区是就地保护野生动植物的最有效措施。就地保护是指保护生态系统和自然环境以及维护和恢复在其自然环境中有生存力的物种群体。“保护区”是指一个划定地理界限的，为达到特定保护目标而指定或实行管制的地区。

自然保护区的主要保护对象是具有一定代表性、典型性和完整性的各种自然生态系统、野生生物物种；各类具有特殊意义的、有价值的地质地貌、地质剖面和化石产地等自然遗迹。但最主要的保护对象仍是生物物种及其自然环境所构成的生态系统，即生物多样性。建立自然保护区，不仅可以保护珍稀动物及其栖息地，而且可以使其他种类的野生动植物得到很好的保护。所以说，自然保护区是生物多样性就地保护的重要基地，是最有力、最高效的保护生物多样性的方法。

自然保护区的建立，使一批具有代表性、典型性、科学研究价值的自然生态系统和珍稀濒危物种得到有效保护。例如，为了保护珍贵动物大熊猫及其生境，在四川、甘肃和陕西等省建立了14个自然保护区，同时进行人工繁育研究，使其种群延续；为保护珍稀孑遗植物银杉，建立了广西花坪、四川金佛山自然保护区。目前，我国公布的国家重点保护动植物名录中的大多数物种都在自然保护区内得到了保护。

自然保护区由于保存着较为完好的自然生态系统，珍稀动植物、特殊自然历史纪念物和景观，这种未经人工雕琢的自然风景，往往对游客具有很强的吸引力，因而在许多国家

已成为重要的旅游资源加以开发利用。建立自然保护区的根本目的在于保护珍稀物种，其次才是发挥其旅游的功能。在有条件的地方，从自然保护区中划出一定的适宜地域开展旅游活动，但其活动范围和强度要有严格的限制，以不破坏和污染保护对象为原则，必须以保护物种为前提。

2. 移地保护，建立动物园、植物园及各种引种繁育中心

移地保护是指将生物多样性的组成部分移到它们的自然环境之外进行保护。移地保护主要适用于受到高度威胁的动植物物种的紧急拯救。移地保护往往是单一的目标物种，如利用植物园、动物园和移地保护基地和繁育中心等对珍稀濒危动植物进行保护，为遗传多样性的研究和保存打下了良好的基础。

3. 古树名木的保护

古树是指树龄在百年以上的树木。树龄在300年以上的树木为一级古树，其余为二级古树。而名木是指珍贵、稀有的树木和其他具有历史价值和纪念意义的树木。苍翠弥天的古树是生态旅游区的标志，也是先人传下的宝贵遗产。因此，必须对古树名木实行重点保护，我国很多名山都实行了对古树名木的保护，取得了很好的效果。以黄山为例，古树名木是黄山风景区的重要景观和自然遗产的杰出代表，具有重要的美学、科研价值，是珍贵的活文物。为保护好这些珍贵的古树名木，黄山管委会采取了多种措施予以精心保护。

（四）噪声污染防治

1. 噪声污染控制途径

（1）噪声声源控制

通过研制和选用低噪声设备、改进生产工艺提高机械设备的加工精度和安装技术，达到减少发声体的数目或降低声体的辐射声功率或从根本上清除噪声声源。如餐馆、娱乐场所不允许使用高音喇叭，游览时间内不得进行产生噪声，干扰游客的作业，以及旅游区车辆禁止鸣笛等。

（2）噪声传播途径控制

具体措施包括：合理布局旅游区位置。例如，旅游区应与交通要道、工业区和商业区等隔开一定距离。在旅游城市，要把高噪声的工厂或车间与游览区、居民区、校区、办公区等分隔开。在旅游区内部，把强噪声设施设备，如锅炉房、水电房、宾馆厨房等与游客居住区、游览区隔离开。利用屏障（树木、草丛、建筑物等）阻止噪声传播。在各隔离带中间布置林带等屏障以隔声滤声和吸声，以免相互干扰。把声源排放口朝向野外、地沟等对人群影响较小的地域。

2. 噪声控制管理

噪声控制立法是控制噪声的重要和有效措施。国际上控制噪声的立法活动从20世纪初就已经开始，许多国家都陆续颁布了全国性或地方性的噪声控制法规，我国已公布了《噪声污染防治法》，为管理和控制各类噪声提供了法律依据。

3. 噪声控制技术

（1）吸声降噪

在室内的墙面或顶棚上饰以吸声材料、吸声结构，或在空间悬挂吸音板，将叠加声波产生的混响声吸收掉以降低室内噪声级，这种控制技术称为吸声降噪。吸声材料可用玻璃棉、毛毡泡沫塑料、吸声砖等，或采用共振吸声和微穿孔板吸声结构。利用吸声技术可降低噪声10～15dB。

(2)隔声降噪

应用隔声结构阻碍噪声向空间传播，使吵闹环境与需安静的环境隔开，这种措施称为隔声降噪。隔声装置称为隔声围护结构，如隔声室、隔声墙、隔声罩、隔声屏等。例如，在城市高架道路上设置声屏障就不失为一种防治高架道路交通噪声的有效措施。

(3)绿化降噪

绿化降噪是指栽植树木和草皮以降低噪声的方法。要消除城市噪声，除了改进车辆的设计，以及在噪声大的机械设备和噪声集中的场所安装消音设备外，还应该在道路两旁多植树，扩大绿化区域，在住宅区里栽上多叶的花草树木，这样既能减弱噪声又能美化环境。

(五)旅游垃圾的处理

控制旅游垃圾对环境污染和对人体健康危害的主要途径是实行对固体废物及旅游垃圾的减量化、无害化和资源化处理。

1. 旅游垃圾减量化处理

“没有一种废弃物处理方法是全然安全的”，各种废弃物处理方法对社会而言都有负面影响。所以不可过分依赖废弃物处理设备，而要从固体废弃物的产出方面实行管制，实行垃圾减量，能回收再用的就要回收，剩余部分才当成废弃物进行处理。旅游垃圾由于多位于旅游区点，因此更增加了收集与运输的难度与成本。所以旅游垃圾减量化处理，有着更现实的意义，垃圾减量的具体措施包括以下几点。

(1)净菜进旅游区，减少垃圾产生量

目前我国的蔬菜大多未进行简单处理即进入居民家中，其中有大量泥沙及不能食用的附着物。据估计，蔬菜中丢弃的垃圾平均占蔬菜重量的40%左右，且体积庞大。如果在一级批发市场和产地对蔬菜进行简单处理，净菜进城市或旅游区，可大大减少城市垃圾或旅游区垃圾中的有机废物量。

(2)推行垃圾分类收集

城市垃圾收集方式分为混合收集和分类收集两种方式。混合收集通常指对不同产生源的垃圾不作任何处理或管理的简单收集方式。无论从保护生态环境和资源利用的角度看，还是从技术经济角度看，混合收集都是不可取的。实行垃圾分类收集，不仅有利于废品回收与资源利用，还可大幅度减少垃圾处理量。最科学的垃圾分类方法是把垃圾分成可燃物、不可燃物、塑料、玻璃制品。

(3)物品的重复利用

物品的重复利用旨在减少浪费，对同一物品进行多次使用。这样做不但杜绝了浪费，节约了资源，还减少了垃圾的产量。如办公用纸的正反面充分利用之后才被当做垃圾扔掉进行回收。

旅游饭店应贯彻物尽其用的原则，在确保不降低饭店的设施和服务标准的前提下，物品要尽可能地反复使用，把一次性使用变为多次反复使用或调剂使用，对于可以再利用和回收的物品，倡导员工继续使用。客房盥洗室尽量采用能够重新灌装的容器，减少一次性用品的用量。

（4）避免过度包装

旅游商品包含大量的纪念品、艺术品，人们看重的多是它们的艺术性或纪念意义，而非实用性，这就促使商品生产部门在包装上下了很多工夫，这无疑会增加旅游垃圾产生量。因此，必须强调包装废物的产生者有义务回收包装废物，这可以促使包装制品的生产者和销售者在产品的设计、制造环节少用材料，减少废物产生量，少使用塑料包装物，多使用易于回收利用和无害化处理的材料。

2. 旅游垃圾的无害化处理

国内外城市垃圾和旅游垃圾的无害化处理方法主要有三种，即卫生填埋法、堆肥法、焚烧法。

（1）卫生填埋法

卫生填埋法是目前世界上最常用的垃圾处理技术。卫生填埋最早出现在1930年，直至2000年，全球已有约1400余座城市采用填埋法处理城市垃圾。它的基本方法是先对垃圾进行分类收集；将可再生利用的废纸、金属、玻璃瓶、易拉罐等与其他废物分开，这样既可以使物尽其用，又可以减少垃圾量。剩余的无利用价值的垃圾进行减害化处理后，再运到填埋场用推土机或压路机压实，覆盖一层土，再放一层垃圾，逐层填埋，最后覆盖上30cm厚的泥。填埋2年后，在上面钻孔取沼气，用管道引到附近的沼气发电厂用于发电。这种方法的优点是：投资少、处理费用低、处理量大、操作简便等。其缺点是：垃圾场要占用大量土地；渗滤液问题难以解决；由于气体回收设备复杂、投入大、效益低，因此垃圾填埋场基本不设气体回收系统，有毒、有害气体被释放到空气中污染大气。

（2）堆肥法

堆肥法是利用自然界广泛存在的微生物处理垃圾的技术。它通过生物反应，有控制地促进固体废物中可降解有机物转化为稳定的腐殖质。堆肥过程中的发酵阶段可以消除垃圾中的病原体，采用垃圾堆肥作“土壤改良剂”或“土壤调节剂”，可以增加土壤中有机质成分，提高农业产量。但堆肥的肥效低、市场销售量小，堆肥法的垃圾减量化程度不高，高分子有机物及重金属的污染无法解决等问题制约了垃圾堆肥法的普遍应用。

（3）焚烧法

焚烧法是一种高温热处理技术，即以一定浓度的氧气与被处理的废物在焚烧炉内进行氧化燃烧反应，从而使废物中的有害毒物在高温下氧化、热解而被破坏。这种处理方法可使废物完全氧化成无毒害物质。焚烧技术是一种可同时实现废物无害化、减量化、资源化的处理技术。其优点是占地小、场地易选择、处理时间短、减量化明显、无害化彻底，焚烧的热量还能用于蒸汽发电等。其缺点是易产生二次大气污染，所以焚化过程必须在焚化炉中封闭进行，焚化炉必须安装除尘和除烟装置。

3. 旅游垃圾资源化处理

垃圾是“摆错位置的财富”，垃圾的资源化处理就是对这种财富的发掘，垃圾是一种有开发价值的财富。垃圾资源化的前提是对垃圾进行分类处理。垃圾中的金属、玻璃、塑料、橡胶等物质经分离选取出来，经过加工处理，就能变成有用的资源。垃圾资源化是发展循环经济的重要环节。改革传统工艺，发展物质循环利用工艺，使生产第一种产品的废物，成为第二种产品的原料，使生产第二种产品的废物又成为生产第三种产品的原料等，最后只剩下少量废物排入环境，这样能取得经济、环境和社会多方面的效益。

4.“白色污染”的治理

“白色污染”是指不可自然降解的废弃高分子有机聚合物排放到环境中所形成的现代污染现象。主要污染物是各种各样的塑料垃圾，包括塑料袋、地膜、快餐、盒饮料杯、废电器壳等。随着人口数量的不断增长，以及社会经济和人民生活水平的迅速提高，“白色污染物”的排放量猛增，污染日益严重，大量生态旅游景区已开始禁止使用一次性发泡塑料餐具。

三、文化旅游资源保护

（一）文物古迹保护

文物是历代遗留下来的、在文化发展史上有价值的东西，如建筑、碑刻、工具、武器、生活器皿和各种艺术品等。在我国人文社会旅游资源中，分布地区最广、品种类型最丰富、吸引游客最多的是文物古迹。文物古迹是我国历史文化的载体，是物化的历史文化，是我们国家和民族的文化财富。因此，文物古迹保护是我国人文社会旅游资源及环境保护的重中之重。

对文物古迹的保护应在把握一个原则和三个关系的基础上，灵活运用一些技术措施与管理方法来进行。

1.“修旧如旧”原则

维护和修复是文物古迹保护的一项重要工作，而文物古迹维护和修复却不同于普通建筑的维护和修复，保护文物古迹就是保持现状及其历史环境，因而文物古迹保护的关键是保护其历史的真实性、风貌的原生性。真实性和原生性是文物古迹的灵魂，其根本特点是不可再生性，一旦失去便永远无法恢复，任何复制品都不可能具有原有的价值。因此，文物古迹保护应坚持的原则就是“修旧如旧”。文物古迹的价值就在于历史的遗存，所以称文物古迹为“历史的载体”。在对文物古迹进行维护和修缮的过程中要尽量保持其原有的原始风貌，发扬其特有风格，而不是“修葺一新”，任何过分修饰和全面毁旧翻新的做法都不可取。建筑学家梁思成提出保护古建筑“要让它延年益寿，不要返老还童”。

2. 平衡文物古迹保护与发展经济的关系

文物古迹是历史的见证与载体，是一个国家或民族的遗产和财富。文物古迹一旦破坏，就很难复原。而现代社会很多文物古迹都面临着经济发展浪潮的冲击，如古城风貌的保护与城市建设的矛盾就十分突出。古城保护是为了延续历史、了解历史，而城市现代化建设则是时代所需。因此，在处理二者的关系时，既不能重发展、轻保护，也不能重保护、轻发展，而必须是两者并举。当文物古迹保护与经济建设发生矛盾时，对文物古迹的保护可采取以下两种措施。

（1）原地保护

当某新建工程必须在文物古迹所在位置上进行，而文物古迹的价值重大，不能将其拆除或搬迁，就要采取适当的技术措施将文物古迹就地保护。如在对三峡地区文物抢救保护的过程中，重庆三峡库区就原地保护文物 62 处。

（2）搬迁保护

搬迁保护分为两种情况：一是古迹搬迁，如果文物古迹的价值十分重要，而经济建设项目又必须进行，就应将文物古迹搬迁到适宜地方保护起来。二是建设项目或居民搬迁，

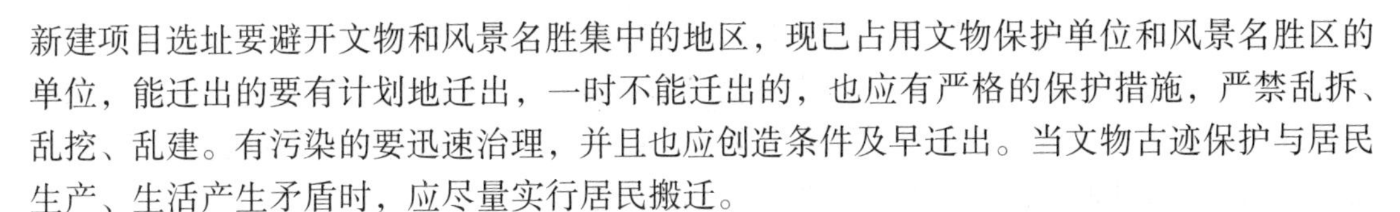

新建项目选址要避开文物和风景名胜集中的地区，现已占用文物保护单位和风景名胜区的单位，能迁出的要有计划地迁出，一时不能迁出的，也应有严格的保护措施，严禁乱拆、乱挖、乱建。有污染的要迅速治理，并且也应创造条件及早迁出。当文物古迹保护与居民生产、生活产生矛盾时，应尽量实行居民搬迁。

3. 平衡文物古迹保护与旅游开发的关系

在处理文物古迹保护与利用的辩证关系时，要坚持“有效保护、合理利用”的原则，在保护为主的基础上，积极探索合理利用的途径，通过科学、合理的利用反过来促进有效保护，在有效保护的前提下，提高综合利用的效益，使文物保护与旅游业相辅相成，相互促进、协调发展。实现对文物古迹的有效保护，离不开资金获取。可在保护的前提下充分利用现有文物去发展旅游。文物旅游可以做到不损耗和破坏文物资源，但同时可以更高质量地发挥文物的文化教育、知识教育、精神教育等社会功能，还可以把文物旅游获得的收入用于文物的保护与进一步的开发，这样不仅提高了文物保护的有效性，也增强了历史文物的吸引力，从而形成一个文物保护与开发的良性循环。

文物古迹的利用方式和手段，大概有以下几个方面：

(1) 实物原状展示

博物馆式的陈列展示，所谓博物馆是为了服务于社会及其发展，以有关人类及其环境的物证的研究、教育和欣赏为目的，加以收集、保管、研究和展览的非营利的部门，最有利于实物原状展示。

(2) 单体展示

有许多文物古迹是单体的建筑物和雕塑品，由于历史上的破坏和经济建设等原因，大量相匹配的建筑已不存在，将它们移到其他地方，进行部分保留或重新设置。

(3) 集中展示

把一些不能在原地保留的古建筑等移置到其他地方统一保存、集中展示。如洛阳古墓博物馆集中展现了我国古墓的建筑形式随葬品、墓内壁画、镇基兽、历代墓葬的演变规律和丧葬习俗，为研究古墓提供了丰富翔实的资料。

(4) 非实景展示

除了实物展示，间接地提供文字、图像、模型等，也是文物古迹利用的重要形式。

①文字资料。包括各类专门的报纸、杂志、图书、小册子等，详细介绍文物古迹的历史、艺术、科技、旅游等方面的价值。

②图像资料。包括各类专门的影片、照片、录影带、光盘等，可以全面地、立体地展示文物古迹的全貌。

③模型。模型根据文物古迹的实物，按照一定的比例将其再现，给人以现场的逼真效果。如北京古代建筑博物馆内，展示了中国一些有代表性的古建筑的木制模型，使游客对古代建筑的建筑结构、艺术风格、工艺技术等有了较全面的了解。

④复制品。是指对一些比较珍贵，不易搬动或单体较小的文物，按其实物原状复制出来的物品，如雕塑、碑刻、书画等。

(二) 民俗与传统文化的保护

民俗风情与传统文化艺术都属于民族文化的范畴。民族文化是指某个民族在其历史发展进程中创造和发展起来具有本民族特点的物质文化和精神文化的总和。从文化的结构角度，民族文化可划分为三种形态：①物质文化，包括民族传统服饰、饮食、民居建筑、生产生活用具等；②行为文化，包括婚丧嫁娶、节日礼俗、待客礼仪宗教仪式及行为规范等；③精神文化，包括思想意识、价值观念、民族心理、宗教信仰以及民间艺术、民间歌舞、民间游乐及戏曲文艺、绘画雕塑等民间传承文化。

文化需要保护，文化的保护与自然的保护同等重要。因为人们可以通过封山育林，使森林植被恢复；通过防治污染，还河流和大气的清洁；通过保护珍稀生物，恢复它们的种群。而文化传承一旦遭到破坏，则很难恢复和再生。这里的文化，是特指那些在人类文明发展过程中产生并保留至今的活的珍稀濒危的文化遗存。其通常都处于弱势文化地位，非常珍稀而又脆弱，如果遇到现代社会主流文化的冲击而不加保护，就可能岌岌可危。长期以来，人们对民俗风情和传统文化艺术等民族文化的保护提出了种种设想和实践，出现了建设诸如文化村、民族文化生态村、文化保护区、生态博物馆等许多模式，综合分析这些保护模式，不难发现其中呈现出两种倾向：一种是封闭式保护，一种是开放式保护。前一种是消极的保护，而后一种则是积极的保护。

1. 消极的封闭式保护

封闭式保护即隔断少数民族地区与外界的联系，完全封闭隔离起来维持其自然、原始的状态。大多数情况下，这种保护可行性不高。如泸沽湖是我国最清澈的高原湖泊之一，泸沽湖不仅有高稀缺的自然资源，更有不可替代的人文景观。其文化核心是摩梭人母系家庭和独立形成的走婚习俗。摩梭人母系家庭，指家庭世系按母系传承，子女从母居住，家庭无父亲血缘亲属关系；母亲为家长，以母系血缘实行家庭的权力分配。走婚习俗指女不嫁，男不娶，只建立在情爱基础上的走婚关系。因此，泸沽湖被称为“东方女儿国”“母系氏族的最后一块领地”，这是人类母系氏族文化保留至今、世界上极为珍稀的文化遗存，极具旅游价值。泸沽湖是一个文化脆弱区，泸沽湖旅游经济的发展势必给摩梭人传统的文化形态、生活方式和价值观念带来冲击，可能导致摩梭文化的蜕变甚至消失。把泸沽湖封闭起来加以保护，不开展旅游活动，既不现实也不可能。泸沽湖的摩梭文化之所以能够保留至今，一个重要原因是交通闭塞，地点偏僻，与世隔绝和经济落后。但现今的情况已不大一样，现代社会的交通发达、商品经济繁荣、信息交流手段日益便捷、文化交流日益密切，当今世界上任何一个角落，想保持过去的封闭和落后，都是不现实和不可能的，就算划定“核心区”与“非核心区”，尽量减少因游客的进入而给“核心区”带来的文化冲击，也无法阻止以电视、电话、互联网等现代传媒的迅速普及及其所携带的外来文化因子的渗入，封闭的做法也有违当地人民脱贫致富的强烈愿望，唯一的选择是采取正确的模式，积极而又适度地开发泸沽湖的旅游。

2. 积极的开放式保护

开放式保护同样适用于建立生态村、文化村或文化保护区。这里的保护是在开放中发展和保护，是保护与发展相结合的开放式保护，是与当地居民的自愿参与相结合的保护。这种思想指导下的“文化保护区”的概念可定义为：文化保护区是以政府主导行为为前提、当地社区居民自愿参加为基础，对人类文明进程中产生并保留至今、珍稀濒危的遗存文化加以保护的区域。其中政府的作用和居民的自愿参与缺一不可。

少数民族传统文化源于民间，植根于民间。所以民族传统文化的传承必须建立在民间主动配合的基础之上。面对民族社区在旅游业发展过程中出现的文化趋同现象，可以通过适当的引导和激励，使社区居民重新意识到本地传统文化的价值，从而激发他们的民族文化自豪感与文化自觉意识，促使他们主动地去维护本民族的文化传统，复兴本民族文化。另外，政府还应大力加强法制建设，保护历史文化遗存，规范旅游开发行为，将部分旅游收益用于当地的文化保护和建设事业中，支持科研机构和民间文化团体开展抢救民族文化遗存弘扬优秀传统文化的活动。

开放式保护主要强调在开放中发展和保护、保护与开发相结合。应从以下几个方面加以保护。

(1)保留

对传统文化中的物质文化特征进行保留，如保护传统的民族服饰、生产生活用具、建筑形式、饮食等，促进传统文化的保护与传承。

(2)分离

对传统文化中的礼俗和宗教的仪式等实行分离保护。“分离”指的是出售给游客的文化样品与真正存在于本地居民间的文化内容相区别，以防止传统文化形式的内在价值受到扭曲或削弱。

(3)传承

传承保证了民族传统文化的连续性，是民族文化保护的关键。民族文化的传承主要有物质的传承、行为的传承和精神的传承。物质传承和行为传承较精神文化中的心理传承容易实现，在一定程度上精神文化传承是一种社会浸染，每个人从一出生就毫无选择地处于一定的文化氛围，并承袭这种文化。而集中体现本民族精神文化的神话传说、哲学、原始宗教、文学、艺术等方面的传承则需人为保留。

(4)提倡

民族传统文化的保护必须尊重当地人在新的经济环境下做出的选择，基于本民族自觉、内在的意愿。但尊重并不意味着放任自流，应通过多种形式积极提倡传统文化中合理的优秀部分，力求保持其民族特色，培养村民良好的个人品质、社会公德和民族自豪感，提倡保持传统文化中真、善、美的德行和礼仪，尽量减少旅游业带来的消极影响。

复习思考题

1. 我国生态旅游资源开发存在哪些问题?
2. 试述生态旅游资源开发对当地动植物的影响。
3. 举例说明生态旅游中可能产生的环境问题及其无害化处理方式。

课外阅读书籍

1. 严贤春，何廷美，杨志松，等. 生态旅游资源与开发研究. 中国林业出版社，2019.
2. 全华. 生态旅游区建设的理论与实践. 商务印书馆，2007.

第十一章

生态旅游管理

第一节　生态旅游管理的概念和特征

生态旅游管理是指以生态学思想为指导，对生态旅游资源实行以生态系统保护为目的的管理决策过程。生态旅游管理的目的是在向生态旅游者提供满意的生态旅游产品和服务的同时，维护生态旅游区的生物多样性、生态整体性及其生态服务功能和美学价值，维护生态旅游区的生态系统不受旅游业及其相关活动的过度干扰和人为破坏。

由于生态系统是生物要素和环境要素在特定空间的组合，所以生态旅游管理的实质就是对环境要素和与其相适应的生物要素进行有效管理，因此生态旅游管理具有如下特征。

一、生态旅游管理的对象是生态旅游系统

生态旅游活动中任何管理活动都离不开对生态和经济两大系统的管理。作为旅游活动高级形式的生态旅游，更应把生态系统和旅游系统结合起来进行综合管理。这种管理实际上是一个复合的管理结构系统，它既包括了对生态系统的管理，又包括了对旅游经济系统的管理，二者相互作用、相互耦合，便形成了具有独立结构和功能的生态旅游经济复合体。由于生态系统是生物要素和环境要素在特定空间的组合，所以在进行生态系统管理时必须把对生物和环境两种要素的有机管理包括在内。对生态旅游业而言，生态旅游系统包括生态旅游环境、生态旅游者、旅游目的地社区等。

二、生态旅游的管理主体是广泛的社会群体

旅游经济系统是以旅游产业形式出现的一种复杂的社会经济活动的总称，包括吃、住、行、游、购、娱等各个旅游行为和环节。从一般理论意义而言，还可将它界定为旅游生产力要素和旅游生产关系要素在一定空间上的组合，包括各种物质生产要素和各种旅游所有制要素，也包括旅游产品生产过程中的各个层次和环节。可见，旅游经济系统的运动过程是人类有目的地开发生态资源的过程，是使自然界中的生态资源转变成满足人们精神享受产品的过程。旅游经济系统通过物质循环、能量流动和信息传递使系统运转起来，并以生态旅游系统的运动作为基础。对生态旅游管理而言，管理主体是社会各种组织机构和每一个人，但主要包括政府、行业管理部门、旅游中介组织、旅游专业组织、生态旅游企业等。

三、生态旅游管理更强调人类的责任与义务

以生态系统与经济系统为依托所组成的生态旅游经济系统，是一个复杂的复合管理系统。对这一复合系统进行管理时，更突出自然生态环境的可持续发展，更注重人类的责任与义务，因而还必须有如下几点清醒的认识：

第一，旅游经济系统和生态系统的运动是交织在一起的。人类的一切旅游经济活动都不能脱离自然生态系统而孤立进行，应该考虑自然生态系统提供条件的可行性和旅游活动对自然生态系统可能产生的负面影响。

第二，在生态旅游经济复合系统中，生态系统的运动是经济系统运动的前提和基础，旅游经济系统运转所需要的物质和能量，最终都取自于自然生态系统，所以自然生态系统的可持续发展直接关系到旅游经济系统的发展和前途。

第三，旅游开发者和旅游者是旅游生态经济系统的主体，他们可以通过自己活动的调整和控制能动地调节社会经济与自然生态的关系，使二者能够在相互作用和相互影响中保持平衡与和谐发展。

第二节　生态旅游管理的原则

生态旅游管理必须遵从的基本原则有以下几方面。

一、人与自然和谐发展的原则

生态旅游管理中的主要矛盾是人与自然之间的矛盾。因此，如何正确处理人与自然之间的关系，促进二者之间的和谐发展，就成为指导生态旅游管理的一个重要原则。

人类对人与自然之间关系的认识经历了蒙昧、对立、和谐三个阶段：第一阶段人类生产活动对自然界干扰破坏不大，二者之间尚处于低水平的协调状态。第二阶段主要是人类对自然界的破坏，其是社会生产力大发展的阶段，人们不仅认识了某些自然现象和本质，而且以主人公的身份对自然进行了利用和改造，从而创造了人类社会前所未有的物质文明和精神文明。这一时期人们对人与自然关系的认识是片面的，人们错误地认为自然资源是取之不尽、用之不竭的，人们可以任意向自然界索取而不受惩罚。这一阶段人与自然关系的特点是对立的，整个地球开始出现全面的生态危机。第三阶段是人与自然和谐发展的阶段，人们在长期的生产实践中逐渐认识到了人与自然的对立，不仅会破坏生态环境，而且会危及人类自身的生存和发展。人们只能充分合理地利用自然、保护自然，而不应该超越限度对自然资源进行掠夺式开发。生态旅游囊括了人与自然之间的诸多关系，所以对其进行管理时必须树立人与自然的和谐观，并以此为指导，形成生态环境和旅游经济双向持续发展的新格局。

二、经济主导与生态基础相结合的原则

经济主导与生态基础相结合原则主要包含三个方面的内容：一是经济与生态在生态经济系统中同时存在，二者同等重要，在实际操作中不可顾此失彼；二是两者是主导与基础的关系，经济在生态系统中处于主导地位，生态处于基础地位，主导依托于基础，没有基

础就不能发挥主导作用；三是生态和经济是相互联系、相互制约、相互促进的。在生态旅游的实际管理工作中，要始终坚持遵循理论和原则。只有在利用中保护和在保护中利用，才能使资源发挥最大的潜力与作用，以形成经济主导与生态基础有机结合的良性管理体制。

三、经济有效性与生态安全性相兼容的原则

所谓经济有效性是指人们在积极发展旅游经济时，应最有效地利用生态资源。旅游经济活动的目的在于充分利用生态旅游资源，以最小的耗费取得最大的经济收益。所谓生态安全性是指人们在组织旅游经济活动时，应该有效地保护自然生态系统和自然资源，使之保持存在和再生的能力。

经济有效性与生态安全性兼容和协调的原则要求把生态旅游管理的着眼点具体定位在经济的有效性和生态的安全性上。管理的重点主要集中在衡量经济的有效性上，衡量的内容主要包括三个方面：第一，管理体制对经济发展是积极而不是消极的，要把促进经济发展放在第一位；第二，向自然生态系统索取资源要适度，坚持控制外延无限扩大的生产方式，反对掠夺式利用自然风景资源和旅游生态资源；第三，对自然生态系统的利用要充分，以便能够为游客提供更多的生态感受和生态知识。要重视挖掘自然景观资源的潜力，反对粗放经营，提倡精品开发。与此同时还需对生态安全性进行定位，生态安全性的基本内涵就是对生态资源的积极保护。生态旅游管理者应该时刻观察生态环境承受能力的动态变化，把游客接待量限定在生态系统持续存在和运行的能力之下，以保证生态安全性。

通过对经济有效性和生态安全性两个定位指标的分析，可以清楚地看到旅游经济的顺利发展必须有生态安全性作保证，生态的安全性必须有一定的经济投入作基础，经济有效性与生态安全性的统一和协调，才能推动区域经济的可持续发展。

四、三大效益整体统一的原则

经济效益、社会效益、生态效益整体统一的原则是生态旅游管理的一个普遍原则，其理论基础是现代生态经济学的三个最基本的理论范畴，分别是：作为经济活动载体的生态经济系统；作为经济发展动力的生态经济平衡；作为经济活动目的的生态经济效益。其中，生态经济效益是人们从事经济活动的出发点和落脚点。生态环境与旅游经济协调发展是人类进入生态时代的基本特征。

运用经济、社会、生态三个效益整体统一的原则指导生态旅游，最重要的是要强化生态与经济的时空关联性，即在生态旅游管理中正确处理局部与整体、目前利益与长远利益之间的生态经济平衡问题。为正确处理生态与经济在时空上的关联性问题，各旅游企业必须用经济、社会、生态三效益统一的原则来检验自己的行为，顾全大局和长远效益，把经济的可持续发展建立在生态与经济协调发展的稳固基础上。

第三节　生态旅游管理的内容

生态旅游管理的内容，既包括生态旅游环境、旅游企业、旅游者，也包括旅游目的地的社区、旅游市场等。生态旅游管理就是对上述内容进行系统的规范、协调、控制等的管

理活动过程。国际自然保护联盟(IUCN)建议从以下几个方面产生的影响进行整体性研究：①暴露的地质表面、矿物以及化石；②土壤；③水资源；④植物；⑤野生动物；⑥环境卫生；⑦景观美学；⑧文化环境。

一、生态旅游环境管理

1. 水环境管理

水既是人类生存和发展必不可少的重要元素，也是珍贵的生态旅游资源。生态旅游通过化学、物理和生物的变化或带入新物种到本土环境中而影响水质。那些物种丰富且洁净的水体系统往往会成为生态旅游的“目标地”，从而使最脆弱的生态系统被生态旅游高强度地利用，而导致水环境受到严重破坏。

如没有经过处理的污水对水环境的影响是极大的，给清洁水源带入较多的病菌。未经处理的污水排放会造成细菌的输入，如游泳活动也会带来细菌的输入。游泳者在30 min的游泳过程中，带入水中细菌的平均数为553×10^9个/人。而且天然水体对人类活动非常敏感，在原来“养分”较少的水域，由于人类活动的进入而带来营养物质，带来的营养物质超过了水体自身净化能力，而产生富营养化现象。正是生态旅游活动对水体产生的影响，使得水环境管理成为生态旅游管理的重要内容。

2. 大气环境管理

生态旅游活动一般是在近地面开展的，而大气与地面还是有一定的距离，原本认为生态旅游活动对大气不会产生什么影响，但许多研究证明，生态旅游活动不仅对大气环境产生了严重的影响，同时大气环境也对人类旅游活动产生相应的反作用。旅游活动对大气环境问题的影响主要有以下几个途径：

(1)汽车尾气排放

数以万计的旅游者使用私人交通工具，不但会消耗更多的资源，也会排放更多的空气污染物。在欧美驾驶私人小汽车外出旅游的人数占到其旅游总人数的80%左右，在中国这个比例也正在迅速上升。

(2)飞机污染

民用航空运输业的蓬勃发展极大地促进了国际旅游业的迅速发展，但是航空器所带来的空气污染与噪声污染也是不争的事实。机场建成后所带来的空气污染和噪声污染常常使当地居民反感。飞机所带来的环境污染问题还有待更多的深入研究，以期能更全面地评估飞机对空气质量的影响。

3. 土壤环境管理

游客在生态旅游区活动，对土壤的直接影响主要表现为两方面：一是对土地的反复踩踏，使土壤板结紧实，从而改变了土壤的理化性质，土壤板结紧实是游客活动对林地土壤最显著的影响，降低了土壤大孔隙的数量，从而减少了进入到小孔隙的空气和水分，其影响深度达10~15 mm。土壤板结紧实还会限制植物根系的生长；二是有机污染物的增加会降低了土壤的肥力。旅游活动对土壤上述影响呈累积倾向，它会使土壤的肥沃度降低，从而影响到植被的演替和生长。

4. 对植物的影响

(1) 对植物盖度与生物量的影响

植被盖度受到影响，在一定的区域里，覆盖在地面的植物的数量或者百分比受影响。行人踩踏或机动车辆碾压会引起植物盖度的减少，盖度的减少与在植被上行走或行驶的行人或机动车辆的数目呈正相关关系。

(2) 对植物高度与结构的影响

作为基质的植被错落高度结构决定其他的植物与动物的环境。为了创建野营地、野餐区、船舶下水坡道、公路、滑雪场等，那么由乔木所组成的优势林层，可能会被伐除。人们为了取火而收集木材及故意破坏森林的行为也会影响植物高度与整个生态系统结构。

(3) 对植株的影响

游人踩踏最明显的影响是对植物茎、叶的破坏。植物的表面有对机械磨损的抗力，但均无法承受游人的踩踏。植物对踩踏环境的适应性变化是植物体积变小或植物叶尺寸减小。踩踏引起土壤侵蚀后，植物的裸露根很容易受到磨损，可能会把植物的根系破坏，而且随着植物根部土壤被冲刷，地下木质茎就会压碎和折断。

(4) 外来物种对本地植物的影响

种子扩散的经典研究认为，种子可经由动物扩散传播。种子可以通过人的鞋子上的泥，或黏附在人的衣服和包里而得到扩散。另一种是种子自身的运输，它们可以依附于机动车辆上，被传播到很远的地方。如澳大利亚的卡卡杜国家公园在 7 个月的时间里对停在公园西部和南部入口处的旅游者车辆取样，在汽车的轮胎和车身上，用真空吸尘器收集并确定能发育成植物的芽体数量。从 384 辆车上，共获取 1505 颗植物的芽体，它们分别属于 84 个不同的物种，其中 80% 来自 7 个物种，其中包含两种对公园植被有威胁植物种的芽，954 颗芽体来自澳大利亚以外的地方，其中有一些种是著名的热带草种。健康的生态系统应该拥有较高的物种多样性，每个物种受到相互制约，从而保持生态系统的平衡。外来物种因没有天敌制约而大肆蔓延，会破坏当地生态系统。

(5) 对动物的影响

对动物的干扰是生态旅游中最明显的一种干扰形式，其出现在动物意识到游憩者存在的情况下。动物看、听、闻或者其他方式觉察人的存在，可能会因人类的干扰频度而改变动物的行为或栖息地。对于动物而言，这种干扰的结果可能偏向于消极。

常见的干扰形式是因为旅游区道路的开辟、野营和食物的出现，使动物生境在一定程度上发生变化。可能与建立休息区、基础设施、游客中心或者甚至大的旅游综合性建筑等相关联，这种干扰对动物是消极的影响。极端的干扰形式也是存在的，如游人开展的狩猎和钓鱼等的活动，极端的干扰涉及那些跟动物有直接和破坏性接触的活动。

(6) 对生物多样性的影响

各种动物和昆虫对人类有巨大的吸引力，这种吸引力不仅导致人类产生了解动物、昆虫的动机，还可能导致动物、昆虫被圈养、杀死，如短吻鳄常因被人类干扰而打断它们的护巢行为。在佛罗里达的埃弗格雷德国家公园中，对游客有侵袭行为的鳄鱼，会被转移到专门的管控区域。另外，游人的捕猎和道路事故，是导致美洲鳄鱼死亡的主要原因。乌龟是最容易受到威胁的，龟种群减少的主要原因是其环境的改变和捕猎，当它们的幼体离开巢穴，寻找到达大海的道路过程是它们最容易受到伤害的时候，生态旅游活动对此产生很多的负面影响。

鸟类是高价值的生态旅游资源，游客观鸟的干扰对它们产生消极的影响。小型哺乳动物也经常受到日益增加的生态旅游影响，它们如果不能适应人的影响，就将处于危险的境地，种群数量难以发展直至消亡。

二、生态旅游者的管理

旅游者旅游活动对环境影响颇大，为了保护生态环境不受破坏，有必要对旅游者的行为进行规范性管理。这种管理的基本目标是科学区划分流和疏导游人，合理确定与控制生态环境容量和经济总量，避免生态旅游区超负荷接待游人。

1. 生态旅游景区对旅游者管理的目标

(1)促进旅游者满意度的提升

满意度是旅游者在生态旅游景区停留游览之后对整个游览经历的个人感知评判，该评判主要基于以下几个方面：景区的资源、景区的环境、游玩的心情、行程的安全度等。对游客的管理可以促进上述四个方面的优化，从而提升旅游者对生态旅游景区的满意度。

(2)强化对旅游过程的控制

对旅游者的生态管理，就是通过对旅游主体实施全程控制和管理，将旅游过程置于管理者的掌握和控制中，保证旅游全过程的流畅性、安全性以及满意度。对旅游过程的控制主要分为两个层面：其一是对旅游者个人行为的控制；其二是对旅游者的流动规模和流动方向的控制。这两个层面的控制都必须以整个生态旅游景区统筹管理为基础，只有这样才能对生态旅游景区内的旅游者实现合理的组织，避免因旅游者拥挤而出现游程中断或暂停，保障旅游者获得最佳的空间感受和旅游经历，同时也确保管理者对旅游全过程的安全性实施监控。

(3)优化生态旅游景区的经营效益

对旅游者的生态管理，从本质上看，是为实现生态旅游景区效益的最大化。生态旅游景区的效益包括经济效益、生态效益和社会效益。从旅游者行为规范化来说，生态旅游景区对旅游者的管理能够减少因旅游者不文明行为造成的对资源和环境的破坏，降低旅游者对生态旅游景区的巨大生态压力，使生态旅游景区中的生态环境维持在一个较高的水平。对旅游者进行事先的行为教育，能够在很大程度上减少旅游者因不遵守规则而造成的意外伤亡事故，因此生态旅游景区的管理有助于增加生态旅游景区的社会效益。同时生态旅游景区中旅游者的安全也成为生态旅游景区树立品牌形象、提升社会地位的重要途径。在生态旅游景区生态效益和社会效益得到保障的条件下，景区形象和品牌较容易得到市场的认可，其经济效益的实现也就顺理成章了。

2. 生态旅游景区对旅游者管理的内容

(1)规范旅游者行为

规范旅游者行为是指从道德标准出发对旅游者的不文明行为加以纠正。生态旅游景区中常见的不文明旅游行为包括：乱扔乱刻、破坏公共设施、损害树木、践踏草坪、随意给动物喂食、随处吸烟和点火等。这些都是日常生活中被视为不文明和不道德的行为，但是在生态旅游景区中由于旅游者在新环境中价值观念和道德观念的淡薄而时有发生。为此，生态旅游景区应采取措施，对旅游者进行行为规范。

(2)对旅游者实行环境意识教育

环境意识又称生态意识，其核心是具有生态意识成分和特征的环境伦理。生态意识教育的内容主要包括基本的生态知识、生态规律、生态科学的研究方法以及环境伦理、生态文化理论和审美知识等。通过这些知识的普及，使游客真正懂得作为一个生态旅游者，必须履行生态义务、奉行生态道德和提倡生态文明。

(3)保障旅游者安全

在自然型生态旅游景区中，旅游者的不当行为如不加以制止或限制有可能演变成事故或灾难，因此，生态旅游景区对旅游者管理应该根据不同的生态景区环境为旅游者提供安全行为的指引，避免因旅游者行为不当而引发各种悲剧。

(4)保护生态旅游景区资源

保护生态旅游景区资源主要可以分解为两个方面的内容：一方面对旅游者流量、容量方面的控制和管理；另一方面是针对资源保护的措施，防止人为破坏。

三、生态旅游企业管理

生态旅游企业主要包括景区企业、旅行社、旅游饭店和旅游交通企业等。

1. 生态景区企业的生态管理

景区企业是接纳生态旅游者的基本场所。各景区企业的管理机制、旅游项目和产品、生态系统的各种因素、区内旅游建筑设施以及环境污染物的净化和排放措施等是否与生态管理的要求和标准相符合，都是生态管理的内容。旅游从业者的生态意识和素质，直接影响着景区企业的生态环境管理质量。为了提高景区企业的生态管理水平，必须对旅游从业者进行生态环境意识教育。景区企业的管理者既是旅游区生态环境的建设者和使用者，又是旅游者进行生态旅游活动的引导者、教育者和管理者，他们的一举一动、一言一行对游人的影响很大。从这个意义上讲，对旅游从业者的生态意识教育比对旅游者的教育更为重要。具体的管理任务包括：

(1)引进现代技术和方法，健全生态管理机制

旅游经营者要不断引进世界先进的生态旅游管理技术和方法，逐步建立、完善生态旅游管理体制。如改变生态旅游消费模式，实行增收生态旅游费用的措施；加强生态旅游可行性研究，组织一批可持续发展生态旅游的示范工程；注意交通工具对环境的影响；运用经济手段限制对不可再生资源的利用；积极参与生态旅游信息的交流工作；不断引进生态管理可持续发展技术等。

(2)对建设项目进行环境影响预评价

环境的破坏往往是不可逆转的，为了把生态旅游区的建设项目对生态环境的破坏程度降低到“生态标准”允许的范围内，在审批建设项目时必须重视环境影响的预评价。预评价的内容主要包括对大气环境、水环境、土壤环境、噪声环境、生态环境和社会经济环境等进行单因素影响评价和综合评价。此外，还有视觉资源影响评价，即以地形、植被、水体、人工设施和地表等形成的线、形、色、质为考察对象，分析视觉环境状况，进行建设前后的比较，然后对比分级。

(3)旅游企业对生态环境的管理

这种生态管理主要包括植被和动物两个系统的管理。植被管理系统的基本目标是保持

生态旅游区植被的原野特性，如对植物生态群落发育良好的地区，采取不干涉植物生长的方式，任其自然生态发展；对植物生态群落受到人为和自然破坏出现异化的地区，要控制和调整植物物种与群落的发展，采用适当的人为干扰方式，使其更接近原野自然生态与生境；对植物生态大部分或者局部受到破坏的地区，要建立新的生境，引进新的物种，或模拟自然生态，或按人类的需要引进物种，以配置新的生态群落。在防治植物病虫害时，不得使用化学农药，而应采用生物防治和综合防治的生态防治技术。

野生动物生态管理系统主要是根据自然地带的特点，保护野生动物不受旅游者的干扰。在生态旅游区内规划道路和游览场所时，要与动物栖息地保持一定距离。在建立动物观察所、站和架设动物瞭望台时，以不破坏生境和景观质量为度。在允许狩猎的生态旅游区，要严格按照国际和国家狩猎规定进行管理，不在动物哺育期狩猎，狩猎的数量视动物繁殖的年度变化而定，并要考虑动物越冬的死亡率等因素。

(4)对旅游设施、设备和场所的生态管理

在进行生态旅游区总体规划时，必须考虑设施、设备和场所对生态环境的影响，从生态角度严格控制其规模、数量、色彩、用料、造型和风格等。如加拿大的生态旅游区多采用五层区划模式，从内到外分为特别保护区、原野区、自然环境区、游憩区及公园服务区。各层区内配置设施、设备都有严格规定：特别保护区内不设置道路和设施；原野区没有道路，仅有露营基地设置于安全的隐蔽处；自然环境区提供非永久性的宿舍和低度运动设施与信息中心；游憩区和公园服务区集中布置旅游、娱乐、运动等服务设施。

(5)对垃圾、污水等污染物的生态管理

生态旅游区内必须保持无垃圾、无污水、无污物，区内设置专门的卫生管理机构和人员，有保洁队伍专门负责清扫，并将垃圾及时清运出风景区。区内还要建立严格的卫生管理检查制度，对违反风景区卫生规定的旅游者要进行必要的教育和处罚。饭店、旅社的生活污水必须经过净化后方可排放。对风景区燃烧设备排出的烟尘要进行技术处理。景区厕所必须保持卫生干净，要有严格的消毒处理措施。

2. 旅行社管理

由于旅行社既是生态旅游产品的组织者、销售者，又是生态旅游者和生态旅游资源之间的媒介和协调者，因而对其实施行业管理时，具有综合性、复杂性的特征。其管理内容主要体现在以下几方面：

①依靠“年检制度”对旅行社级别、资质和经营绩效进行监督检查；

②协调旅行社和生态旅游景区和当地社区之间的关系；

③生态旅游产品的宣传促销；

④导游资质评定和管理；

⑤生态旅游产品的定价、销售环节；

⑥相应的市场调查与专业培训；

⑦生态旅游活动中特殊环节的处理，如对游客生态旅游活动的事前教育、游客与当地人进行交流、组织有助于环保的公益活动等；

⑧及时了解国内外生态旅游业的发展动向，更新经营管理观念。

生态旅游业由于发展历史不长，许多经营管理方面的技术尚处于探索、积累经验的阶段，这对于处在生态旅游市场第一线的旅行社提出了挑战。行业管理主体应当在充分关注世界生态旅游发展的基础上，适时地对生态旅游经营者进行市场经验和经营技法的指导。因而，行业协会应在政府主管部门的指导和支持下，与世界生态旅游的专业组织保持经常性的业务联系，向权威专家咨询相关信息，掌握生态旅游业发展动态和行情的“第一手材料”。只有这样，才能为生态旅游业这一前瞻性产业提供最前沿的行业秩序和有效管理。

3. 旅游饭店管理

由于旅游饭店不直接组织生产生态旅游产品，只通过相关设施为生态旅游者提供住宿、饮食、康乐、咨询等服务，与生态旅游的关系主要表现在接待生态旅游团队或散客，提供生态化产品或服务，树立“绿色饭店”的企业文化形象等方面，因而，生态旅游业行业管理主要体现为在“生态化”思想的指导下，满足生态旅游活动的需要。符合生态旅游业要求的“生态型饭店”应在内容上达到以下标准。

(1)经营生态化

经营生态化是指旅游饭店提供的食宿产品的生产应从能源选择、产品设计、生产流程等方面充分体现清洁、节约、高效、可循环、无污染的“绿色原则”，更新产品生产观念，为旅游者提供信得过的绿色产品。例如，对常规能源煤、石油等采用节能技术进行合理利用，并辅以太阳能等新型可再生能源，节约生产成本，提高能源利用效率。

(2)服务生态化

服务生态化包括服务产品和服务过程的生态化。生态化的旅游饭店服务产品包括客房产品和餐饮产品。例如，饭店提供的食品就可与当地社区挂钩，专门采购和选用以生态和无污染的方式生产的不施化学肥料的“绿色食品”；提供就餐服务时尽量采用可反复使用的卫生、安全的竹木筷子，而避免使用一次性筷子；使用符合环保要求的餐盒为客人未吃完的菜肴“打包”等。客房的装修应尽量选择无污染的“绿色材料”；客房内的一次性用品(低值易耗品)和毛巾、床单、枕套等也应本着“舒适方便、用料节约”的原则来满足客人的需要；清理房间时，为室内的绿色植物浇水，在茶几上放上一盆娇嫩清新、香气怡人的鲜花，让客人一进房间就能感觉到春的绿意和生命的气息。

(3)管理生态化

在管理中体现“绿色饭店”的气氛环境清新健康、资源用料厉行节约、微笑服务周到亲切、经营管理有条不紊的风格和形象，即可视为管理的生态化。

可见，生态型的旅游饭店不仅能为客人提供规范化、标准化的产品和服务，还能强化生态旅游体验，为生态旅游者的需要提供个性化服务。因而，旅游饭店也是生态旅游的重要组成部分。

4. 旅游交通管理

生态旅游交通是指生态旅游活动中为生态旅游者提供生态化的交通运输服务及由此而产生的一系列社会经济活动和现象的总和。这种旅游交通一般应具有下列特性：

(1)节能

用于生态旅游活动的交通工具在选择上非常强调节约能源，减少能源(尤其是不可再生能源)的耗用和浪费。

(2)环保

传统的交通工具，如汽车、烧燃料的火车、轮船等，对环境的影响很大，因此要选用利用新型能源的交通工具以减轻对景区环境的大气污染、噪声污染，增强其环保功能。

(3)应景

即生态旅游的交通工具与当地当时的生态环境相融合，相协调，避免交通方式的突兀性。例如，就地取材，使用当地的畜力、人力或自然能(如风力，水的落差)驱动的交通工具，不仅可以较自然地体现当地原汁原味的生活与生态相融合的意境，而且也可保护生态景区环境和生物群落，对减少污染大有裨益。

根据使用时间、地点和方式的不同，可以把生态旅游业中的交通分为大、中尺度的旅游交通和中、小尺度旅游交通。大、中尺度的旅游交通主要指生态景区之外的交通方式，一般取决于生态旅游区外旅游交通运输网络；中、小尺度旅游交通主要指旅游者从生态旅游区外围进入到旅游区以及在生态旅游区内的生态旅游活动所选用的交通方式。相对于大、中尺度的旅游交通，中、小尺度旅游交通除了自身的运输功能外，更注重功能上的环保性、节能性、应景性和参与性，而且这类交通运输方式往往以其形式的独特性、奇异性和游客对其的新鲜感而在旅游者心中留下深刻的印象。

一般情况下，生态旅游区内的旅游交通，即中、小尺度旅游交通，有两种隶属情况：一是隶属于生态旅游区，是生态旅游区内服务设施的一部分；二是隶属于旅游区所在地社区，是社区居民参与服务创收的一种途径。因此，对中、小尺度旅游交通等行业管理主要定位于下述方面。景区内部的旅游交通项目：把年检作为经营资质的一个组成部分来加以考察，控发营业资格证；与环保部门合作，根据专业组织提供的材料和依据检测交通工具的安全性、环保性指标，对不达标者应采取措施督促其改进；适时组织专业培训和技术交流活动，激发经营管理者和服务人员的环保责任感。

社区参与性经营和服务的旅游交通项目：与景区(点)经营管理部门合作，定期检查这些交通工具的安全质量(对于畜力交通工具，应通过检疫)；建立安全质量保证金制度，审检其经营资格；与社区上一级管理机关建立相应的合作关系，协调社区与景区间的关系；以组织学习的形式，委派培训人员进入社区对社区居民进行生态知识与旅游服务技能的培训。对生态旅游区外大、中尺度旅游交通的管理则可通过政府主管部门和旅游车、船行业协会来共同管理。

四、生态旅游市场管理

从本质上说，生态旅游业也是一种外向型产业，遵循市场规律是其根本。对生态旅游市场管理应围绕培育市场机制、建立市场规律、维护市场秩序和营造市场氛围四个方面的内容来进行。

1. 培育市场机制

培育市场机制是生态旅游行业管理工作的基本内容，是行业管理工作和市场机制的切入点，是进行行业管理的前提条件。它是指生态旅游行业管理主体通过政策、法律、法规、规章制度等“硬性要求”建立生态旅游市场的“门槛”，即通过政策、法律的制定、实施对想进入该市场的旅游企业和机构的“资质指标”做出明确的硬性规定(如对该企业资金实力、经营范围、财务制度、偿债能力和信誉度以及法人代表和高级经营管理人员的从业年限、学历、技术等级等进行限定)，建立起法规性的市场准入制度和标准。

培育市场机制的实质就是承认企业是市场的一部分，政府主管部门和其他行业管理部门对企业的管理应始终坚持市场原则，遵循市场规律，让企业的经营活动接受旅游市场的

“洗礼”和考验。

2. 建立市场规则

建立市场规则是生态旅游行业管理的又一重要内容。行业管理部门不应只满足于树立起市场意识，还应当更加注重通过建立市场规则来引导市场行为，引入竞争机制。这里所说的建立市场规则即指一种行业管理中的“政府规范”，是指“公共社会机构依照一定的规则对企业的活动进行限制的行为”。

3. 维护市场秩序

市场的“准入制度”和“竞争规则”确立以后，还要有裁判员来监督和评判比赛是否公正，是否有违规而侵犯别人权利的现象发生。维护市场秩序一方面需要参赛成员自觉遵守竞赛规则，合理运用自身的合法权利来创造效益，即依靠被管理者的“觉悟”来保障市场的秩序；另一方面则要依靠管理者监督检查功能的发挥，建立起与市场机制相适应的市场监督机制，即生态旅游行业管理主体应具有(或被赋予)一定的监督检查的执法权力，以法律和国家强制力来保证对部分企业不正当竞争的有效遏制，制裁市场非法行为和违规行为，维护生态旅游市场的秩序。

第四节　生态旅游管理的途径

正确地认识和处理生态环境和旅游经济两个目标的关系，是生态旅游管理的核心问题。要想持续地取得较好的旅游经济效益，需要对生态和经济双重管理目标不断优化，而要实现优化最重要的一点就是生态旅游管理者要时刻把双重管理目标放在同等重要的位置上，进行同步规划、同步运作。而实现生态环境与旅游经济双重优化的生态管理目标，必须树立生态与经济同步发展、平衡发展的思想，把生态环境效益与旅游经济效益相统一的宗旨贯穿于生态旅游经济活动的全过程。通过生态环境目标的实现，为旅游经济目标创造有利的自然条件，通过旅游经济目标的实现，为生态环境目标的实现创造丰厚的物质基础。实现对生态环境和旅游经济双重目标的优化管理，通常从经济、教育、行政、法律和科技五个方面进行。

一、经济管理的途径

经济管理手段是指运用价格、工资、利润、税收、奖金、罚款等经济杠杆和价值工具以及经济合同、经济约束等办法，以推动对实现生态环境与旅游经济双重目标的优化管理。经济手段是我国现阶段市场经济体制下行业管理工作必不可少的一种手段，在生态旅游行业中使用经济手段能更有效地促进其他管理手段的有效实施。如我国在对旅行社实行质量保证金制度以来，在有力地保护旅游者和旅行社的合法权益不受侵犯的同时，更有效地保障了旅行社行业管理工作的进行。

在生态旅游价格方面，可适当提高门票收费额，以补偿游客相对较少、旅游收入相对较低、生态环境建设费和保护费相对较高的不足；在职工工资发放方面，采取浮动政策，重点提高那些为实现生态环境目标而做出贡献的职工的工资；在旅游总收入或利润中，提取一部分作为生态旅游和环境保护的补偿金；在旅游与企业税收方面，根据国家和地方的规定，给生态旅游开发区返还一部分生态环境建设费；在奖惩制度方面，要对有利于生态环境保护的行为进行奖励，对不利于生态环境保护和旅游收入提高的旅游行为进行惩罚；在项目合同和经济责任制方面，要严格按照施工建设合同和责任制的规定，对生态旅游资源及环境进行保护，对符合生态旅游管理要求和目标的合同及责任担保应做出验收合格的决定，对不符合上述管理规定的应做出验收不合格的决定，并给予相应的处罚。总之，通过这些经济手段，协调好各生态旅游企业之间的物质利益分配关系，对自觉自愿保护生态环境者实行多分配和奖励的政策，对忽视或破坏生态环境者实行少分配或惩罚的政策。在运用经济手段推动生态环境和旅游经济协调发展方面，对在生态旅游区内从事对生态环境有不良影响的新建、扩建、改建项目的企业，可征收生态补偿费，用于生态环境保护和恢复工作，其中也包括旅游企业在内。

二、生态教育的途径

生态环境保护与旅游经济发展的不协调性，主要是由于人们缺乏环保意识，受不正确经济思想和经济行为支配所造成的。要解决这一问题，最重要的是要对全民，特别是旅游者和旅游从业者进行不间断的生态环境教育。

环境教育手段是实现生态旅游管理目标的重要基础，它在树立全民环境保护意识方面具有十分重要的作用。推动生态旅游管理发展的动力有两个：一是物质动力，二是精神动力。前者主要体现在经济管理手段上，即上面讲到的物质利益原则；后者主要体现在环境教育管理手段上，其重点是提高旅游从业者和旅游者的思想觉悟和意识。精神动力与物质动力是互补的。精神动力在某些方面可以起到物质动力无法起到的作用，但其作用不是先天形成的，需要借助于生态环境知识的普及，使旅游从业者和旅游者受到人与自然和谐关系的教育，从而形成一种人人都能自觉保护环境的社会风尚，使教育手段转化为管理者和旅游者的自觉行为。

20 世纪 70 年代以来，许多发达国家都建立了生态环境教育管理制度。如美国在 20 世纪 70 年代初就已制定了《美国环境教育法》，80 年代后期又经国会通过，将该法普及推广到了各州，并根据各州的实际情况健全了各州的环境教育法。当前，随着全球性环境问题的日益突出，生态环境教育的推广和普及成为当务之急。1977 年，联合国环境教育会议提出了以环境教育为主题的《第比利斯宣言》，强调“环境教育应是全民教育、全程教育、终身教育”。近年来，我国的生态环境教育也有了很大发展，很多地区通过不同形式的生态环境教育，使广大民众和管理干部懂得了按自然和经济规律办事的重要性，从而大大增强了人们的生态环境意识。

三、行政管理的途径

所谓行政管理途径就是依靠行政组织，运用行政力量，按照行政方式来管理生态旅游的方法。行政手段是政府行业主管部门管理生态旅游业的基本手段和主要手段。另外，行业主管部门对生态旅游业行业管理的行政手段还表现在通过组织对外宣传、进行经营指导、开展人才培训、提供信息资料等服务性管理方面。

在对生态旅游区进行规划时，需要通过各级行政组织立项，然后由行政机关组织技术力量逐项开展，如批准规划经费、启动规划程序、研讨规划方案、鉴定规划成果、批准规划实施计划等，都离不开行政组织的管理。如果发生破坏生态旅游环境的行为，还需通过行政组织下达命令，进行强制性的制止、制裁和治理。可见，按行政系统、行政区划、行政层次管理生态旅游的主要特点就在于其权威性和服从性，这种权威性根源于国家是全体人民利益和意志的代表，它担负着组织包括生态旅游在内的各种社会经济活动、保护生态环境及调节人类活动与自然之间关系的任务，体现了政府在生态旅游管理中的主导作用。

生态旅游的行政管理途径，虽然强调政府的主导性和权威性，但是这种主导作用是建立在科学管理的基础上的。它要求政府的每一项措施和指令都要符合和反映自然生态规律和经济运行规律。如我国已推行多年的环境保护目标责任制，就是运用行政手段、采取行政方式管理生态环境的一种操作模式。这种环保目标责任制的推行，大大增强了各级政府行政管理人员的责任心和积极性，使环保工作逐步纳入各级政府的议事日程。现在，我国有许多地区在制定环保责任制和环保指标体系以及实施监督、检查、考核、评比等管理工作方面，总结出了不少好的经验，并初步形成了一套完整的环保运行程序和操作方法。

四、法律管理的途径

所谓法律途径，就是利用各种环保法规约束生态开发者和旅游者，使之在生态旅游活动中能够严格保护生态环境。法律管理手段的基本特点是权威性、强制性、规范性和综合性。

目前，我国已制定了一些与生态旅游相关的法律法规，如《中华人民共和国森林法》《中华人民共和国野生动物保护法》《自然保护区管理条例》《森林公园管理办法》等，基本上形成了由环境保护专门法律和相关法律法规相结合的、符合我国特点和时代特征的环境保护体系。它为生态旅游中的环境保护活动提供了法律管理的基础。人们可以依据各项法律的规定处理生态旅游中的违法行为。但是有了法律、法规，并不等于就能有效地保护环境，如果没有高素质的执法人员秉公执法，任何法规都会变得软弱无力。因此，我们在强调有法可依重要性的同时，还应做到有法必依、执法必严、违法必究，只有这样，才能为生态环境和旅游经济双重管理目标的实现创造良好的法治环境。

五、科学技术管理的途径

科学技术管理手段是指行业主管部门运用电脑网络、大数据等现代管理设备和方法，对管理对象实施计划、组织、协调、控制、监督等职能的管理方法。它是现代科技发展的产物，也是旅游业迈向国际化、科学化的重要标志。它主要包括利用数据库软件进行客源增减、客源结构等方面的数据处理，通过互联网发布旅游信息，实施投诉监督，进行入住客人邻近饭店的调配及实施行业企业资料档案管理等。

复习思考题

1. 举例说明生态旅游管理中可能遇到的问题及其解决方法。
2. 阐释生态旅游管理的意义。

课外阅读书籍

1. 钟永德，袁建琼，罗芬. 生态旅游管理. 中国林业出版社，2006.
2. 李丰生. 生态旅游景区管理：漓江生态旅游环境承载力研究. 中国林业出版社，2000.

第十二章

生态旅游营销

第一节　生态旅游营销的内涵

一、市场营销

市场是社会生产和社会分工的产物、属商品经济的范畴。市场最初是指商品、货物买卖的场所。经济学使用的市场概念，不仅是指具体的交易场所，而更多的是指销售者和购买者实现商品交换关系以及供需状况的总和。在商品交换的过程中，站在不同的角度所理解的市场的含义有所不同。

市场营销是从商品销售者的角度来认识和理解市场。商品销售者研究的是如何采取有效的措施满足消费者需求，因此，在市场营销的角度，“市场”就等同于“需求”。市场包含了三个要素，即人口、购买力和购买欲望，三个要素相互制约，缺一不可，只有三者互为一体，才能构成现实的市场，才能决定市场的规模和容量。

市场营销要在对潜在顾客活动进行分析、计划、组织和监督，满足顾客的需要，并在此基础上实现盈利。其中包含三个部分：第一，潜在顾客，顾客需求的发展趋于个性化、求新多变、对服务的要求越加苛刻；第二，所面向的是所选择的顾客，即市场定位。旅游市场是个庞大、复杂的异质市场，任何一家企业都没有能力满足整个市场的需要，只能满足部分市场的需要。企业应该根据目标市场的特点，开发、优化产品使自己的产品成为这部分市场的最佳选择。企业所选择的顾客，是有利于提高市场占有率、提高经济效益的群体。从市场营销的观念看，市场的覆盖策略不是在大市场中占有小份额，而是在小市场中去占有大份额；第三，满足游客需要的基础上实现收入，最大限度地满足游客的需要和企业实现最大效益是一致的。

二、旅游市场营销

1. 旅游市场

作为市场的组成部分，旅游市场与一般意义上的市场并无本质区别。在旅游市场中存在着相互对立、相互依存的双方，即旅游产品的需求者与旅游产品的供给者，它们之间的矛盾推动着旅游经济活动的发展。此外，旅游经营者、旅游者、旅游经营者与供应者、中间商之间的各种关系，也最终通过旅游市场再现出来。所以，旅游市场也就是旅游产品供给与旅游需求过程中所表现出来的各种经济关系的总和。与其他行业相比旅游市场具有以下特征：

(1)旅游市场的全球性

旅游市场的全球化表现为旅游者构成的广泛性，现代旅游已由少数富裕阶层扩展到工薪阶层和全民大众，包括学生。交通运输业的高效使得旅游者的活动范围遍布全球各地，旅游需求市场十分广阔。世界各国和许多地区都在大力发展旅游业，纷纷将旅游业作为促进本国或本地经济发展的支柱产业来抓。旅游的供给市场也逐步在全球范围内建立与完善。

(2)旅游市场的多样性

旅游者的年龄、受教育程度、职业偏好等因素差异性导致了旅游需求市场的多样性，同时为旅游经营者创造了多样化的市场空间。从旅游供给的角度看，旅游经营者依托不同的自然景观与人文景观，进行不同的产品组合。旅游经营者还可以依据旅游者购买形式的不同，采取包价旅游、散客旅游等多样灵活的经营方式。随着人们旅游需求对质和量的要求不断提高，旅游活动的内涵还会不断拓展，变得更加丰富多彩。

(3)旅游市场的季节性

首先，旅游目的地与气候有关的旅游资源在不同的季节，其旅游价值有所不同，如杭州西湖每年4月、5月最美，四川九寨沟最美的季节则是在秋天。其旅游资源在特定的气候条件下，旅游价值高于平日。其次，旅游目的地气候本身也会影响旅游者观光游览活动。旅游者出游一般选择旅游目的地康乐性气温的时机，或春暖花开或秋高气爽。再次，旅游者闲暇时间分布不均衡也是造成旅游市场淡旺季的原因。旅游者一般利用节假日外出旅游，而世界各地人们假日的长短和时间不同，旅游经营者应根据旅游市场季节性的特点，探索针对性的旅游淡、旺季经营策略，避免旺季接待能力不足，淡季设施闲置的现象。

(4)旅游市场的波动性

旅游消费的季节差异是引起旅游市场波动的原因之一。如果旅游目的地政府和经营者不采取有力措施缩小旅游淡、旺季的差距，有可能使淡、旺季市场产生较大波动。旅游业部门之间的协调关系，也会引起旅游市场的波动。旅游餐饮、旅游宾馆、旅游交通、旅游景区间必须保持合理协调的发展速度。如果这些行业之间发展比例失调或经营不力，会影响旅游产品的整体效能，引起旅游市场的波动。同时，汇率变化、经济危机、政府政策、战争、国际关系变化、贸易壁垒、地质灾害、疾病、环境污染等都会引起旅游市场的变化和波动。因此，旅游经营者必须采取灵活的市场策略以防范风险。

2. 旅游市场营销特点

旅游业是一个特殊的行业，旅游商品是种特殊的商品，它既不可贮存，也不可以转移。因此，旅游市场营销与一般市场营销相比，有自己的特殊规律。从某种意义上来说，与其他行业相比、市场营销对于旅游业更为重要。与传统的有形产品市场营销不同，旅游市场营销具有如下特点：

(1)提供的产品以无形服务为主

旅游者在购买旅游产品时，主要购买的是旅游企业提供的一系列无形服务。旅游是一种面对面的服务消费，顾客与旅游服务人员之间有着互动关系，相互影响很大。在市场开发和旅游服务中，旅游者的需求千差万别。因此，发挥服务人员的主观能动性，需要以“以人为本”的思想开展服务工作。

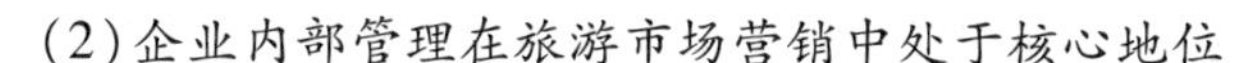

(2)企业内部管理在旅游市场营销中处于核心地位

搞好旅游市场营销的关键是企业能够提供优质的服务，使旅游者满意。旅游服务不像普通商品那样，通过测量可以检验其质量是否符合标准，而是通过顾客感受达到的满意程度来衡量其质量的。旅游企业除了规范的服务之外，更多地要靠服务人员“用心”去服务才能达到质量的最高标准。做到这点靠的是企业加强内部管理，让企业内部员工和各个部门相互配合、相互促进、相互支持，形成企业上下整体营销的态势。

(3)信息传递尤为重要

旅游信息传递方向包括旅游需求信息向旅游企业传递和旅游企业信息向旅游消费者传递。这两种信息传递都需要旅游企业来操作，一种是信息的收集，另一种是信息传播。一方面，由于旅游需求是差异化的、分散的，旅游企业需深入各地调查、收集信息并找出一个地区旅游消费的共同需求作为市场开发目标；另一方面，由于旅游产品不是生活必需品，再加上旅游者需要劳神费力才能得到精神享受，开展旅游市场营销仅采用一般的广告宣传收不到理想的效果，需要展开详细的、全面的、连续的、诱导式的宣传，让消费者受到强烈的刺激与诱惑才能收到良好的效果。此外，旅游企业的内外部环境复杂多变，加之其产品缺乏专利保障，因而旅游企业之间的竞争日益侧重于旅游产品的质量、服务及旅游企业形象，无形中加大了旅游企业的经营风险，所有这些决定了信息在旅游市场营销中的重要地位。

3. 旅游市场营销内容

(1)旅游产品策略

现代旅游市场营销学强调一切经济活动都应从旅游者的需求出发，根据旅游市场的需求设计、开发旅游产品。旅游产品策略主要指旅游企业如何根据自身的优势和特点，在激烈的市场竞争中适时地生产出自己的旅游产品和服务。同时，根据旅游产品生命周期特征，积极及时开发新的旅游产品和服务。真正做到“人无我有，人有我特，人特我新”，从而在市场竞争中处于主动地位。旅游产品策略主要包括旅游产品生命周期与营销策略、旅游新产品的开发和旅游产品组合策略。

(2)旅游产品定价策略

建立合理的价格体系，是旅游企业市场营销的重要一环。旅游产品的价格必须以价值为基础。我国旅游业的发展是先国际旅游后国内旅游，以国际旅游带动国内旅游发展的非常规发展过程。因此，研究和制定旅游产品的定价策略必须与国际旅游市场的价格策略相结合，研究发达国家旅游业的旅游产品定价策略。市场经济体制中的旅游产品价格，受市场供求关系的影响极大，各旅游经济个体可根据各自不同的条件采取多种多样的定价方法和策略。我国旅游业必须研究国际旅游市场、发达国家旅游业的产品定价策略，研究我国国际旅游市场以及我国国内旅游市场的产品定价策略。旅游产品定价策略主要包括旅游产品定价的影响因素及步骤、旅游产品定价方法及旅游产品定价策略。

(3)旅游产品营销渠道策略

现代旅游企业为追求“规模经济”而不断地扩大旅游产品的生产规模，而如何将各种类型的旅游产品通过某种途径传递到旅游者手中自然成为旅游市场营销的一个重要方面。旅游产品营销渠道策略对于更好地满足旅游者的需求，使旅游企业最快捷地进入目标市场，缩短旅游产品传递过程，节省产品的销售成本起到重要作用。现代旅游产品的营销渠道不断趋于扁平化，信息传导至旅游者的环节不断被压缩。但是国际旅游需要通过其他国家旅游中间商等各个环节，从而加大了旅游产品的营销成本。因此，旅游产品营销渠道策略选择的正确与否，在某种程度上决定着旅游产品市场营销的成败。旅游产品营销渠道策略主要包括旅游产品营销渠道的选择、旅游产品营销中介的建立及旅游产品营销渠道计划的制定等方面。

(4)旅游产品促销策略

旅游产品促销是将有关旅游产品的信息，通过各种宣传、吸引和说服的方式，传递给旅游产品的潜在购买者，促使其了解、信赖并购买自己的旅游产品以达到扩大销售的目的。其实质就是要实现旅游营销者与旅游产品潜在购买者之间的信息沟通。在旅游业发达的国家，旅游企业在产品促销过程中积累了丰富的经验，由此总结出营销艺术，包括人员推销、广告、营业推广和公共关系等。另外，旅游企业的售后服务也成为促销策略的附加内容。旅游产品、旅游产品定价、旅游产品渠道和旅游产品促销，构成了旅游市场营销学的基本内容。此外，旅游市场营销还包括：旅游市场营销环境、旅游者购买行为分析、旅游市场营销调研、旅游市场细分与目标市场选择、旅游市场营销战略与组合决策、旅游市场营销的控制与管理等。

第二节　生态旅游营销环境

旅游企业在开展营销活动的时候，离不开所处的宏观环境。所谓宏观环境，是指由政治、经济、文化等因素组成的，对企业有重要影响的外部因素。旅游对企业来说，这些因素既不可控制的，也是无法逃避的。旅游企业只要开展经营活动，就不可避免地要适应环境因素的影响。

一、旅游市场营销环境的影响因素

1. 政治、法律因素

政治、法律因素是旅游企业开展营销活动最重要的环境因素。一个旅游企业，不论是仅在本国开展经营活动，还是在国际旅游市场上开展经营活动，都必须十分关注政治、法律因素对经营活动带来的影响。这些因素对企业带来的影响多数具有强制性，企业的经营活动与经营方针将要面对的是国家要求的强制性。

法律因素从多个方面直接或间接地对旅游企业经营活动产生着影响。法律调整旅游企业之间的关系。由于旅游行业投资门槛相对较低，企业数量多，竞争难以避免。各国都有相应的法律调整企业之间的竞争关系，虽然许多法律并不是专门为旅游企业制定的，但对旅游企业同样适用。法律调整旅游企业与游客之间的关系，当游客与旅游企业发生冲突，游客的利益受到损害时，游客处在相对弱势地位，维权困难，因此国家制定了一批保护消费者权益的法律法规。其保护了游客权益的同时，也保护了旅游市场的良性发展。法律调整旅游企业与公共利益的关系，旅游企业会遇到经济利益与公共利益的冲突，如是否对自然、生态、人文环境造成不可恢复的破坏等。这些旅游企业的行为就依靠法律来约束和监控。

2. 文化因素

文化因素的范围很广，价值观、宗教信仰、社会习俗、民俗风情、语言文字、文化教育等都是文化因素的组成部分。文化因素对旅游市场营销的影响有多方面，首先文化差异导致人们对不同文化的好奇，这也是旅游业发展的内在动力；其次游客对不同文化的了解决定了他们能够理解和接受什么样的旅游产品，并且文化自身也是旅游资源。社会习惯与民俗风情直接影响了人们的日常生活习惯与行为，旅游企业在开展市场营销活动之前，需要充分了解人们日常生活所遵循的习惯与习俗，防止出现矛盾与冲突。语言文字是人们日常交流最常用的工具，其随地域、民族等不同而有差异，给交流带来了困难。同样一句话，在不同地区、不同场景甚至可能有完全不同的含义，开展营销活动时有可能出现沟通不畅，最终影响旅游营销活动。

3. 经济因素

购买欲望转化为购买行为，需要购买者具有购买力。经济水平的高低，决定了全社会、个人收入水平以及由此衍生的购买力是否旺盛。由于旅游属于较高层次精神层面的消费，很容易被其他消费行为所代替。只有当经济情况较好时，人们手中可支配收入增加，加上对未来经济发展预测的看好，人们才可能愿意花钱购买旅游产品，否则人们可能更愿意储蓄、投资，以应对未来的不确定性风险。个人可支配收入是指一个国家所有个人在一定时期内实际得到的可用于个人开支或储蓄的那部分收入。可支配收入直接决定了消费者的购买力和购买层次。个人可支配收入越高，对旅游的需求越旺盛。

4. 人口因素

人口规模、人口结构、人口分布等因素都是人口因素的组成部分，其对市场营销活动的影响是多方面的。人口规模决定了市场规模和容量，随着全球经济的发展，国内旅游和跨国旅游都呈快速增长状态。随着人口的增长，对交通，餐饮、住宿等旅游辅助环节的市场需求也在逐年增加。这既是个巨大的市场，也对相关行业提出了更高的要求。人口的年龄结构指不同年龄层次人口的比例。不同年龄层次游客对旅游产品的需求差异较大。如老年人的需求是偏重休闲、轻松的旅游产品，年轻人更偏爱刺激、高参与度、自助的旅游项目。人口的性别结构指全体人群中男性、女性的比例。性别的差异，也会形成对不同旅游产品需求的差别。职业结构决定了消费者空闲时间的多少以及对旅游的兴趣大小。人口分布也影响着旅游市场营销的方式，城市居民参与旅游的可能性比农村居民要大得多，居住地所处位置、特点，旅游目的地的距离远近，也对旅游产品的购买期望高度相关。

二、旅游市场营销环境的特点

1. 环境因素的客观存在性

任何企业都是在一定环境中生存和发展起来，无论是宏观环境因素还是微观环境因素都是客观存在的。因此，旅游企业应有专门人员负责收集和分析环境信息，为企业营销活动捕捉机会，避免威胁。

2. 环境因素的难以控制性

对于宏观环境，旅游企业基本无法控制，只能在一定程度上对某些方面进行影响。例如，旅游企业通过有效的营销活动，促使政府通过有利于企业发展的政策法规等。对于微观环境中的外部因素，旅游企业也难以控制，只能进行积极有效的引导。旅游企业能够控制的只有微观环境中的内部因素。这是旅游企业进行营销活动的主要发力点，营销人员应充分利用企业内部因素，制定出既符合企业实际又与外部环境相适应的营销战略。

3. 环境因素的关联复杂性

旅游市场营销各环境因素相互联系、相互影响，一个因素的变化可以引起其他因素的连锁反应。一个因素对某些企业带来机会，对另一些企业却成为威胁，而且机会大小和威胁程度也会不一样。另外，各因素本身也在不断动态变化，各因素之间的关联情况也会发生变化。

4. 环境因素的动态变化性

旅游企业市场营销环境的范围是随着社会经济的发展而不断变化的。过去营销环境仅限于市场本身，但随着市场经济的发展，竞争者、社会公众、法律制度、经济政策等也成为营销环境的范围。由于科学技术的不断进步，科学技术也成为其中的重要因素。现在由于人们健康意识的增强和对环境保护意识的变化，追求消费者长期利益和社会的长远利益也成为营销环境的因素。因此，企业必须动态地把握市场营销环境。

三、旅游市场营销环境分析的意义

1. 有利于发现和利用市场机会

环境的变化会给旅游企业带来机会，但这种机会并非每个企业都能发现。只有对营销环境高度重视并进行科学分析，才有可能发现和利用好机会，为企业带来意想不到的效益。

2. 有利于发现和避免市场威胁环境的变化

重视环境分析的企业，当外部环境可能带来威胁时，会提前制定应对策略，从而化险为夷，甚至变挑战为机遇。例如，当今的消费者越来越关心自身的长期健康和长远利益，社会越来越关注生态环境，针对某些酒店高污染、高浪费现象，全国正在兴起创建绿色饭店热潮。

3. 有利于制定科学的营销战略和计划

营销环境分析是旅游企业制定营销战略和计划的基础。有无环境分析直接关系到企业营销活动的成败。比如，迪士尼公园在国内的成功引发了主题公园热，许多地方跟随模仿建造了各种各样的类似主题公园，结果由于缺乏对环境的周密分析，没有考虑本地经济状况、消费能力、人口规模等环境因素，不少项目惨淡经营，很多景点的经营归于失败。

第三节　生态旅游营销渠道

生态旅游营销渠道是旅游营销策略中重要的组成部分。旅游产品从生产者到消费者的营销过程，是通过一定的渠道实现的。由于旅游产品的生产者同消费者之间存在着时间、地点、数量、品种以及使用权等方面的差异和矛盾，旅游产品生产者只有在适当的时间、适当的地点，以适当的方式把适当价格的产品提供给消费者，才能克服这些矛盾和差异，满足市场的需要，实现旅游企业的市场营销目标。

一、旅游营销渠道的概念

将旅游产品尽可能方便地提供给旅游者，是每一个旅游企业进行营销活动必不可少的重要环节。因此，建立起畅通、完善的旅游产品销售渠道对每一个旅游企业来说都至关重要。旅游营销渠道是指旅游产品从旅游企业向旅游者转移过程中所经过的各个环节连接起来而形成的渠道，起点是旅游产品的生产者即各个旅游企业，中间环节包括各种旅游代理商、旅游批发商、旅游零售商以及其他中介组织和个人，终点是旅游者，其过程可以区别为分销和直销。在这个过程中，旅游产品的所有权并未发生转移，转移的是旅游产品的使用权，同时还有信息、货币等。

为了能够对渠道进行直接而有效的控制，旅游企业希望将产品直接销售给旅游者。但是，由于现实和潜在的旅游者数量巨大，而且分布广泛，将产品直接销售给旅游者所需要花费的人力、物力和财力都非常庞大，其效果也并不理想。因此，大多数旅游产品并不是由旅游经营企业直接提供给旅游者，而是经过旅游中间商传递。由于旅游中间商的存在，一方面旅游产品的生产和消费在数量质量、品种时间、地点等方面达到了平衡，另一方面可以充分发挥中间商的专业优势，帮助旅游生产企业将产品更方便、快捷地提供给旅游者，提高销售效率，降低营销成本，也能给旅游者提供更需要的旅游产品。

二、旅游营销渠道的作用

通过建立营销渠道，旅游企业使自己的产品更广泛、更迅速地进入目标客源市场。由于旅游产品销售渠道成员长期与旅游者沟通，了解旅游者的消费心理和特点，对旅游业的发展变化也很敏感，他们凭借各种经验和专业知识，更容易将旅游产品推销出去，从而使旅游产品能够更广泛、更迅速地进入目标市场。

选择合理高效的销售渠道，可以提高旅游企业的经济效益。旅游产品在销售过程中，销售环节繁多，关系复杂。建立合理的销售渠道，一方面可以减少销售环节，缩短销售时间，节约销售费用，降低成本，提高经济效益；另一方面，通过加强销售渠道的管理，可以提高销售效率，加快旅游产品的流通速度，加速资金的周转，提高旅游企业的经济效益。

旅游产品营销渠道的建立，直接影响旅游企业市场营销策略的实施结果。旅游企业销售渠道的建立，需要经过多年的努力和投入，不断地和销售渠道成员进行长期的合作与沟通，销售渠道一旦建立，变更的可能性很小，而旅游产品、价格、促销等策略却可以根据市场的变化，随时进行调整。因此，销售渠道的建立是否合理、有效，将直接影响到营销策略的实施结果。

三、旅游产品销售渠道的形式

旅游产品从旅游企业到达旅游者的过程中，由于各种因素的影响，如市场特点、旅游产品的特点、旅游企业的自身条件、旅游中间商以及旅游者等，使得旅游产品销售渠道的形式呈现出多样化的特点。一般表现为：直接销售渠道和间接销售渠道、长销售渠道和短销售渠道、宽销售渠道和窄销售渠道等。

1. 直接销售渠道和间接销售渠道

直接销售渠道和间接销售渠道是旅游产品销售渠道的基本模式，主要区别在于是否通过旅游中间商参与营销活动。直接销售渠道是指旅游产品直接由旅游企业销售给旅游者的销售方式，中间不经过任何环节。这是传统的销售方式，主要是依靠旅游企业的销售部进行旅游产品的销售。由于没有其他企业介入，所以结构单一，如饭店派人直接到机场、车站、码头招徕客人，旅游者直接前往旅游地进行自助旅游等。采用直接销售渠道，可以使旅游企业对目标市场进行直接有效的管理：一方面，旅游企业可以直接获得目标旅游者的相关信息，建立客户档案，从而更能了解旅游者的需求和特点，不断地完善旅游产品，提高旅游产品的质量；另一方面，由于中间没有经过其他环节，可以减少旅游产品在转移过程中的负面影响，以更有竞争力的价格提供产品给旅游者，从而使旅游者能对旅游企业有正确直接的了解，有利于树立旅游企业的形象，如旅游者可以亲自考察体验旅游产品的质量、价格，避免由于旅游中间商的宣传和旅游者的理解不同而引起的误解。当旅游企业的目标市场比较集中时，采用直接销售渠道可以省去中间商的销售费用，从而降低流通成本。

间接销售渠道是指旅游产品通过一个或者多个旅游中间商提供给旅游者的销售渠道，是旅游企业主要的销售渠道。一个旅游企业往往有多个间接销售渠道。由于通过中间商销售产品，提高了旅游企业市场扩展的可能性，减少了与旅游者的接洽次数，从而节省了旅游企业的人力和物力，在旅游目标市场比较分散的情况下，可以降低销售成本。间接销售渠道根据中间环节的多少分为一级间接销售渠道和多级间接销售渠道。

2. 长销售渠道和短销售渠道

旅游产品销售渠道的长度是指旅游产品转移过程中经过环节的多少。根据介入销售过程中间商环节的多少，可以分为长销售渠道和短销售渠道。长销售渠道和短销售渠道没有一个明确的尺度划分。一般情况下，中间商层次越多，旅游产品销售渠道越长，旅游企业对销售渠道的控制能力越弱；中间商层次越少，旅游产品销售渠道越短，旅游企业对销售渠道的控制能力越强。

3. 宽销售渠道和窄销售渠道

旅游产品销售渠道的宽度是指每个环节中同类型中间商数目的多少，即旅游产品销售网点的多少和分配情况。宽销售渠道使得旅游产品的市场覆盖面很广，旅游企业对销售渠道的控制能力较弱，主要适用于旅游者分散或大众化的旅游产品。窄销售渠道的销售网点较少，旅游企业对销售渠道成员的控制能力较强，适用于旅游者集中或者市场规模较小的旅游产品。

四、新社会环境下的旅游营销变化

生态旅游市场规模随着社会经济发展和人们闲暇时间的增加，呈现出增加趋势。其现状也与过去传统旅游活动有所差别。主要体现为：

1. 游客获取信息的渠道增加，信息不对称正在逐渐消除

网络为主、传统媒体和其他媒体等各显神通；部分游客可以通过互联网信息自己安排行程。

2. 游客可以自行解决“食、住、行”三大核心要素

大量机票、酒店预订网站出现，便宜机票、便宜酒店不再是旅行社专利。私家车的普及引发中短途自驾游的数量增加。

3. 游客对时间的掌控能力和经济水平的提高带来需求多样性

黄金周、年休假、春节等长假、周末、清明、端午等短假因出行效率提高，被人们充分利用起来。收入水平提高和消费观念的改变，使得旅游频率增加、旅游成本下降。自助游的兴起也促使游客需求产生转变。

4. 目的地景区之间的竞争加剧，游客选择空间更大

总之，这些随社会发展出现的旅游市场新趋势，深刻影响到旅游市场的营销模式，使一些非传统的的营销渠道涌现。例如，2010 年前后，游客对于生态旅游景点的旅游意向的产生，大都基于亲朋好友口口相传或通过论坛网友的游记进行判断。随着移动互联网使用的普及度大幅提高，潜在生态旅游者对生态旅游景点相关信息的获取从互联网转移到移动端 APP，生态旅游地信息的查阅以及门票购买等行为大量集中于去哪儿、大众点评、携程，甚至抖音、支付宝等流量大的企业的 APP。再者，网红文化的兴起，不断蚕食当代人的信息获取渠道。除去平台，网络红人代言也是旅游网络营销投放的重点，他们以个体接广告，进行直播旅游活动或不经意地广告植入。

从本章附录《2018 中国消费者洞察报告》中即可发现，现代消费者对品质的重视越来越难受传播效应动摇，更倾向于多次前往自身感觉生态旅游资源较高的景点，对新鲜感的追求有明显降低的趋势。因此，从景区营造建设开始就控制投入、提高自然生态品质和游客体验感的调控十分重要。同时注重移动端的网络营销，进驻大的平台进行推广成为现代生态旅游营销不可回避的重要环节。

户外广告也是生态旅游营销中常使用的手段。户外广告是在建筑物外表或街道、广场等室外公共场所设立的霓虹灯、广告牌、海报等。户外广告是面向所有的公众，所以比较难以选择具体目标对象，但是户外广告可以在固定的地点长时间地展示企业的品牌及形象，因而对于提高企业和品牌的知名度十分有效。对户外广告影响比较大的因素包括：①人流量。②受众品质。③竞争程度。地铁广告和公交车身、车身内部的吊牌、喷涂、车站站牌，地铁车站灯箱、户外电视、隧道 LED 等，这些不同品种的广告资源相互也在竞争，竞争越激烈，价格越低。④经济形势。户外广告多数属于品牌推广，离销售转化还比较远，对普通企业属于可有可无的营销手段。企业经营效益好的时候会高密度投放，企业经营困难期时会大幅削减预算，波动性很强。

复习思考题

1. 你见过哪些生态旅游营销方法？
2. 生态旅游营销与传统旅游营销有何不同？
3. 开拓生态旅游市场应做好哪些准备工作？

课外阅读书籍

1. 乌兰．生态旅游市场营销．经济管理出版社，2013.
2. 袁新华．区域生态旅游营销管理．中国旅游出版社，2010.

参考文献

戴维·A·芬内尔，2017. 生态旅游[M]. 北京：商务印书馆.

章海荣，2007. 旅游文化学[M]. 上海：复旦大学出版社.

杨桂华，钟林生，明庆忠，2010. 生态旅游[M]. 北京：高等教育出版社.

霍功，2009. 中国生态伦理思想研究[M]. 北京：新华出版社.

张建萍，2008. 生态旅游[M]. 北京：中国旅游出版社.

彭福伟，钟林生，袁淏，2017. 中国生态旅游发展规划研究[M]. 北京：中国旅游出版社.

吴静，2014. 生态视野下的旅游规划环境评价研究[M]. 天津：南开大学出版社.

高峻，孙瑞红，李艳慧，2014. 生态旅游学[M]. 天津：南开大学出版社.

吴章文，文首文，2014. 生态旅游学[M]. 北京：中国林业出版社.

附　录

附录 I　2018 中国消费者洞察报告

一、关键发现

如今的中国消费群体更加理性成熟，在哪里买、买什么、为何而买以及购买后的反思等成为消费时更优先的考量。在 2018 年埃森哲中国消费者洞察研究中，我们结合对代际消费者行为习惯的研究，发现新消费浪潮下全新的五大趋势：

1. 两线买

消费者对于网购还是逛店的倾向性选择已难分伯仲，爱网购也爱逛店。精明的数字消费者喜欢货比三家，但也愿意为节约时间而买单。

2. 购物社交化

社交媒体黏性的增强，让购物甚至成了社交的副产品，而社群中的兴趣圈更是成为消费的新推手。

3. 体验至上

对于消费者而言，购物买的不仅是商品，更是一种体验，既包括商品本身带来的体验，更包括从购买动机到完成下单甚至再购买的全流程消费体验。

4. 健身消费

运动健身已成为最新生活方式。当我们在谈论健身的时候，其实是在谈消费。调研显示，消费者学历越高收入越高，越愿意为运动投资时间与金钱。

5. 拥抱价值经济

收入的增加和消费的便利给冲动消费提供了沃土，也带来了闲置物品的增多。越来越多的消费者希望物品可以更有价值地去使用。这既是一个消费的时代，也是一个反省消费的时代。

二、行动推荐

面对新消费主义的来袭和新消费力量的形成，企业如何洞察先机、以变应变，依靠敏捷行动及时获取中国消费市场全面升级的红利？埃森哲给出了五大建议：

1. 构建企业“无缝能力”

无论消费环境如何多变，最能够吸引并抓住两线(即线上和线下消费)消费者的核心仍然是打造无缝的全渠道体验。企业需要具备在任一时刻、任一触点为任一消费提供连贯性且个性化体验的能力，即我们称之为企业的“无缝能力”。

2. 深耕社交媒体

面对社交与购物紧密融合的趋势，企业既需要打通接触消费者的前端，做好内容营销，创造分享和评论的平台，也需要有整合后台交易数据，匹配库存与物流等诸多综合能力。

3. 打造体验一以贯之

打造消费者体验，首先应贯穿企业产品全生命周期管理的全过程，从消费者认知、了解、购买、使用、售后，一直到再次购买。同时，需要以消费者为中心，具备客户的内在思维，真正能站在消费者的角度出发，打造出符合客户真实需求的消费体验。

4. 赢得健康消费者

随着拥有固定、良好健身习惯的人群不断扩大，运动产业成为直接受益者，利用先进的AR/VR/XR(扩展现实)和人工智能等新技术可以为运动消费者带去身临其境的体验。

5. 走出“卖卖卖”

更积极地拥抱共享经济和价值经济，加强对社会责任的履行，利用大数据制订更精准的生产计划，减少浪费与碳排放，加强回收与再利用。

三、消费趋势

总结埃森哲2017—2018年对中国消费者数字趋势的研究，我们发现，不同年龄代际的消费群活跃其中，展现出与众不同、有别传统的消费观。价格、数量、新品、商标和可炫耀程度不再是选择商品的主要标准，买什么、何处买、为何而买，以及购物后反思，受到更多关注。在对代际消费者行为习惯的研究基础上，埃森哲2018中国消费者研究总结了新消费浪潮下全新的五大趋势。

趋势一：两线买

是网购，还是逛店？要便宜，还是要便利？对于零售商来说，这两个二元对立的问题几乎成了生死存亡的终极挑战。如今，二者正逐渐形成一种平衡，从对立走向结合。网购持续发展的同时，实体店也在逐渐完善。线上购物主打方便快捷，实体店消费则强调餐饮/购物/休闲/娱乐一体化的无缝综合体验，而消费者对“逛”式体验的追求、对休闲与社交的需求都进一步推动着线下消费迅速回春。阿里旗下盒马鲜生的成功，就得益于有效地回应了消费者的全渠道购物需求。

随着购物信息更加透明，比价行为正变得越来越大众化，呈现出“数字烙印”。50%的消费者表示在店内购物时会经常使用手机比价，45%表示会经常使用折扣网站寻找更低价格。这里需要指出的是，消费者“货比三家”不再是追求更低的价格，而是会比较商品的各方面信息，做一个“精明的消费者”。

与此同时，对消费者而言，个人的时间成本更是金钱，他们热衷比价的同时也意识到时间的重要性，超过一半的消费者认为花钱省时间是值得的，其中71%的消费者希望能够在信息查找和价格比较上节约更多时间。

趋势二：购物社交化

当几乎所有中国消费者都拥有微信时，与其说生活在别处，不如说生活在别人的朋友圈里。中国消费者相信朋友口碑胜于一切，微信上的种种推荐、分享，刺激着围观朋友的好奇心和购买欲。

近年来，消费社交化趋势愈加明显，购物已然成为社交生活的副产品。年轻和高收入群体中，这一现象更为显著；而在这一趋势中，愈加细分的社交圈层，社交分享的力量最具影响力。在“圈子经济”中，可以说越分享，越冲动，越爱购。埃森哲2018中国消费者研究显示，近九成消费者有自己的兴趣圈子，以美食、旅游、运动健身等最为普遍。兴趣圈子对消费者购买行为产生了极为可观的影响力，多数消费者表示更愿意相信和购买兴趣圈子中推荐的产品，哪怕价格偏高也接受。

此外，87%的消费者愿意和别人分享购物体验或者发表评论，其中55%的消费者会在社交应用中分享自己的购物。这部分消费者更容易受到社交分享的影响和刺激，从而增加冲动购买，使消费呈现出“购买—分享—再购买”的循环式连锁反应。

趋势三：体验至上

中国消费者正在从商品消费转向体验消费。在59%的受访者心中，“购物购买的不仅仅是商品，更是购买了一种体验”。售前的商家信息推送，售中的服务体验，售后的维修护理等，形成了购物体验的全过程，任何一个环节的不足都可能令一次购买体验得到差评。例如，售前的信息推送与需求不符便会受到消费者的吐槽，退换货等售后环节有错漏很可能就此丧失客户的信任。

总之，消费者不仅看重产品的品质，也越来越关注购买的新体验。比起优惠的价格，舒适而方便的购物场景更能触发消费冲动。这就无形中需要企业全面提升零售的每一个环节，优化每一个可能的消费接触点。其中，为消费者提供“智能购物体验”，如场景化体验和参与性购买体验尤其值得关注。埃森哲中国消费者调研显示，57%的消费者购买或表示有兴趣购买虚拟现实或增强现实产品；其中，有45%的消费者希望可以通过虚拟现实和增强现实设备体验希望购买的商品。

数字技术的发展让消费者对购物体验有新的想象。他们有了更高、更智能化的需求，他们希望根据视频或照片找到相关的商品信息并一键购买，或对某个场景中一见倾心的产品直接下单，还有过半数的消费者希望可以通过AR/VR设备来提前体验计划购买的商品。一切都在向“智能购物”迈进。

对此，企业一方面需要提前投资有助于加强这类“智能购物”体验的技术手段，比如通过AR/VR甚至AI的应用为消费者提供场景化的预购买体验；另一方面，企业还需要在营销上同步升级，为消费者打造更个性化的消费场景，做好管家式服务。

2017年夏，百威英博(AB InBev)在上海一家酒吧推出了线下浸入式戏剧《寻找Mr. X》，将戏剧性场景与产品销售相结合，为消费者打造了一次沉浸式的互动消费体验。戏剧发布的当天，百威在天猫的官方旗舰店也同步升级了店面设计，优化了线上购物体验，将店铺升级为啤酒文化和“新零售”体验中心。这一活动也被业界称为新零售时代的一次标志性事件。

中国消费者期盼全渠道的无缝购物体验。在59%的受访者心中，购物购买的不仅仅是商品，更是购买一种体验。这无形中需要企业全面提升零售的每一个环节，优化每一个可能的消费接触点。为消费者提供“智能购物体验”——如场景化体验和参与性购买体验——尤其值得关注。

调研显示，57%的消费者购买或表示有兴趣购买虚拟现实或增强现实产品；其中，有

45%的消费者希望可以通过虚拟现实和增强现实设备体验希望购买的商品。对此，企业一方面需要提前投资有助于加强这类“智能购物”体验的技术手段，另一方面还要在营销上同步升级。“参与”也是消费者寻找适合自己产品的一条特殊途径，是购物的又一种全新体验。从消费者的反馈来看，参与性购物能带来十分积极的效应，最突出的就是帮助消费者找到最适合自己的产品和品牌。

堪称句句经典、字字灼心的白酒界网红江小白就是“参与性购买体验”的教科书。早在2016年第二季度，江小白推出了“表达瓶产品”，消费者可以通过上传文字和图片，自动生成专属于自己的酒瓶。如果表达内容被选中，还能付诸批量生产并在全国上市。这一举动收获了消费者的积极支持，产品上线不足半年，同比销售量增长了86%，搜索指数和电商2C的销售增幅超过100%。

趋势四：健身消费

当中国中产消费者逐渐富裕起来，越来越多人关注个人健康状况。根据经济学家的研究，已有1/3的中国人养成了经常锻炼的习惯。换言之，超过4.34亿中国人每周活跃在从广场舞到马拉松、从健身房到游泳池的各种运动场景中。

村上春树在《当我谈跑步时我谈些什么》把他坚持了30年的跑步谈成了一种修行。当我们谈论4亿多参与到各种健身活动中的中国消费者时，我们谈的是消费。运动健身已成为最新生活方式。根据埃森哲中国消费者调研，超六成消费者每周能保持3小时以上的运动健身时长，近四成可保持在每周5小时以上，学历越高收入越高，越愿意为运动投资时间。运动潮也带动了运动消费成为新的消费趋势，37%的消费者会经常购买运动/户外用品，22%的消费者预计未来一年会增加运动健身方面的花费。这是一个庞大的消费市场。

运动健身已成为最新生活方式，并孕育着庞大的消费市场——运动消费，正成为中国消费新趋势。每周运动5小时以上的运动达人和经常活跃在运动社交圈的“圈子运动族”是运动消费的主力军，他们在购买运动产品和运动健身方面的预算很高；如果既是运动达人又是”圈子运动族”成员，购买力则更胜一筹。

此外，“运动+新技术”渐渐成为运动消费者期待的组合。44%的消费者表示希望AR/VR技术应用于运动健身领域，41%的消费者希望人工智能和万物互联在运动健身辅助方面得到广泛应用，还有29%的消费者希望户外运动产品也能像共享单车一样共享。

趋势五：拥抱价值经济

购物图一时爽快，但买来的东西经常使用吗？可能大多数人会摇一摇头。的确，收入的增加和消费的便利给冲动消费提供了土壤，闲置物品开始增多。调查显示，近一半的消费者表示：有很多商品在买来一段时间后变得很少使用，超过六成的消费者使用过二手交易平台。

新时代不仅带来了冲动消费，也带来了反省意识，以及对于平衡物质消费和精神消费的追求。越来越多的消费者希望物品可以更有价值、更合理地使用，比如通过共享使商品使用价值最大化。“共享经济”已渗透到各行各业，这片共享蓝海正留待互联网公司和传统企业共同开发。

四、展望和建议

(一) 构建企业“无缝能力”

如今在消费者需求和数字技术瞬息万变的时代，几乎每年都可以听到一个全新的零售名词，从多渠道、全渠道到智慧零售、新零售、无界零售……新概念的兴起总会引来企业的快捷反应，然而埃森哲想要提醒的是：精明的企业不该被新名词牵着鼻子走，而是应当在这些热词背后，看到消费者的核心需求，寻找自身与之相匹配的核心能力。

时至今日，无论消费环境如何多变，最能够吸引并抓住两线(即线上和线下消费)消费者的核心仍然是打造无缝的全渠道体验。埃森哲早在 2014 年发布的《转型无缝零售——实体零售数字化转型的成功秘籍》中就指出：“随着电商崛起，消费者渴望随时随地的购物，并期望通过开放的多渠道途径实现不间断的购物体验，面对这一群挑剔的客户，企业需要具备在任一时刻、任一接触点为任一消费者提供连贯性且个性化消费的能力。”

概念先行，行动跟上。虽然无缝零售等概念已经提出多年，但大多数企业的转型脚步仍未完全跟上。埃森哲建议，零售企业需要在布局与打通渠道的无缝能力同时，注意企业自身的盈亏线，打造能够获得盈利的无缝能力。例如，消费者既愿意为商品获得的便利性付费，也接受为信息获得的便利性买单，对企业而言，就需要考虑如何在提供商品筛选服务的同时还能提供省时、便利的服务。这不仅能成就更好的客户体验，更是一个潜在的增收来源。

(二) 深耕社交媒体

社交媒体如今已不仅是营销工具，亦成为直接销售的平台。部分优秀企业对社交媒体的运用，已经从过去较为单一的内容营销，发展到透过社交聆听获取产品和服务的开发灵感，并通过社交媒体直接完成购买。因此，面对社交与购物紧密融合的趋势，相关企业需要努力为目标消费者创造分享和评论的平台，因为评论与推荐是社交购物闭环的最后一步，亦是触发下一个购买循环的起点。

小米可以说是深耕社交媒体消费的代表品牌。2017 年，小米发起了“寻找产品界的奇葩说之王”活动，广邀用户对小米的一款应用产品“小米直达服务”进行“吐槽”，吐槽范围包括产品的定位、设计、运营以及开发。结合用户“吐槽”的内容，小米一方面同步对该款产品进行优化更新，使其真正达到从用户的角度出发；另一方面也完美完成了一次新品上市推广。通过这个案例不难发现，社交平台已不再简单的是一个社交渠道，其市场营销属性已经成为与其社交属性旗鼓相当的力量，不仅能够进行内容传播，更能直接驱动销售行为的完成。当有些企业还在纠结于自营以及天猫、京东等电商平台如何融入自身传统的销售生态时，优秀的企业已经开始将社交媒体当作电商渠道之一来布局。

值得注意的是，这对企业的无缝能力也将提出更高的要求。要不要开微店、如何经营微商网络、怎样利用小程序与线下渠道对接、如何在公众号/直播平台等实现一键购买等这些问题，对消费者而言只是购物的一种新途径、新体验，但对企业而言却意味着要打通接触消费者的前台，整合后台交易数据，匹配库存与物流力量等诸多综合因素。

(三) 打造体验、一以贯之

在数字消费时代，打造消费者体验，首先应贯穿企业产品全生命周期管理的全过程，从消费者认知、了解、购买、使用、售后一直到再次购买。对于消费者来说，体验的满足既来自商品本身，又来自购买的全过程。很多传统企业往往只注重购买过程中的体验，而忽略了购买前和购买后的其他因素。

同时，打造客户体验需要以消费者为中心，具备客户的内在思维。只有真正能站在消费者的角度出发，才能打造出符合客户真正需求的消费体验。例如，现在大热的“场景消费”，即企业站在消费者的角度，围绕消费者在不同生活场景的需求而打造出相应的消费场景。

宜家可以说是传统场景消费模式的先行者。当沙发、靠枕、茶几、杯盏被装饰成一间漂亮的客厅，身临其境的消费者便会不知不觉增加购买欲望。如今，随着各种数字和社交平台的火爆，场景消费也在升级换代。风靡荧屏的《琅琊榜2》便一不小心带火了一款直播类应用软件。起初这款软件只是在电视剧中做了一个非常简单的广告植入，但随后推出了基于电视剧主演为造型的周边产品，并嵌入AR技术为消费者打造特殊的消费场景，使得这款软件一举成为网红级产品。

此外，以消费者为中心还可以体现在赋予消费者更多角色。即让消费者成为企业产品的内容提供者以及设计者，积极发动消费者参与产品的生成全过程。这也有助于企业获得品牌和销售的双赢。

（四）赢得健康消费者

面对拥有固定、良好健身习惯的庞大人群，运动消费无疑成为数字消费领域的下一个风口。这首先对体育用品和体育赛事等直接产业是利好。体育用品企业可以利用AR/VR/XR甚至AI的应用等，针对目标消费者全力打造智能消费体验。例如，耐克在发售一款限量版球鞋Jordan 12时，便引入AR/VR技术为消费者创造全新购物体验，借助AR/VR技术推出了一款类似于Pokemon Go的小游戏，帮助消费者告别专卖店十几个小时的排队，转而用游戏的方式进行抢购。耐克在巴黎的一家旗舰店，也全面结合了AR增强现实技术与全息投影技术，方便消费者轻松“试穿”所有颜色款式。

运动赛事公司也可以运用AR/VR/XR为消费者提供沉浸式的观赛体验，比如3D和VR技术已在体育直播及比赛现场得到一定范围的运用，为观众带来了身临其境的体验。

其他相关企业还可考虑把自身产品以及市场营销活动与运动健身和健康理念进行挂钩。比如金融企业可以利用运动圈子进行跨界销售，甚至与体育用品公司合作，经过消费者的授权，跨界推销适合运动人群的理财和保险产品。

（五）走出“卖卖卖”

随着闲置物品的增多，消费者也有越来越多的反思：使用比拥有更重要，共享比独占有意义。当消费者走出“买买买”，企业也不能只关注“卖卖卖”。这便产生了二手与闲置的商机。

目前参与二手货品流转的企业还较少，二手市场在中国还没有形成规模效益，除了像咸鱼这样的二手或闲置物品买卖平台，或是个体的二手寄卖，企业自发对自家二手产品进行回收的尚为少数派。二手市场对于商家而言，虽然成为额外的生意机会还为之尚早，但如何利用二手物品作为有效的营销传播内容却有迹可循。

一些领先企业的做法值得借鉴。例如，苹果会不定期地根据新品上市，推出以旧换新活动，加强对旧品的回收；H&M 会在每个门店里设置旧衣物回收箱，并成立基金会每年资助时尚界的初创公司一同进行环保课题的探索。这些企业都通过此类行动，在业界树立了良好的环保品牌形象。

对此，埃森哲的建议是，企业应积极拥抱共享经济和价值经济，加强对社会责任的履行。这并不只是简单地向相关群体捐钱捐物，更应从自身的生产与运营环节出发，利用大数据制定更精准的生产计划，减少浪费，减少碳排放，加强回收，加强再利用。

资料来源：埃森哲(Accenture)《2018 埃森哲中国消费者洞察系列报告——新消费、新力量》。

附录Ⅱ　与生态旅游相关的国际公约、国内相关法律及法规

一、国际相关公约

1. 国际湿地公约(1971 年 2 月 2 日于伊朗拉姆萨尔签订)
2. 保护世界文化与自然遗产公约(1972 年 11 月 16 日于法国巴黎通过)
3. 国际文化旅游宪章(1999 年 10 月于墨西哥通过)
4. 生物多样性公约(1992 年 6 月于肯尼亚内罗毕通过)
5. 联合国气候变化框架公约(1992 年 6 月 4 日在巴西里约热内卢通过)

二、国家相关法律法规

1. 中华人民共和国城乡规划法(2007 年 10 月 28 日通过，2019 年修订)
2. 中华人民共和国环境保护法(2014 年 4 月 24 日修订)
3. 中华人民共和国土地管理法(2004 年 8 月 28 日通过，2019 年 8 月 26 日修订)
4. 中华人民共和国水法(2016 年 7 月修正)
5. 中华人民共和国草原法(2013 年 6 月 29 日修正)
6. 中华人民共和国森林法(2019 年 12 月 28 日修订)
7. 中华人民共和国文物保护法(2016 年 10 月 7 日修订)
8. 中华人民共和国风景名胜区管理条例(2006 年 9 月 6 日)
9. 中华人民共和国自然保护区条例(2017 年 10 月 7 日修订)
10. 中华人民共和国水污染防治法(2017 年 6 月 27 日修订)
11. 中华人民共和国野生动物保护法(2018 年 10 月 26 日修改)

三、国家相关文件

1. 中华人民共和国国民经济和社会发展第十三个五年规划纲要(2016 年)
2. 关于加快推进生态文明建设的意见(中共中央、国务院，2015 年)
3. 生态文明体制改革总体方案(中共中央、国务院，2015 年)
4. 国民旅游休闲纲要(2013—2020 年)(国务院办公厅，2013 年)
5. 国务院关于促进旅游业改革发展的若干意见(国务院，2014 年)
6. 中国旅游业“十三五”发展规划纲要(国家旅游局，2015 年)
7. 国家生态文明建设试点示范区指标体系(试行)(环境保护部，2013 年)
8. 全国主体功能区规划(国务院，2010 年)
9. 全国海洋主体功能区规划(国务院，2015 年)
10. 全国生态功能区划(修编版)(环境保护部、中国科学院，2015 年)
11. 全国重要江河湖泊水功能区划(2011—2030 年)》(水利部，2011 年)
12. 全国生态保护与建设规划(2013—2020 年)》(国家发展和改革委员会，2014 年)